电子技术实践教程

主 编 唐 宇 陈大兴
副主编 范方灵 罗云松
　　　　明立娟 于 娟

西南交通大学出版社
·成 都·

内容简介

本书是集模拟电子技术及数字电子技术基础实验方法、现代实验方法（仿真、口袋实验）、基础实验、电子综合实习（制作）、电子设计指导于一体的高等教育实践教材。本次修改主要增加了新型口袋实验室方法、仿真实验案例，以及电子设计更新增加了最近竞赛的新题目。

本教材可作为高校涉电类专业电子技术、电子设计的入门教程，也可作为非电类专业的电子技术实验课教材，同时，还可作为有关教师与科研工作人员的参考资料。

图书在版编目（CIP）数据

电子技术实践教程 / 唐宇，陈大兴主编. —成都：
西南交通大学出版社，2010.1（2019.8 重印）
ISBN 978-7-5643-0504-8

Ⅰ. ①电… Ⅱ. ①唐…②陈… Ⅲ. ①电子技术－高等学校－教材 Ⅳ. ①TN

中国版本图书馆 CIP 数据核字（2019）第 182609 号

电子技术实践教程

主编 唐 宇 陈大兴

*

责任编辑 张文越
封面设计 本格设计

西南交通大学出版社出版发行
四川省成都市金牛区二环路北一段 111 号西南交通大学创新大厦 21 楼
邮政编码：610031 发行部电话：028-87600564
http://www.xnjdcbs.com
成都蓉军广告印务有限责任公司印刷

*

成品尺寸：185 mm×260 mm 印张：19
字数：491 千
2010 年 1 月第 1 版 2019 年 8 月第 4 次印刷
ISBN 978-7-5643-0504-8
定价：48.00 元

图书如有印装质量问题 本社负责退换
版权所有 盗版必究 举报电话：028-87600562

前　言

随着现代科学技术的飞速发展，实验已成为建立在科学理论与方法基础之上的一门技术和内容均十分庞大的知识体系。而在电子技术日新月异且已渗透人们生产、生活方方面面的今天，作为电子技术重要专业基础课程之一的电子技术实验，更是日益突显出其重要性。电子技术实验课对培养学生理论联系实际的能力、动手实践能力、创新性思维能力、开发设计能力，以及培养建立起有关电子技术测量的基本技能与知识，激发起学生对电子技术的学习兴趣等方面发挥着至关重要的作用，而作为模拟电子技术实验课程的指导性教材，其内容编写的合理性、科学性、内容更新性、新颖性等方面将在一定程度上影响到实践教学的效果。

本书的编写是在对有关专业人才培养方案和教学内容体系改革进行充分调查研究和论证的基础上，以及在充分总结实践教学经验与教学成果的基础上编写而成。本书立足于21世纪高等教育人才的培养目标与要求，主动适应社会发展对人才培养提出的新需要，突出应用性和创新性，可选性强。实验内容的编排从传统的多为验证性实验改为以验证性实验为主，循序渐进地引导设计性、应用性实验，并特别选编了一些电路新颖、实用性强的综合性实验，通过一些实例设计一些产品，旨在培养学生的实践能力、综合应用能力、创新性思维能力、开发设计能力，以适应时代对人才素质的新需要。

全书共分三篇，第一篇实验基础，包括基本实验方法、电子制作基础知识、常用电子元器件基础、现代实验方法基础；第二篇基础训练实验，包括基础实验、综合性实验、电子制作实习；第三篇电子设计思维实训，包括电子设计基础、电子设计课题。本书所涉及的实验，既有测试验证型实验，又有综合型实验、设计性实验，更有毕业设计性质、与最新科技电子设计相关的、与社会实际需要相联系的课题，能够很好的培养学生的动手实践能力，充分激发学生的创造性思维，满足当前高校对实践性教育教学的新要求。

唐宇、陈大兴、范方灵、罗云松、明立娟、于娟等参与了本书的编写。唐宇主持全书的结构编制工作；唐宇、陈大兴编写第一篇1~5章、第二篇第7章综合实验一~综合实验四、第三篇第9章；范方灵编写第三篇第10章、第二篇第7章部分内容；罗云松、于娟编写第二篇第六章数字电子技术基础实验、第7章的部分内容；明立娟编写第二篇第六章模拟电子技术基础实验。唐宇、陈大兴共同担任本书的主编，并负责全书的统稿与定稿工作。参与审核的老师除参编人员外还有缪志农、郑会军、黄昆、刘兴华、连存虎等，在此向参与审核的老师表示感谢。

限于编者水平，书中难免存在不妥之处，敬请专家和读者批评指正。

编　者

2009年12月

目 录

第一篇 实践基础

第1章 绪 论 ·· 1
1.1 电子技术实验分类 ·· 1
1.2 电子技术实验的目的和一般要求 ·· 1

第2章 基本实验方法 ·· 15
2.1 概 述 ··· 15
2.2 电压测量 ·· 17
2.3 电流测量 ·· 21
2.4 电阻测量 ·· 22
2.5 电容测量 ·· 24
2.6 电感测量 ·· 25
2.7 误差分析与测量数据处理 ·· 27

第3章 电子制作基础知识 ·· 31
3.1 电子电路的设计 ··· 31
3.2 电子电路的安装 ··· 41
3.3 电子电路的调试 ··· 44
3.4 电子电路的故障检测维修 ·· 45

第4章 常用电子元器件基础 ·· 49
4.1 电阻器 ·· 49
4.2 电容器 ·· 55
4.3 电感器 ·· 57
4.4 半导体分立器件 ··· 59
4.5 模拟集成电路 ·· 62
4.6 数字集成电路 ·· 67
4.7 接口电路 ·· 70
4.8 专用集成电路 ASIC ··· 71
4.9 组合元件应用基础-口袋实验套件 ··· 71

第5章 常用电路仿真设计实验方法简介 ... 78
- 5.1 电路仿真软件 EWB 简介 ... 79
- 5.2 模拟电路仿真软件 PSPICE 简介 ... 79
- 5.3 电子设计软件 PROTEL 简介 ... 81
- 5.4 电子电路仿真软件 Multisim 使用简介 ... 83
- 5.5 单片机仿真软件 Proteus 简介 ... 84
- 5.6 组合元件应用-口袋实验室所需软件简介 ... 84

第二篇　基础训练实验

第6章 基础实验 ... 91
- 6.1 模拟电子技术基础实验 ... 91
  - 实验一　常用电子仪器的使用 ... 91
  - 实验二　晶体管共射极单管放大器 ... 96
  - 实验三　场效应管共源放大电路 ... 109
  - 实验四　负反馈放大器 ... 114
  - 实验五　射极跟随器 ... 118
  - 实验六　差分放大电路 ... 123
  - 实验七　集成运算放大器的基本应用——模拟运算电路 ... 128
  - 实验八　集成运算放大器的基本应用——电压比较器 ... 133
  - 实验九　集成运算放大器的应用——有源滤波器 ... 138
  - 实验十　OTL 互补对称功率放大器 ... 144
  - 实验十一　RC 正弦波振荡器 ... 150
- 6.2 数字电子技术基础实验 ... 154
  - 实验十二　TTL 集成与非门参数测试 ... 154
  - 实验十三　组合逻辑电路实验 ... 159
  - 实验十四　译码器及其应用 ... 163
  - 实验十五　集成触发器及其应用 ... 169
  - 实验十六　计数器及其应用 ... 174
  - 实验十七　移位寄存器及其应用 ... 179
  - 实验十八　数据选择器及其应用 ... 185
  - 实验十九　使用门电路产生脉冲信号——自激多谐振荡器 ... 191
  - 实验二十　555 时基电路及其应用 ... 195
  - 实验二十一　D/A、A/D 转换器 ... 200

第7章 综合性实验 ... 207
- 综合实验一　多路集成直流稳压电源的简单设计 ... 207

综合实验二	立体声分离元件音频功率放大器的设计	209
综合实验三	立体声集成音频功率放大器的设计	210
综合实验四	LED 节能灯的设计	211
综合实验五	电子秒表	211
综合实验六	3 1/2 位直流数字电压表	216
综合实验七	交通灯控制逻辑电路	222
综合实验八	多种波形发生器电路	228
综合实验九	节日彩灯控制电路	232

第8章 电子制作实习 236

实习一 收音机的安装与调试 236
实习二 可调开关直流稳压电源的安装与调试 237
实习三 可调直流稳压电源及充电器的安装与调试 238
实习四 数字万用表的安装与调试 241

第三篇 电子设计思维实训

第9章 电子设计基础 243

9.1 设计性实验基本方法 243
9.2 设计性实验要求 248

第10章 电子设计课题 251

10.1 电源类的设计性实验 251
课题1 光伏并网发电模拟装置 251
课题2 电能收集充电器 252
课题3 开关电源模块并联供电系统 254
课题4 单向 AC-DC 变换电路 255
课题5 双向 DC-DC 变换器 256
课题6 微电网模拟系统 257
10.2 电子信息类的设计性实验 258
课题1 增益可控射频放大器 258
课题2 测量放大器 259
课题3 宽带直流放大器 260
课题4 数字幅频均衡功率放大器 262
课题5 电压控制 LC 振荡器 264
课题6 宽带放大器 264
课题7 正弦信号发生器 266
课题8 自适应滤波器 267

10.3 仪器类的设计性实验 ··· 268
课题1　简易电阻、电容和电感测试仪 ······································· 268
课题2　简易数字频率计 ··· 269
课题3　数字式工频有效值多用表 ··· 270
课题4　简易频率特性测试仪 ·· 271
课题5　低频数字式相位测量仪 ··· 273
课题6　简易逻辑分析仪 ··· 274
课题7　集成运放参数测试仪 ·· 276
课题8　简易频谱分析仪 ··· 279
课题9　音频信号分析仪 ··· 280
课题10　数字示波器 ·· 280

10.4 自动控制类的设计性实验 ··· 282
课题1　水温控制系统 ··· 282
课题2　自动往返电动小汽车 ·· 282
课题3　简易智能电动车 ··· 283
课题4　液体点滴速度监控装置 ··· 285
课题5　悬挂运动控制系统 ··· 286
课题6　电动车跷跷板 ··· 288
课题7　手势识别装置 ··· 290
课题8　无线充电电动小车 ··· 292
课题9　灭火飞行器 ·· 293

参考文献 ·· 296

第一篇　实践基础

电子技术实践包括电子技术基础实验（模拟电子技术、数字电子技术）、电子实习、电子设计与制作等过程，目的是将学生从一个对电子技术很陌生的人培养成一个合格的符合社会需要的电子工程师（完成从学校到工厂的衔接）。

第1章　绪　论

电子技术实验是电子技术课程教学中的重要环节。在实验过程中，通过分析、验证元器件和电路的工作原理及功能，对电路进行分析、调试、故障排除和性能指标的测量，通过自行设计、制作各种功能的实际电路等多方面的系统训练，可以使学生的各种实验技能得到锻炼和提高。本书提供了验证性、综合性、设计性和仿真四类实验，希望能进一步提高学生的创造性思维能力、观测能力、表达能力、动手能力和查阅文献资料的能力等综合素质。

1.1　电子技术实验分类

尽管模拟电子技术各个实验的目的和内容不同，但为了培养良好的学风，充分发挥学生的主观能动作用，促使其独立思考、独立完成实验并能有所创新，在进行实验时要严格要求学生遵循实验过程。

1.2　电子技术实验的目的和一般要求

电子电路及其实验是重要的专业基础课程，是有关"硬件"的入门课程之一。它所涉及的电子应用技术是电子工程师所必须掌握的重要技能。电子实验的目的就是要熟悉电子线路，在理论和实践相结合的基础上掌握电子线路的设计、安装、调试和测量技术。实验既可以验证模拟电路理论的正确性和实用性，又可以找出理论的近似性和局限性，发现新问题，启发新思路，产生新设想。通过学习和实践，在电子技术领域有所锻炼和提高，有所创新和发展，这就是实验课的基本目的。通过实验，不仅要巩固和深化电子技术的基本概念和基础理论，更要树立理论联系实际的良好学风和严谨求实的科学态度，培养勤于动手、勇于创新的工程素质和探索精神，以适应新技术发展和未来服务于社会的需要。

1.2.1 实验"五关"

要想通过实验提高自己的工程素质和硬件能力，我们对实验的目标进行分解，主要应注重过好以下五关。

1. 器件关

熟悉电子元器件是电子工程师所必需的。电子元器件是构成电子线路和电子系统的基础，犹如建筑大厦的基石。随着电子信息技术的飞速发展，特别是 IC 设计和制造技术的不断提高，各类新型器件不断涌现，集成度和性能指标不断提高。采用一个元件就可以实现一个功能电路，甚至就可形成一个"系统"，即 SoC（System-on-Chip，片上系统）。通过实验环节熟悉和掌握各种典型的和新型的电子器件十分重要，还需要注意元器件选择和参数标准化。所谓器件应包含所有实验需用设备在内，学生都要熟悉，而且会使用。做实验，一定要熟悉所用的实验设备，公共实验室、通用口袋（又可叫个人）实验室、专用实验套件。

2. 仪器关

电子仪器、仪表是电子工程师手中的工具。这些工具对于工程师的重要性，就像战士手中的武器。"工预善其事，必先利其器"，因此熟悉和掌握各种仪器、仪表，特别是几种最基本的工具（如万用表和示波器等），对于电子工程师来说是至关重要的。

3. 电路关

这是指对各种基本单元电路的认识。这些单元电路是教科书上学习的基本内容，也是构造电子电路与系统的基本单元。通过实验锻炼"识图"能力，熟练掌握典型电路的结构、特点、性能以及各种电路的组合，探索其构造方法和规律，并且能够在此基础上有所创新和提高。

4. 调试关

这是指对电子电路和电子系统的测试和调试方法的认识和实践。从一个电子技术的"门外汉"到行家里手，主要看调试和检修的"手上工夫"，这不但是一门"技术"，甚至可以说是一门"艺术"。对于电子设备的调试和检修，就像医院里的医生对病人，既要像内科大夫的判断准确和对症下药，还要像外科大夫的技术高明和手到病除。这一切不是仅从书本上就可以学得到的，还要取决于实践锻炼和经验积累。

5. 设计关

这是指对电子应用电路和电子系统的设计。具备设计能力是电子工程师的至高境界，也是电子行业对人才培养的迫切需求，但设计能力的提高不是一日之功。设计的基础是分析，分析和综合是设计问题的两个方面。要根据技术要求进行设计方案论证和选择；要对电路结构和元器件参数进行分析和计算；还要对实际电路进行调试和数据处理；最后要写出设计报告和备齐设计资料。以上这些是电子工程师所应该具备的。除此传统方法之外，随着科技的发展，还要进一步学习掌握先进的设计技术和设计方法，如 EDA/ESDA、DSP 以及 ARM 嵌入式系统等。

对于以上实验"五关"，可以分为两个层次。前四关是初级要求或是基本要求，第五关是高级要求或是追求目标。本书以实验为主，也会涉及一些有关电路设计的内容，但更多的是要在课程设计和毕业设计阶段进行有关设计的专门训练。同学们可以根据以上的要求有意识地锻炼和提高自己，同时以上要求也是实验课考核的内容和标准。

1.2.2 实验程序

电子线路实验一般可以分为：实验预习、实验操作和实验报告三个环节。

1. 实验预习

实验前的准备和预习绝非可有可无。实验能否顺利进行并达到预期目的，在很大程度上取决于实验前的准备工作是否充分。实验前要仔细阅读实验教材和参考资料，明确实验的目的和任务，掌握实验的理论和方法，了解实验的内容和设备的使用方法，还要掌握有关思考题。在此基础上写出实验预习报告。预习报告除一般格式外，应拟定详细的实验步骤，包括实验电路的调试步骤、测试内容与方法，并需要设计相应的数据记录表格。

2. 实验操作

只要进入实验室做实验，就要严格遵守实验室各项制度和有关纪律。特别强调以下几点：

（1）强调安全第一。要熟知安全用电常识和有必要的应急措施（如自动保护装置）。实验中要时刻注意有无发热、冒烟、异味、打火、声响等异常现象发生，如有情况应及时断电。当设备的保险丝熔断或自动保护起作用时，应更换同型号的保险丝和查出电路故障后再开机。未查明故障原因不要盲目通电以免故障面扩大。

（2）要遵守纪律，按编号有序入座。一般应自始至终固定实验台组，不得随意调换设备和座位。保证室内安静，不得大声喧哗和随意走动。

（3）实验前应认真检查所配发的实验用元器件，看型号、规格和数量是否符合要求；检查所用仪器仪表设备状态是否完好，如发现问题应及时报告。做完实验应再次清点元器件和仪器设备，并请老师当面检查验收。

（4）认真听取指导老师对实验的讲解，了解实验要求和注意事项。独立完成实验任务，锻炼独立思考和独立工作的能力。要实事求是，不得抄袭和弄虚作假，培养良好的科学态度和科学素养。

（5）要养成良好的实验习惯，实验台要保持清洁条理，实验操作要规范和有条不紊。正确的操作程序和良好的工作方法是使实验顺利进行和提高实验效率的保证。

（6）使用设备前要先熟悉说明书。在设备和实验电路通电前，要确保实验电路正确连接和连线（学会用常用仪器万用表检测电路的正确性）。实验结束时，应由指导教师在线检查测量数据和显示波形无误后（不是仅仅看记录数据）才能拆除电路。避免因数据错误需要重新接线测量而浪费时间。

（7）要有正确的测量方法，测量时不要盲目"凑数据"和急于求成，对于实验结果的大概趋向基本上要"心中有数"，对于所观察数据和波形要符合理论结果，即具有"合理性"。对于违背常规的结果，只能是所谓"粗差"，否则也可能出现特殊情况预示着有所发现。但对于常规电路来说一般多是前者。科学实验一个重要的原则，就是正确的实验结果应该是能够重复的。所以应当多做几遍测量，才能保证数据测量和误差分析的可靠性。

（8）计算机辅助分析和仿真实验是必要的，当前有很多好的软件如 PSHCE 和 EWB（升级版则为 Multisim）可以使用。在实验预习时进行计算机辅助分析和仿真实验，这样有助于加深对实验电路工作原理与电路结构的理解。同时计算机辅助分析和仿真也是进一步开展 EDA 的基础。

3. 实验报告

实验报告是按照一定的格式要求对实验工作的总结，包括对实验电路与实验方法的描述，对实验数据的处理，以及对所观察现象的分析。重要的是从实验中找出内在联系和规律性的结论，以及说明通过实验有哪些认识和提高。撰写实验报告是必不可少的一种技能训练。

4. 实验考试

由于实验教学的形式和特点有所不同，实验考试应该采用有别于理论课考试的方法。包括平时实验考查和期末考试两方面内容。平时考查主要以出勤、预习、纪律、工作态度、操作方法、实验结果和实验报告为主。期末考试采用答卷与现场测试相结合的方法，答卷测试内容包括器件知识、仪器使用、电路调试与测量、电路分析与设计；现场测试主要考查实际操作正确与否和熟练程度，以学生现场表现以及随机抽查问题的反应为准。最后综合评定实验课成绩，全面反映学生的工作和能力。

1.2.3 实验基本知识

主要介绍仪器的使用和连接、实验电路的安装与调试，并着重介绍如何检修电路故障和电子设备的一些方法和经验，最后介绍印制电路板设计与元器件焊接知识。这都是开展实验工作的一些基础知识。

1. 仪器的使用和连接

仪器仪表是实验的基本工具，应该通过实验加强练习达到能够熟练使用。模拟低频电路测量仪器连接如图 1.1 所示。

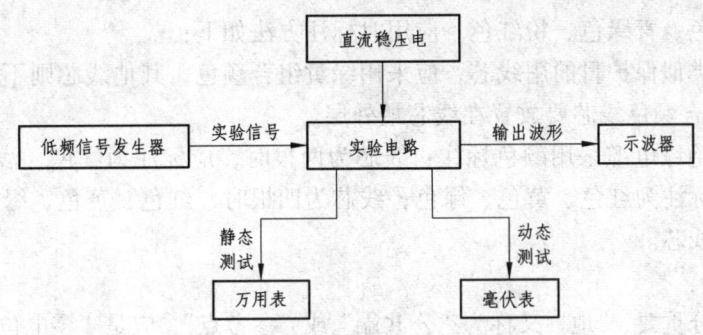

图 1.1 低频电路测量仪器连接

使用仪器仪表进行测量时应注意以下问题：

1）电子测量仪器的正确选用

测量仪器各有不同的用处，即使同种类的测量仪器，由于型号不同，其技术指标也不相同。所以要根据具体工作需要选用合适的测量设备，并且要在仪器所能够提供的技术指标范围内进行测量，主要考虑信号频率范围、输入、输出阻抗和信号灵敏度、功率等。

2）电子测量仪器的正确使用

在测量设备通电开机前，应先检查仪器设备的工作电压与电网的交流电压是否相符；检查仪器面板上各种开关、旋钮、度盘、接线柱、插口有否松动或者滑位。仪器设备电源（POWER）开关应扳于"断（OFF）"位置。

在进行测量前，首先进行功能和量程选择，要根据需要将仪器面板上的各种控制旋钮和开关进行预置。面板上的增益、输出、辉度、调制等控制旋钮，应依逆时针左旋到底，即置于最小位置上，防止仪器通电时可能出现的冲击现象。根据测量理论，一般测量挡位选择量程时，应能使指针偏转在满刻度的 2/3 以上为宜。如果对测量值大小无法预先估计，最好先将仪器的衰减或量程选择开关置于最高挡位，以免仪器过载受损，然后在测量中根据指针偏转程度再将挡位逐渐降低至合适的位置。

对电子管设备要有预热时间。对于数字显示的仪表，要在测量仪器接入数秒之后，当数字不再闪烁和变化之后再开始测量取值。应避免在测试表笔与电路接通时改变功能选择开关。不要忘记，有些指针式仪表（如万用表）需要在使用前进行机械调零（数字表也有数字调零）和满挡调整。对于开关、旋钮、度盘的扳动或调节操作，应缓慢稳妥，切勿猛扳快转；转动困难时，不要硬扳硬转，以免损坏。

注意电源的开关顺序，在实验开始时"先接实验电路，多次检查无误后，方可开电源"，在实验中必须不能动实验电路中的任何器件，只能断电动电路，检修时也必须如此，在实验结束时"先关电源后拆实验电路"。

使用电子仪器进行测量时，应先接低电位端子（即地线），然后再接高电位端子；反之，测试完毕以相反的顺序拆除，以免发生冲击。

仪器使用完毕，各开关、旋钮要恢复合适的挡位，即对于增益、输出、辉度等控制旋钮置于最小挡位，而量程、衰减等要扳到最大位置上。

3）仪器仪表的正确连接

绝缘电线颜色的规范应用：

绝缘电线颜色标志共有11种，具体应用时为：白色、红色、黑色、黄色、蓝色、绿色、橙色、灰色、棕色、青绿色、粉红色。应用时标注方法如下：

接地线芯或类似保护目的用线芯，应采用绿黄组合颜色，其他线芯则不允许使用。多芯电缆中的绿/黄组合颜色线芯要放置在线芯最外层。

塑料和橡胶绝缘电缆采用颜色标注：线芯为两根时，应标注为红色、浅蓝(或蓝)色；线芯为三根时，应标注为红色、黄色、绿色；线芯为四根时，红色、黄色、绿色用于主线芯，浅蓝色用于中性线芯。

（1）接地。

接地技术十分重要，"地"又称为"公共端"或"参考点"，应是"零电位"。真正的"地"要与大地相连，但一般以设备底座、外壳和公共导线电位为准。接地技术和共地技术主要用于抗干扰，当进行微弱信号测量和精密测量时会起到关键性的作用；接地技术在工频市电用电安全和防止雷击方面也非常重要。

（2）共地。

实验测量时有一个基本概念就是"共地"。所谓"共地"就是将测量仪器和被测装置所有的"地"端连接到一起（图1.2），并且接线应尽量短，即接地电阻越小越好。主要作用是避免"串扰"。

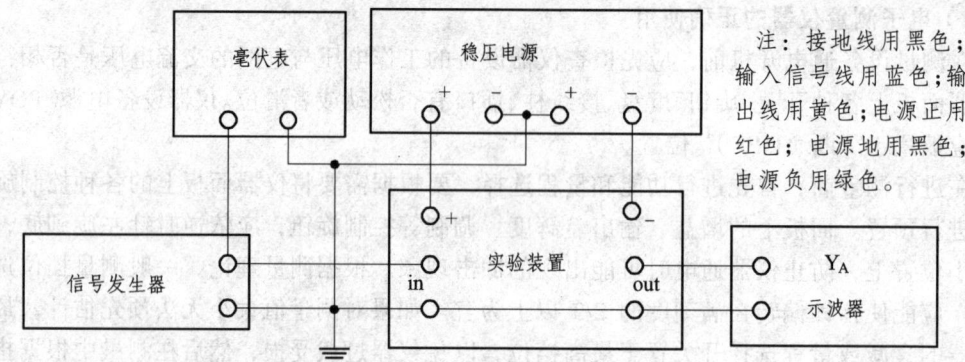

图1.2 实验装置和测量仪器"共地"

（3）平衡式和非平衡式连接。

大多数低频测量仪器是采用单端输入（输出）方式，即仪器的两个输入端中，总有个与相对零电位点（如机壳）相连。这两个输入端一般不能互换测量点，称为"不平衡输入"方式。与此相对的对称输入（中点是地）称为平衡方式。对于"不平衡输入"方式，采取"共地"是最基本的要求。

（4）去耦。

寄生耦合是由公共阻抗（互阻抗）而产生的等效阻抗，例如公共电源内阻 R_0 存在而产生的寄生耦合。去耦（退耦）是消除寄生耦合的有效方法。一个最典型的例子是收音机，当干电池快没电时内阻将要增大。如果去耦电路出现故障，这时会造成"低频自激"（汽船声）现象。

4）绝缘电线颜色的规范应用

绝缘电线颜色标志共有11种，具体应用时为：白色、红色、黑色、黄色、蓝色、绿色、橙色、灰色、棕色、青绿色、粉红色，应用时标注方法如下。

① 接地线芯或类似保护目的用线芯，应采用绿黄组合颜色，其他线芯则不允许使用。多芯电缆中的绿/黄组合颜色线芯要放置在缆芯最外层。

② 塑料和橡胶绝缘电缆采用颜色标注：线芯为两根时，应标注为红色、浅蓝(或蓝)色；线芯为三根时，应标注为红色、黄色、绿色；线芯为四根时，红色、黄色、绿色用于主线芯、浅蓝色用于中性线芯。

2. 实验电路安装与调试

1）实验电路的安装

安装和调试实验电路的工作，一般应先在无焊接实验电路板（俗称"面包板"，实验台实验板类似于面包板/接插板）上或在通用实验箱上进行。这样做的优点是改变电路布局和改换元件比较方便灵活。可以待电路参数选定和实验调试成功后再制作 PCB 板进行焊接，或使用 EDA 技术制作 IC 芯片。

安装前要养成对所使用元件进行检测（参照元器件检测方面的相关书籍）的习惯，以保证所用元器件准确并且质量没有问题。

元器件的互连由导线完成，合理"布线"的基础是合理"布件"，即确定元器件在电路板上的合理位置。元器件的安装方式可以根据电路的复杂程度灵活掌握，通常按电路板从左到右按输入级、中间级、输出级的顺序安装。同一实验板上相同元件要采用同一安装方式，"立式"或"卧式"，元件安装高度要大体一致，并且元件的型号和标称值要方向一致，便于识别。集成电路的定位标志也要一致。集成电路由于管脚较多，在插入和拔起时要小心谨慎，注意平行和平均用力，最好使用专用工具。对于屏蔽元件，如中频变压器外壳要接地。

要有正确的操作顺序。安装电路一般先接电源线、地线等固定电平连接线，再根据实际信号流向以及电路排列顺序依次安装并连线。要注意避免把信号输出级和信号输入级安排在一起，信号电流强和信号电流弱的引线要分开，要防止相邻线之间的相互影响和寄生耦合干扰。输入线可以采用隔离导线（屏蔽线）或同轴电缆线。根据实验电路的特点，可以采用合理和简洁的接线步骤，如"先串联后并联"、"先接主路再接辅助电路"。对于规模较大的电路，也可以先接好一个一个的单元模块，再进行互连。一般应避免两条或多条引线互相平行，应避免形成圈状或在空间形成网状。在集成电路上不允许有导线或元件跨越。也可以按"先直流后交流"的顺序连线。

所用引线应该尽量短并且粗细要有选择，导线最好分色，以区别不同用处和便于识别，如正电源（V_{CC} 一般取红）、负电源（一般用蓝色）、地（V_{EE}、GND 一般取黑）、输入（in，用绿色）和输出线（out，用黄色）等。

电路安装完毕不要急于通电做实验，先要认真地对照原理图检查 1~3 遍，主要看接线是否正确，包括错线、少线和多线错误。多线一般是因接线时看错引脚，或者改接线时忘记去掉原来的旧线造成的。通常采用两种查线方法：一是用实际电路对照原理图，按元件引脚连线的去向查清，查找每个去处在电路图中是否存在。这种方法不但可以查出错线和少线，还能检查出是否存在多线。另一种方法就是按照设计的电路图检查安装的线路，根据电路图中的元件连接按一定的顺序在安装好的线路中逐一检查对照。这种方法容易找出错线和少线问题，比较实用。

检查完连线，还要再进行一次直观检查。主要检查电源、地线、信号线、元件引脚之间有无短路（用万用表测量其直流电阻）；连线处有无接触不良；管子引脚和其他有极性的元件如电解电容引脚有无错接；集成电路是否插入正确等。

2）试验电路的调试

电路调试应该是理论和实践的紧密结合，每一步操作都不应该是"盲目的"或"想当然"

的，应该做到"对症下药"和"有的放矢"。对于任何电路实验调试都是有规律性的，比如总是先调试"静态"后调试"动态"，再如一般要先调试电源部分等。只有不断总结和积累经验，才能获得电路调试和维修的规律，从而使自己独立工作的能力和水平得到不断提高。

在实验中还要注意，在通电的情况下，不得进行拔、插或焊接电路元件的操作，这些操作应在"断电"情况下进行。特别要谨慎，避免由于粗心大意造成"短路"或"开路"的故障，使设备和电路元件无故损坏。

（1）可供选择的两种调试方法。

通常有两种调试电路的方法：一种方法是整个电路安装完毕后，做一次性的调试。这种方法适用于较为简单的电路和已经定型的产品，可叫做整体调试法。另一种方法是采用边安装边调试的方法。即把总电路按功能划分成若干单元电路模块，再一个模块一个模块的进行安装调试。单元模块调试成功后，再逐步扩大范围进行整机统调。这种方法便于测试又能及时发现和解决问题，一般适用于不很成熟或带有设计性质的电路，可叫做分体调试或叫综合调试法。另外还有降压调试法等。

（2）通电前、后要做认真检查。

对于通电前检查已经讲述过了。可以围绕有源器件为中心点再查一遍，主要检查器件的管脚和连线情况，有无接错，有无短路或开路情况，特别注意电源线和地线的连接。

通电检查。将所需要的电源电压调整好，谨慎接入测试电路。开始一定要倍加注意，观察电路有无异常现象，如发现应立即关掉电源，待排除故障后再重新通电测试。在测量中随时监测电源情况，如电压表、电流表的指示或短路保护的情况。实验时要先测定电路的静态工作点和一些关键点的电压电流值，比如 OCL 功放电路要监测输出端的零电位情况，开关电源要监测其整体交流电流，并同时做好记录。

（3）分别进行静态调试和动态调试。

① 电子电路的一个重要特点是交、直流并存，又称为"静态"和"动态"。直流是电路工作的基础，因此不论分调还是统调，都应遵循"先静态、后动态（即：先直流后交流）"的调试原则。测静态时，为防止外界干扰信号窜入电路，应将输入端对地短路（对交流而言）。只有经过静态调试，确认电源、元器件、电路连接无误，才能进行动态调试。静态调试十分关键，工作状态建立了，随后就是信号的流通。一般来讲，静态调试成功后就有了 60% 的成功把握，并同时做好记录。

② 动态调试是在静态调试的基础上进行的。调试的关键是要善于对实测的数据、波形和现象进行分析和判断，发现电路中存在的问题和异常现象，并能够采取一些有效的处理措施，使电路性能指标满足预定要求。调试的方法是在电路的输入端接入适当频率和一定幅度的信号，并沿着信号的流向逐级检测各相关点的波形、参数和性能指标。发现故障现象应采用相应方法予以排除。

动态调试是一项技术性较强的工作，往往某一项指标会影响到另一项指标。例如，调整放大器的电压增益时，会牵扯到放大器的输入电阻和输出电阻的变化；调整收音机的灵敏度时会引起抗干扰能力的变化等。因此调试者要深刻理解电路原理和熟练掌握调试方法，作出正确的判断。注意不同的电路可能出现不同的问题，处理方法也不是一成不变的，要细心体会和灵活掌握，并同时做好记录。

（4）先做"分调"再做"统调"。

电子电路的调试一般分做"分调"和"统调"（总调）两步。复杂电路都是由一些基本单元电路组成的，所以要先进行单元电路的调试。主要是正确区分和断开每单元部分的相互连接，如阻容放大电路可以取耦合电容为断开点，再对每一单元电路的静态工作点和输入、输出端的信号进行测试。注意仪器仪表的正确使用和配合，如使用万用表测直流值，示波器观察波形（测出峰-峰值），毫伏表测量交流值等。要边测试，边记录，对电路进行分析、判断，排除故障，一丝不苟地完成分调任务。

整机电路统调在调试完单元电路后进行，统调时要将原来断开的各单元电路相互连接好，这时要考虑到级与级之间混合的相互影响和匹配问题。对于阻容耦合电路，主要是交流信号的流通和动态调试问题；而直接耦合电路各级连通后静态工作点会发生变化，需要再做进一步调整，这是需要倍加注意的。分调和统调实际上有所分工，统调主要检查整机性能和如何提高参数指标，看是否符合设计要求。

静态调试和动态调试应该包括在分调和统调之中。

（5）电磁兼容和可靠性测试。

对于正式产品，必须通过电磁兼容和可靠性测试这两项重要的专门测试重要的概念也是我们设计和调试现代电子线路时所必须考虑的基本问题。因而这两个重要电子电路系统的电磁特性，是指确保电子设备和仪器正常工作时，对周围电磁环境和内部电路相互之间电磁作用的限制和要求。实验时与电磁兼容设计有关的基本概念有：电磁噪声、干扰源、干扰路径、辐射、噪声容限、接地与屏蔽、隔离等。但要注意，不能简单地把抗干扰能力视为电磁兼容特性，因为那仅仅是电磁兼容特性一个方面。

可靠性分析同样十分重要。运用可靠性理论可以确保设计电路的内在质量。可靠性分析有以下基本概念：元器件和系统的可靠度、系统可靠性计算、失效概率、平均无故障时间等。对于正式产品要经过以下几个方面的测试：抗干扰能力，电网电压及环境温度变化对电路的影响，长期运行实验的稳定性，抗机械振动的能力等。

以上知识应参照专门课程（电子实习）和教材《电子实习教程》进行学习，以便在设计和调试电路时具有正确的思想指导。

3. 检修电路故障和电子设备

1）电路故障的排除

进行电子线路实验，特别是实验电路较复杂时常常会出现故障问题。除此之外，不但在工作中我们经常需要维修电子设备，而且日常生活中也会遇到家用电器需要修理的情况。所以学习一些电子修理和故障排除的技能是硬件工程师所必须掌握的专业本领。

电子检修是一项理论指导下的技术性工作。首先要学习理论知识，做到理论和实践相结合。要熟悉各种基本功能电路的原理和电路特点，掌握正确的检修方法，不断积累实践经验，才能不断提高自己的实验和检修水平。

（1）电子修理技术"三个阶段"。

电子维修是一项细致严密的技术工作。同样是检修电子设备或故障电路，会出现不同的情况。有的人会不知所措或盲目拆换，结果是老故障没修好又出现新的故障；而有的人则能根据故障现象作出初步判断，经全面检修将故障范围逐步缩小，最后找到故障元件予以修复；更有人仔细观察故障现象，经过逻辑推理分析，运用较少但十分有效的检测步骤，能够准确而又快捷地排除故障。以上三种情况可以代表检修的"三个层次"，也是技术水平提高的"三个阶段"。第一种人尚未了解电子线路的特点和产生故障的一般规律，缺乏检修基本知识和实践，可以说还是"门外汉"；第二种人则掌握了常规的检修方法，已经开始"入门"；而第三种人熟知电子线路的规律，已从检修实践中获得检修技巧，工作比较熟练，甚至可以说已经成为电子修理的"行家里手"。

（2）检修几项原则。

对电路故障要进行分析、研究，逐步解决问题。总结得出的口诀：

分析故障，去伪存真；

由表及里，由浅入深；

先粗后细，先易后难；

研究图纸，分析原因；

分割切块，缩小范围；

对症下药，逐个解决；

逐层深入，分散集中。

（3）基本检修程序。

一般来说实验中的故障现象是不可避免的，可能由于多种原因所产生。故障多并不可怕，恰恰是解决这些故障的过程使实验者得到锻炼和提高。所谓故障诊断过程就是从故障现象出发，通过不断测试和分析判断，逐步找出故障部位和故障元件的过程。检修可以采取如下的基本步骤：

第一步，根据表面现象确认故障性质。

第二步，从故障性质推断故障所在的范围。

第三步，通过检查和分析确定故障的部位。

第四步，运用各种测试手段发现故障元件。

第五步，更换故障元件或通过必要的调整排除故障。

以上故障修理的关键，是对故障现象及其性质的分析和判断。要透过现象看实质，判断属于什么性质的故障，故障可能由于何种原因所产生，"定性分析"后再"定量查找"。当使用故障检查方法查找到故障部位后，还有故障元器件的分析判断问题；在查到故障元器件后，还要进一步分析产生故障的原因，寻找"因果关系"，并采用正确的方法将其迅速排除。所以说电子修理需要有"分析问题和解决问题"的能力，这两种能力将直接影响到电子检修的质量和速度。

检修时要注意以下问题：

① 检查测量的仪器是否使用得当。

② 检查元器件引脚的电源电压和其他电压是否正常，引脚接触不良会导致元件无法正常工作。

③ 检查元器件使用是否得当或者已经损坏。

④ 检查安装的线路是否与原理图一致，包括元器件与连线。

⑤ 断开故障模块的输出端所接负载，判断故障是来自负载还是模块本身等。

（4）故障检修经验。

总结故障检修的经验，可以归纳为"四要"三字经。

① 学习检修故障要"学、练、思"。

"学"就是学习理论知识，修理要有理论作基础，不能盲目从事。"练"就是要理论联系实际，多练习、多实践。"思"就是在实践中多分析、多总结，积累经验，提高水平。"学、练、思"是基础。

② 判断简单故障要"问、看、触"。

"问"就是了解故障出现的前因后果,如"板子掉到地上摔了一下","一开电源开关就……";"看"就是查看电路的外观和内部元件情况,看是否发生断线、松动、烧坏、破裂等不正常现象;"触"就是用螺丝刀或其他工具去触动电路元件。先在不加电的情况下,看元件有无松动、接触不良、虚焊。再在通电情况下,摸一下元件是否过热。总之"问、看、触"是调查研究,通过这些简单的综合判断,可发现大约40%的一般性故障。

③ 确定故障元件要"测、试、换"。

"测"就是通过测量来确认故障元件。首先测电源电压,再测各个"关键点"的电压,如发现可疑再进一步测量可能的故障元件,总之测量是必不可少的工作,而万用表是一种最简单的实用和必备工具。"试"就是试用多种方法进行调试。这方面涉及内容比较广泛,要根据实际情况灵活采用,如"开路法"测短路故障,"短路法"测噪声源等。"换"就是采用"替换法"(后面介绍)。"测、试、换"是最基本的检修手段,要综合考虑和全面掌握。

④ 排除疑难故障要"清、焊、烤"。

如果采用常规方法无法解决问题,特别是对于一些似是而非的"软故障",则要考虑采取特殊的方法解决。"清"指对电路和元件的"清洗"。如对机内灰尘的清除,对接插件或管座用清洁剂的清洗,对接触不良、间歇性故障、寄生元件所引起的故障会无形中得到排除。"焊"即在已判断故障范围但又一时找不到故障元件的情况下,对所怀疑元件甚至怀疑范围的所有元件再普遍焊一遍,这样可以使焊点、接线方面的故障得到排除。"烤"主要针对电路受潮漏电、发霉、变质、软击穿、打火等故障,采用烘烤法使元件性能逐渐恢复。一般使用电吹风或红外线灯等工具。除此之外,熟练的电子工程师还有许多他们自己所特有的"高招",很多有效的维修方法有待我们自己通过实践不断总结和创新。

2) 电子检修的一般方法

对于电子检修有许多行之有效的方法,这里主要介绍11种方法。

① 替换检查法,又叫试换法。就是使用同型号的元器件直接替换怀疑有问题而又不便测量的元器件。替换法可以直接判断出所替换部分是否有问题。比如说对于 IC 模块,有时无法有效在线测量和判断时,常采用替换法解决问题。

② 短路检查法,又叫交流短路法或电容短路法。是将电路的某部分交流短路后,对比前后状态进行分析。短路检查法主要用于检查交流状态,如噪声、自激、干扰等故障现象。一般是根据信号流向从前向后进行检查。注意是采用交流短路,千万不能采用直流短路,可以将短路线接一适当参数的电容(短路电容)再接地。电容大小要考虑频率问题,如对寄生振荡的检测,高频自激可以采用 $0.01\ \mu F$ 电容,低频自激可以采用 $10\ \mu F$ 电容。

③ 开路检查法,又叫分割测试法或分段查找法。将电路的某可疑部分从单元电路或主电路中断开,通过前后状态对比分析电路有哪些变化,从而发现问题。开路检查法主要用于检查直流状态,判别电流过大或存在短路等故障现象。

④ 信号注入法,用信号源注入信号,或用螺丝刀触及电路的交流通道关键部位(相当于加入噪声信号),观察(示波器波形变化)或听末级的反应(如喇叭的声音),看交流通道的工作是否正常。信号注入法常用于检查放大器等不产生信号的电路部分。检查时应逐级并从后向前进行,注意信号的变化情况。

⑤ 电阻测量法,又叫内阻测量法,是将某处断开后对开路后的部分等效测量,查看电阻值的变化。一般用于检查元器件或电路的开路性和短路性故障。注意不能在通电情况下进行,

还要考虑到连接点其他元件的影响。对测试元件如管子、接插件、开关电阻的检测应在元件与电路断开的情况下进行。

⑥ 电压检查法，是最常见的在线测量方法，用于检查测量电路的直流工作点电压和关键点电位，也可用于检查管子的各电极的电压。对于复杂电路先从电源检查，再通过分析逐步检查各单元电路。电压检查法可以间接测电流，这是由于测支路电流需要"串联"连接，而通过检查某电阻上的压降就可以换算成电流，不必断开电路。

⑦ 电流检查法，主要用于检查直流情况。通过检查整机电流和各分支电流，判断电路有无短路或开路的元件损坏现象。

⑧ 改变现状法，指检修时变动疑问电路中的半可变元件，或者触动有疑问器件的管脚、管脚焊片、开关触点等，对插入式器件和部件反复进行拔插操作，观察对故障现象的影响，以暴露接触不良、虚焊、变质、性能下降等故障原因，及时加以修理更新。

⑨ 波形检测法，波形检测法是使用示波器、扫频仪等波形显示设备动态检查被测电路的各被测点波形，观察波形的形状、幅度、周期、失真情况，分析判断电路或其中元件是否出现问题。由于采用专门测量仪器，故检测结果比较准确可靠。

⑩ 对分检测法，先将故障电路分为两部分，判断这两部分中哪边有问题，对可能有问题的部分再进一步一分为二，这样逐步缩小故障范围，最后找出问题所在。利用对分原理可以提高判断和检修效率。

⑪ 降压检测法，对电路加上零至半额定电压的电源，监测其各项指标（总电流、各关键点的电压）的变化，从而根据指标情况分析发现故障。此法特别适用于高压设备（电路）的检测，如开关电源的检测。

以上介绍的多种常见的电子维修的方法，关键在于掌握。对各种方法的要领、注意事项和适用场合，要能够熟练掌握并灵活运用，这取决于实践锻炼和不断总结经验。从修理的基本方法和基本技能入手，掌握电子修理的内在规律。虽然随着科学技术不断发展，维修工作会变得越发简单，如采用智能仪器设备的自诊断法，但终究离不开检修的基本方法和基本技能。具有良好硬件本领的工程技术人员越来越受到社会的广泛需求。

一般来说，电路的常见故障形式虽然很多，但归纳起来无非是以下几大类型，即电源没接通、开路现象、短路现象、元器件损坏或老化、整机性能下降等。有人说："硬故障好修，软故障难办"，也有人说："没有修不了的故障，只看有没有修理价值"，这些都是电子修理的经验之谈。

最后需要说明，专业维修一般分为三级，这三级的检修原则是不同的：第一级是更换整个模块，第二级是更换电路板等组件，第三级是更换元器件。第一级修理速度快但维修费用较大，第三级修理最经济但往往需要时间较长，第二级修理介于两者之间。专业维修时总的原则掌握是要从经济效益考虑，一般修理时主要采用二、三级维修，但如果要考虑时间和效率问题或有特定要求，一般要采用一、二级维修。

1.2.4 实验预习报告

为避免盲目性，参加实验前应对实验内容进行预习。通过预习，使学生明确实验目的和要求，掌握实验的基本原理，看懂实验电路图，查阅有关资料，拟出实验方法和步骤，设计实验表格，对思考题做出解答，初步估算（或分析）实验结果，最后做出预习报告。

实验预习及原始数据记录报告的书写格式可参照以下模板,如图1.3所示。

实验原始记录

实验课程:_____ 实验项目:_____ 实验日期:____年____月____日
二级院系:_____ 班级:_____ 姓名:_____ 学号:_____ 同组人:_____

记录所用的实验设备的名称、型号、编号、实验条件、实验数据

指导教师(签字):_____ ____年____月____日

图1.3 实验预习及原始数据记号

注:"实验原始记录"不能代替实验报告中的"实验数据及处理",只作为实验报告的补充资料,反映学生实验预习、操作情况。

1.2.5 实验过程

(1)参加实验时应自觉遵守实验室规章。
(2)按实验方案连接实验电路和测试电路。
(3)认真地记录实验条件和所得数据、波形。
(4)调试过程中应独立思考,耐心排除故障,并记下排除故障的过程和方法。
(5)发现仪器设备异常时,应立即切断电源,并报告指导教师和实验室工作人员,等待处理。
(6)实验结束时,将记录交给指导教师签字,经教师同意后方可拆除线路,清理现场。

1.2.6 实验报告

实验报告是对实验工作的全面总结。实验后要求学生认真写好实验报告,用简明的形式将实验结果和实验情况完整地、真实地表达出来。

1. 实验报告内容

(1)实验目的和要求。
(2)实验电路、测试电路和实验的工作原理(包括公式图表)。
(3)实验用的仪器、主要工具。
(4)实验的具体步骤。实验原始数据及实验过程的详细情况记录,整理和处理测试的数据和用坐标纸描绘出波形,列出表格或用坐标纸画出曲线。
(5)实验结果和分析。对测试结果进行理论分析,做出简明扼要的结论。找出产生误差原因,必要时,应对实验结果进行误差分析。
(6)实验小结。实验小结即是总结实验过程的完成情况,对实验方案和实验结果进行讨论;记录产生故障情况,说明排除故障的过程和方法;对实验中遇到的问题进行分析,简单叙述实验的收获和体会。

2. 实验报告基本要求

撰写实验报告要遵守一定的规范和要求。实验报告应结论正确、分析合理、讨论深入、文理通顺、简明扼要、符号标准、字迹端正、图表清晰。在实验报告上还应注明课题、实验者、实验日期、使用仪器编号等内容。

实验报告的书写格式可参照以下模板，如图1.4所示。

实验报告

实验课程：_____ 实验项目：_____ 实验日期：___年___月___日
二级院系：_____ 班级：_____ 姓名：___ 学号：_____ 同组人：_____
指导教师：_____ 成绩：___

要求写明实验目的、实验原理、实验器材、实验电路图、实验步骤、记录所用的实验设备的名称型号编号

一、实验目的

二、实验要求

三、仪器与设备
序号 名称 编号 基本作用 检验测量项目

四、实验原理
（实验依据的原理、主要公式以及实验电路图。）

五、实验步骤
（以上为实验预习报告内容。）

六、原始数据记录
（记录各实验步骤操作中取得的实验数据，填入相应表格中或绘制波形和曲线。）

七、实验结果及误差
八、实验小结
九、思考题解答
十、实验改进建议

注意：以下内容由指导教师填写。

预习成绩	A、B、C、D、E（需重做）	操作情况		指导教师签名	
纪　律		卫　生		日　期	___年___月___日

共___页 第___页

图1.4 实验报告的书写格式

第 2 章 基本实验方法

2.1 概 述

测量是通过实验方法对客观事物取得定量信息即数量概念的过程。在这个过程中，人们借助专门的设备，把被测对象直接或间接地与同类已知单位进行比较得到用数值和单位共同表示的测量结果。电子测量是测量学的一个重要分支，20 世纪 30 年代，测量科学与电子科学的结合产生了电子测量技术。从广义上说，凡是利用电子技术进行的测量都可以称为电子测量；从狭义上说，电子测量是指在电子学中测量有关电的量值。

与其他测量相比，电子测量具有以下几个明显的特点。

（1）测量频率范围宽。被测信号的频率范围除直流信号外，还包括交流信号，范围低至 10^{-6} Hz 以下，高至 THz（1 THz = 10^{12} Hz）级。

（2）量程范围宽。如数字万用表对电压的测量范围由纳伏（nV）级至千伏（kV）级，共 12 个数量级，其频率量程达 46 GHz。

（3）测量准确度高。例如，用电子测量方法对频率和时间进行测量时，由于采用原子频标和原子秒作为基准，使时间的测量误差减小到 $10^{-14} \sim 10^{-13}$ 量级。用标准电池作为基准使电压的测量误差减小到 10^{-6} 量级。正是由于电子测量能够准确地测量频率和电压，因此，人们往往把其他参数转换成频率或电压后再进行测量。

2.1.1 电子测量仪器

用于检测或测量一个量或为测量目的供给一个量的器具称为测量仪器，包括各种指示仪器、比较式仪器、记录式仪器、信号源和传感器等。利用电子技术测量电或非电量的测量仪器称为电子测量仪器。电子测量仪器种类繁多，一般可分为专用仪器和通用仪器两大类。前者是指为某一个或几个专门目的而设计的电子测量仪器，如电视彩色信号发生器。后者是指为测量某一个或几个电参数而设计的电子测量仪器，它们能用于多种电子测量，如电子示波器。

通用电子测量仪器按其功能可分为以下几类。

（1）信号发生器。用于产生测试用的信号，如低频、高频信号源射频模拟与数字信号发生器等。函数信号发生器及专用信号发生器。

（2）信号分析仪器。用来观测、分析和记录各种电量的变化，包括时域、领域和数字域分析仪，如示波器、动态信号分析仪、频谱分析仪、逻辑分析仪等。

（3）频率计、相位计。用来测量电信号的频率、时间间隔和相位，如电子计数式频率计、波长计、数字式相位计等。

（4）网络特性测量仪器。用来测量电气网络的各种特性，如频率特性测试仪（扫频仪）、阻抗测试仪、网络分析仪等。

（5）电子元器件测试仪器。用来测量各种电子元器件参数，检测元器件工作状态（或功能），如变压器测试仪、电桥、Q表、晶体管特性图示仪、集成电路测试仪等。

通用仪器按显示方式，又可分为模拟式和数字式两大类。前者主要是用指针方式直接将测量结果在标度尺上指示出来，如各种模拟式万用表和电子电压表。后者是将被测的连续变化的模拟量转换成数字量之后，以数字方式显示测量结果，以达到直观、准确、快速的效果，如各种数字万用表、数字频率计等。电子测量仪器的种类繁多，用途也各不相同，在测量中应根据实际情况合理选择使用。

2.1.2 测量方法

为实现测量目的，正确选择测量方法是极其重要的，它直接关系到测量工作能否正常进行和测量结果的有效性。测量方法按照不同的分类方法大致包括以下几种。

1. 按测量性质分类

按测量性质分类，有时域测量法、频域测量法、数据域测量法和随机量测量法4种。

1）时域测量法

时域测量法用于测量与时间有函数关系的量，如电压、电流等。它们的稳态值和有效值多用仪表直接测量，而它们的瞬时值可通过示波器显示其波形，以便观察其随时间变化的规律。

2）频域测量法

频域测量法用于测量与频率有函数关系的量，如电路增益、相移等。可以通过频率特性测试仪测量分析电路的幅频特性和相频特性。

3）数字域测量法

数字域测量法是对数字逻辑量进行测量。如用逻辑分析仪可以同时观测许多单次并行的数据。对于计算机的地址线、数据线上的信号，既可显示其时序波形，也可用1、0显示其逻辑状态。

4）随机量测量法

随机量测量法主要是指对各种噪声、干扰信号等随机量的测量。

2. 按测量手段分类

按测量手段分类，有直接测量法、非直接式测量法、组合测量法和调零测试法4种。

1）直接测量法

直接测量法用于保证测量结果与校验标准一致。在直接测量方法中，测量者直接测到的量值就是它始终所需要的被测量的值。测量过程主要是一个直接的比较过程。

2）非直接式测量法

非直接式测量法是指直接测量的并不是实验者最终想要得到的量值，而是以这些量值作为后续计算的基础，即利用直接测的量与被测量之间的函数关系（可以是公式、曲线或表格等），间接得到被测量量值的测量方法。间接测量的方法比较麻烦，常在直接测量法不方便或间接测量法的结果较直接测量法更为准确等情况下使用。

3）组合测量法

组合测量法是兼用直接测量与间接测量的方法。在某些测量中，被测量与几个未知量有关，需要通过改变测量条件进行多次测量，根据测量与未知参数间的函数关系联立求解。

4）调零测试法

调零测试法的基本过程是：将一个性能好的基准源与未知的被测量进行比较，并调节其中一个，使两个量值之差达到零值。这样，从基准源的读数便可以得知被测量的值。

本章主要介绍基本电量的测量和误差分析方法。

2.2 电压测量

电压是表征电信号特性的一个重要参数。电子电路的许多参数和性能都直接与电压相关，如增益、频率特性、电流以及功率等都可视为电压的派生量，各种电路工作状态，如饱和、截止等，通常也都以电压的形式反映出来。因此，电压测量是模拟电子技术实验的重要技能之一。

在模拟电子技术实验中，应针对不同的测量对象采用不同的测量方法。如：测量精度要求不高，可用示波器或普通万用表；如果希望测量精度较高，应根据现有条件，选择合适的测量仪器。

2.2.1 直流电压测量

放大电路的静态工作点、电路的工作电源等都是直流电压。电子电路中的直流电压一般分为两大类，一类为直流电源电压，它具有一定的直流电动势 E_S 和等效内阻 R_S；另一类是直流电路中某元器件两端之间的电压差或各点对地的电压（电位）。

直流电压的测量方法大体上有直接测量法和间接测量法两种。下面介绍经常使用的测量方法。

1. 模拟式万用表测量直流电压

模拟式万用表的直流电压挡是由表头串联分压电阻和并联电阻组成的，因而其输入电阻一般不太大，而且各量程挡的内阻不同，量程越大内阻越大。要注意表的内阻均被测电路并联产生的影响，若电表的内阻不是远大于被测电路的等效电阻时，将造成测量值比实际值小得多，产生较大的测量误差，有时甚至得出错误的结论。因此测量时，要考虑电表输入阻抗、量程和频率范围，尽量使被测电压的指示值在仪表的满刻度量程的 2/3 以上，这样可以减小测量误差。

在测量前应对模拟式万用表进行机械调零，注意被测电量的极性，选择合适的量程挡位，同时要正确读数。

一般来说，模拟式万用表的直流电压挡测量电压只适用于被测电路等效内阻很小或信号源内阻很小的情况。

2. 零示法测量直流电压

为了减小由于模拟式电压表内阻不够大而引起的测量误差，可用如图 2.1 所示的零示法。图中 E_S 为大小可调的标准直流电源，测量时，先将标准电源 E_S 置最小，电压表置较大量程挡，然后缓慢调节标准电源 E_S 的大小，并逐步减小电压表的量程挡，直到电压表在最小量程挡指示为零，

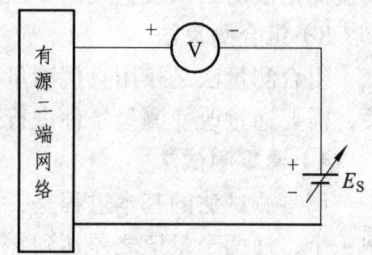

图 2.1　零示法测量直流电压

此时有源二端网络的电压等于 E_S，电压表中没有电流流过，电压表的内阻对被测电路无影响。断开电路，用电压表测量标准电源 E_S 的大小即为被测有源二端网络的电压大小。在此由于标准直流电源的内阻很小，一般均小于 1 Ω，而电压表的内阻一般在 kΩ 级以上，所以用电压表直接测量标准电源的输出电压时，电压表内阻引起的误差完全可以忽略不计。

一般采用跟随器和放大器等电路提高电压表的输入阻抗和测量灵敏度，这种电子电压表可在电子电路中测量高电阻电路的电压值。

3. 数字式万用表测量直流电压

数字式万用表添加了很多新功能，如测量电容值、晶体管放大倍数、二极管压降等，还有一种会说话的数字式万用表，能把测量结果用语言播报出来。数字式万用表的基本构成部件是数字直流电压表，因此，数字式万用表均有直流电压挡。用它测量直流电压可直接显示被测直流电压的数值和极性，有效数值位数较多，精确度高。一般数字式万用表直流电压挡的输入电阻较高，至少在兆欧级，对被测电路影响很小。但极高的输出阻抗使其易受感应电压的影响，在一些电磁干扰比较强的场合测出的数据可能误差非常大。

数字式万用表的直流电压挡有一定的分辨力，它所能显示的被测电压的最小变化值。实际上不同量程挡的分辨力不同，一般以最小量程挡的分辨力为数字式电压表的分辨力，如某型号数字式万用表的直流电压分辨力为 100 μV（显示 0.1 mV），则表明这个万用表不能显示出比 100 μV 更小的电压变化。

由于磁电式电表的表头偏转系统对电流有平均作用，不能反映纯交流量，所以，含有交流成分的直流电压常用的测量方法就是用模拟式电压表直流挡直接测量。一般不能用数字式万用表测量含有交流成分的直流电压，因为数字式直流电压表只有在被测直流电压稳定时，才能显示数字。

4. 示波器测量直流电压

用示波器测量直流电压是一种比较测量方法，即用已知电压值（一般为峰-峰值）的信号波形与被测信号电压波形比较，并计算出电压值。用示波器测量电压时，首先应将示波器的通道灵敏度微调旋钮置校准位置，否则电压读数不准确，具体测量步骤如下。

（1）将待测信号送至示波器的垂直输入端（CH1、CH2 或 Y1、Y2）。

（2）将输入耦合开关（AC-GND-DC）置于 GND，调节垂直位移旋钮，将荧光屏上的水

平亮线（时基线）移至荧光屏的中央位置。调整垂直灵敏度开关于适当挡位（1、2、5）（mV、V），将示波器的输入耦合开关置于 DC 挡，观察水平亮线的偏转方向（灵敏度不合适时，亮线可能消失，此时需要调整灵敏度）。若向上偏转，则被测直流电压为正极性，若向下偏转，则被测直流电压为负极性。

（3）将示波器的输入耦合开关置于 GND，调节垂直位移旋钮，将荧光屏上的水平亮线（时基线）向与其极性相反的方向移动，置于荧光屏的最顶端或最底端的坐标线上，即被测电压为正极性，就将时基线移至最底端的坐标线上，反之则将时基线移至最顶端的坐标线上，此时基线所在位置即为零电压所在位置，在此后的测量中不能再移动零电压线，即不能再调节垂直位移旋钮。

（4）将示波器的输入耦合开关置于 DC，调整垂直灵敏度开关于适当挡位，读出此时荧光屏上水平亮线与零电压线之间的垂直距离 Y，将 Y 乘以示波器的垂直灵敏度 S_Y 即可得到被测电压 U_X 的大小，即

$$U_X = S_Y Y$$

2.2.2　交流电压测量

由于放大电路的输入输出信号一般是交流信号，对于一些动态指标如电压增益、输入和输出电阻等也经常用加入正弦电压信号的方法进行间接测量。

模拟电子技术实验中对正弦交流电压的测量，一般只测量其有效值，特殊情况下才测量峰值。由于万用表结构上的特点，虽然也能测量交流电压，但对频率仍有一定的限制。因此，测量前应根据待测量的频率范围，选择合适的测量仪器和方法。

1. 模拟式万用表测量交流电压

用模拟式万用表的交流电压挡测量电压时，交流电压是通过检波器转换成直流电压后直接推动磁电式微安表头，由表头指针指示出被测交流电压的大小，测量时应注意其内阻对被测电路的影响。此外，模拟式万用表测量交流电压的频率范围较小，一般只能测量频率在 1 kHz 以下的交流电压。它的优点是：由于模拟式万用表的公共端与外壳绝缘胶木无关，与被测电路不存在共同机壳接地（即接地）问题。因此可用它直接测量两点之间的交流电压。

2. 数字式万用表测量交流电压

数字式万用表的交流电压挡，是将交流电压检波后得到的直流电压，通过 A/D 转换器转换成数字量，然后用计数器计数，以十进制显示被测电压值。与模拟式万用表交流电压挡相比，数字式万用表的交流电压挡输入阻抗高，对被测电路的影响小，但同样存在测量频率范围小的缺点。

3. 交流毫伏表测量交流电压

交流毫伏表将被测信号经过放大后再检波（或先将被测信号检波后再放大）变换成直流电压，推动微安表头，由表头指针指示出被测电压的大小。这类电压表的输入阻抗高，量程

范围广，使用频率范围宽。一般交流毫伏表的金属机壳为接地端，另一端为被测信号输入端。因此，这种表一般只能测量电路中各点对地的交流电压，不能直接测量任意两点间的电压，实验中应特别注意。

另外，通常表盘刻度部是按正弦波的有效值刻度的，所以，但若用它测量非正弦电压，不能直接读数，需根据表内检波器的检波方式和被测波形的性质将读数乘上一个换算系数，才能得到被测非正弦波的电压有效值。

4. 示波器测量交流电压

用示波器测量交流电压同测量直流电压时一样，都需要把通道灵敏度微调电位器旋至校准位置，在示波器显示出被测信号的稳定波形，调节示波器通道灵敏度"V/div"旋钮，使屏幕上的波形高度适中，记下波形在 y 方向所占的格数值，则交流电压的有效值为

$$U = \frac{U_{\text{p-p}}}{2\sqrt{2}}$$

2.2.3 噪声电压测量

各种物理量（温度、加速度等）经传感器转换为电信号后输入到分析仪器（测量仪器）中去时，通常是把不必要的信号（也就是噪声）也一起测量了。噪声包括固有噪声及外部噪声，这两种基本类型的噪声均会影响电子电路的性能。外部噪声来自外部噪声源，典型例子包括数字开关、60 Hz 噪声、电源开关等。固有噪声由电路元器件本身生成的，最常见的例子包括宽带噪声、热噪声、闪烁噪声等。在模拟电子技术实验中关心的是对电路内部产生的噪声电压的测量。

1. 用交流电压表测量噪声电压

噪声电压一般指有效值，因此用有效值电压表测量噪声电压有效值是很方便的，但是这种电压表较少且多数有效值电压表的领带较窄，所以一般都用平均值电压表进行噪声电压的测量，然后通过转换得到有效值。用平均值电压表测量噪声电压时，表针读数乘以 1.13 就是噪声电压的有效值。

2. 用示波器测量噪声电压

示波器的频带宽度很宽时，可以用来测量噪声电压，使用极其方便，尤其适合于测量噪声电压的峰-峰值测量时，将被测噪声信号通过 AC 耦合方式送入示波器的垂直通道，垂直灵敏度置于合适挡位，扫描速度置较低挡，在荧光屏上即可看到一条水平移动的垂直亮线，这条亮线垂直方向的长度乘以示波器的垂直电压灵敏度就是被测噪声电压的峰-峰值 $U_{\text{p-p}}$，则噪声电压的有效值为

$$U = \frac{1}{6} U_{\text{p-p}}$$

2.3 电流测量

电流的测量也是电参数测量的基础，静态工作点、电压增益、功率等的测量，以及许多实验的调试、电路参数的测量，都离不开对电流的测量。实验中电流可分为两类：直流电流和交流电流。与电压测量类似，由于测量仪器的接入，会对测量结果带来一定的影响，也可能影响到电路的工作状态，实验中应特别注意。不同类型电流表的原理和结构不同，影响的程度也不尽相同。一般电流表的内阻越小，对测量结果影响就越小，反之就越大。因此，实验过程中应根据具体情况，选择合理的测量方法和合适的测量仪器，以确保实验的顺利进行。

2.3.1 直流电流测量

1. 模拟式万用表测量直流电流

模拟式万用表的直流电流挡一般由磁电式微安表头并联分流电阻构成，量程的扩大通过并联不同的分流电阻实现，这种电流表的内阻随量程的大小而不同，量程越大，内阻越小。用模拟式万用表测量直流电流时，应将万用表串联在被测电路中，因为只有串联才能使流过电流表的电流与被测支路电流相同。测量时，应断开被测支路，将万用表红、黑表笔串接在被断开的两点之间。特别应注意电流表不能并联在被测电路中，这样做是很危险的，极易烧毁万用表。

2. 数字式万用表测量直流电流

数字式万用表直流电流挡的基础是数字式电压表，它通过电流-电压转换电路，使被测电流流过标准电阻，将电流转换成电压来进行测量。如图 2.2 所示，由于运算放大器的输入阻抗很高，可以认为被测电流 I_x 全部流经标准取样电阻 R_N，R_N 上的电压与被测电流 I_x 成正比，经放大器放大后的输出电压

$$U_o = \left(1 + \frac{R_3}{R_2}\right) R_N I_x$$

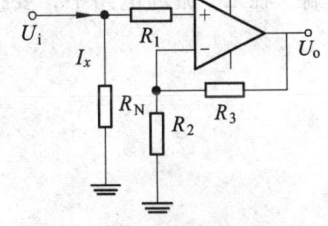

图 2.2 电流-电压转换电路

就可以作为数字式电压表的输入电压来进行测量。

数字式万用表的直流电流挡的量程切换是通过切换不同的取样电阻 R_N 来实现的。量程越小，取样电阻越大，当数字式万用表串联在被测电路中时，取样电阻的阻值会对被测电路的工作状态产生一定的影响，在使用时应注意。

3. 并联法测量直流电流

将电流表串联在被测电路中测量电流是电流表的使用常识，但是作为一个特例，当被测电流是一个恒流源而电流表的内阻又远小于被测电路中某一串联电阻时，电流表可以并联在这个电阻上测量电流，此时电路中的电流绝大部分流过电阻小的电流表，而恒流源的电流是

不会因外电阻的减小而改变的。如图 2.3 所示电路，要测量晶体管的集电极电流，若 R_c 的值比电流表内阻大得多，且电流表的接入对集电极电流的影响很小，则电流表的测量值几乎为集电极电流。在做这种不规范的测量时，要进行正确的分析，否则会造成电路或电流表的损坏。

4. 间接测量法测量直流电流

电流的直接测量法要求断开回路后再将电流表串联接入，往往比较麻烦，容易因疏忽而造成测量仪表的损坏。当被测支路内有一个定值电阻 R_N 可以利用时，可以测量该电阻两端的直流电压 U_{RN}，然后根据欧姆定律算出被测电流：$I_x = U_x/R_N$。这个电阻 R_N 一般称为电流取样电阻。

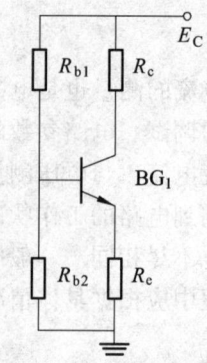

图 2.3　并联法测量直流电流

当然，当被测支路无现成的电阻可利用时，也可以人为地串入一个取样电阻来进行间接测量，取样电阻的取值原则是对被测电路的影响越小越好，一般在 1～10 Ω 之间，很少超过 100 Ω。

2.3.2　交流电流测量

一般交流电流的测量都采用间接测量法，即先用交流电压表测出电压后，用欧姆定律换算成电流。用间接法测量交流电流的方法与间接法测量直流电流的方法相同，只是对取样电阻有一定的要求。

（1）当电路工作频率在 20 kHz 以上时，就不能选用普通线绕电阻作为取样电阻，高频时应用薄膜电阻。

（2）在测量中必须将所有的接地端连在一起，即必须共地，因此取样电阻要连接在接地端，在 LC 振荡电路中，要接在低阻抗端。

2.4　电阻测量

电阻是所有电子电路中使用最多的线性元件，在电路中通常起分压分流的作用。对信号来说，交流与直流信号都可以通过电阻。电阻都有一定的阻值，代表这个电阻对电流流动阻挡力的大小。电阻的种类很多，通常分为碳膜电阻、金属电阻、线绕电阻等，又可分为固定电阻、可调电阻、特种电阻等。在模拟电子技术实验中，经常要测量放大电路的输入电阻和输出电阻。

2.4.1　定电阻测量

定电阻阻值标法通常有色环法和数字法两种。色环法在一般的电阻上比较常见，可以根据色环直接得出其阻值大小。下面介绍用仪器测量电阻的方法。

1. 万用表测量电阻

用万用表的电阻挡测量电阻时，先根据被测电阻的大小，选择好万用表电阻挡的倍率或量程范围，再将两个输入端（表笔）短路调零，最后将万用表并联在被测电阻的两端，读出电阻值即可。

在用万用表测量电阻时应注意被测电阻所能承受的电压和电流值，以免损坏被测电阻。例如，不能用万用表直接测量微安表的表头内阻，因为这样做可能使流过表头的电流超过其承受能力（微安级）而烧坏表头。当电阻连接在电路中时，首先应将电路的电源断开，决不允许带电测量。

2. 电桥法测量电阻

当对电阻值的测量精度要求很高时，可用电桥法进行测量。如图 2.4 所示，R_1、R_2 是固定电阻，称为比率臂，比例系数 $K = R_1/R_2$ 可通过量程开关进行调节，R_N 为标准电阻，称为标准臂，R_x 为被测电阻，G 为检流计。测量时接上被测电阻，接通电源，通过调节 R 和 R_N，使电桥平衡即检流计指示为零，读出 R_N 的值，求得 R_x 的值。

$$R_x = \frac{R_1}{R_2} R_N = K R_N$$

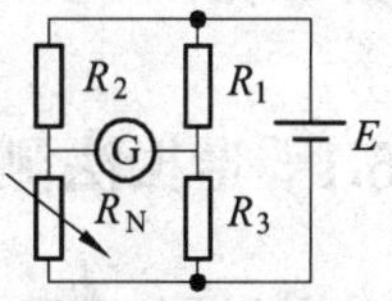

图 2.4 电桥法测量电阻

3. 伏安法测量电阻

伏安法是一种间接测量法，理论依据是欧姆定律 $R = U/I$，给被测电阻施加一定的电压，所加电压应不超出被测电阻的承受能力，然后用电压表和电流表分别测出被测电阻两端的电压和流过它的电流，即可算出被测电阻的阻值。使用伏安法时，有电压表消化治和电压表后接法两种电路，应根据被测电阻的大小，选择合适的测量电路，以使误差最小。

2.4.2 电位器测量

电位器是一种机电元件，靠电刷在电阻体上的滑动，取得与电刷位移成一定关系的输出电压。一般采用万用表测量电位器的阻值。

用万用表测量电位器的方法与测量固定电阻的方法相同，先测量电位器两个固定端之间的总体固定电阻，然后测量滑动端与任意一个固定端之间的电阻值，并不断改变滑动端的位置，观察电阻值的变化情况，直到滑动端调到另一端为止。在缓慢调节滑动端时，应滑动灵活，松紧适度，听不到"咝咝"的噪声，且阻值读数平稳变化，没有跳变现象，否则说明滑动端接触不良，或滑动端的引出机构内部存在故障。

可以采用示波器测量电位器的噪声。给电位器两端加一适当的直流电源 E，E 的大小应不造成电位器超功耗，最好用电池。让一定量的电流流过电位器，缓慢调节电位器的滑动端，在示波器的荧光屏上显示出一条光滑的水平亮线，随着电位器滑动端的调节，水平亮线在垂直方向移动，若水平亮线上有不规则的毛刺出现，则表示有滑动噪声或静态噪声存在。

2.4.3 非线性电阻测量

非线性电阻如热敏电阻、二极管的内阻等，它们的阻值与工作环境以及外加电压和电流的大小有关,一般采用专用设备测量其特性。当无专用设备时,可采用前面介绍的伏安法,测量一定直流电压下的直流电流值,然后改变电压的大小,逐点测量相应的电流,最后画出伏安特性曲线,所得的电阻值只表示一定电压或电流下的直流电阻值。如果电阻值与环境温度有关时还应制造出一定的外界环境。

2.5 电容测量

除电阻外,电容是第二种最常用的元件,其主要作用是储存电能。它由两片金属中间夹绝缘介质构成。由于存在绝缘电阻(绝缘介质的损耗)和引线电感。而引线电感在工作频率较低时,可以忽略其影响。因此,电容的测量主要包括电容量值与电容器损耗(通常用损耗因数 D 表示)两部分内容,有时需要测量电容器的分布电感。

2.5.1 谐振法测量电容量

将交流信号源、交流电压表、标准电感上和被测电容 C_x 连成如图 2.5 所示的并联电路,其中 C_O 为标准电感的分布电容。

测量时,调节信号源的频率,使并联电路谐振,即交流电压表读数达到最大值,反复调节几次,确定电压表读数最大时所对应的信号源的频率,则被测电容值 C_x 为

$$C_x = \frac{1}{(2\pi f)^2 L} - C_O$$

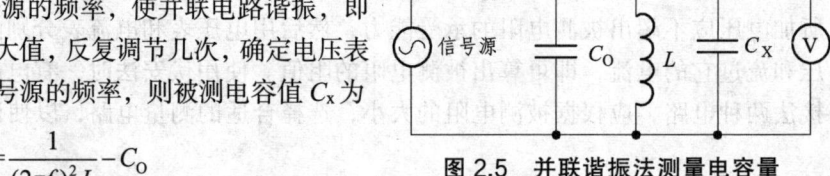

图 2.5 并联谐振法测量电容量

2.5.2 交流电桥法测量电容量和损耗因数

交流电桥有如图 2.6(a)、(b)所示的串联电桥和并联电桥。对于串联电桥,C_x 为被测

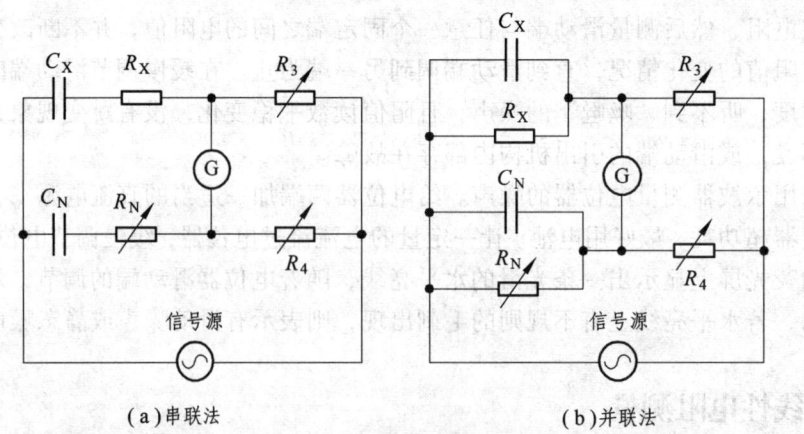

(a)串联法　　　　　　　　　(b)并联法

图 2.6 交流电桥法测量电容

电容，R_x 为其等效串联损耗电阻，由电桥的平衡条件可得

$$C_x = \frac{R_3}{R_4} C_N$$

$$R_x = \frac{R_3}{R_4} R_N$$

$$D_x = \frac{1}{Q} = \tan\alpha = 2\pi f R_N C_N$$

测量时，先根据被测电容的范围，通过改变 R_3 选取一定的量程，然后反复调节置 R_4 和 R_N 使电桥平衡，即检流计读数最小，从 R_4、R_N 刻度读 C_x 和 D_x 的值。这种电桥适用于测量损耗小的电容器。

对于并联电桥，C_x 为被测电容，R_x 为其等效并联损耗电阻，测量时，调整 R_N 和 C_N 使电桥平衡，此时

$$C_x = \frac{R_4}{R_3} C_N$$

$$R_x = \frac{R_3}{R_4} R_N$$

$$D_x = \tan\alpha = \frac{1}{2\pi f R_N C_N}$$

这种电桥适于测量损耗较大的电容器。

也可用数字万用表测量电容器的容量和正反向漏电电阻。

2.5.3 万用表估测电容

电容可以用机械万用表欧姆挡或者数字万用表的电容挡粗略估测。将红、黑两表笔分别碰接电容的两个引脚，表内的电池就会给电容充电，指针偏转，充电结束后，指针回零。调换红、黑两表笔，电容放电后又会反向充电。电容越大，指针偏转也越大。对比被测电容和已知电容的偏转情况，就可以粗略估计被测电容的量值。在一般的电子电路中，除了调谐回路等需要容量较准确的电容以外，用得最多的隔直电容、旁路电容、滤波电容等，都不需要容量准确的电容。因此，用欧姆挡粗略估测电容量值是有实际意义的。但是，普通万用表欧姆挡只能估测容量值较大的电容。数字万用表电容挡测电容见说明书，对于测量比量程大的电容，可根据电容的串联关系测量。通用计算式：$C_{被测}=1/(1/C_{串测} - 1/C_{标准})$。

2.6 电感测量

用绝缘导线绕制的各种线圈称为电感。电感器是能够把电能转化为磁能并存储起来的元件，其结构类似于变压器，但只有一个绕组。由于它一般是用金属导线绕制而成的，所以有

绕线电阻（对于磁芯电感还应包括磁性材料插入的损耗电阻）和线圈的匝与匝之间的分布电容。采用一些特殊的制作工艺，可减小分布电容，工作频率也较低时，分布电容可忽略不计。因此，电感的测量主要包括电感量和损耗（通常用品质因数 Q 表示）两部分内容。

2.6.1 谐振法测量电感

如图 2.7 所示为并联谐振法测电感的电路，其中 C 为标准电容，L_x 为被测电感，C_0 为被测电感的分布电容。测量时，调节信号源频率，使电路谐振，即电压表指示最大，记下此时的信号源频率 f，则

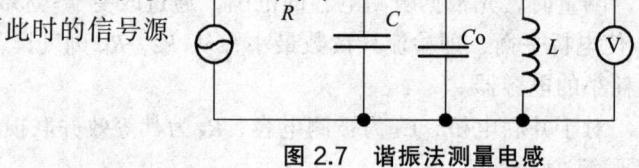

图 2.7 谐振法测量电感

$$L_x = \frac{1}{(2\pi f)^2 (C+C_0)}$$

由此可见，还需要测出分布电容 C_0，测量电路和图 2.7 类似，只是不接标准电容。调节信号源频率，使电路谐振。设此频率为 f_1，则

$$C_x = \frac{f}{f_1^2 - f^2} C$$

由上两式可得

$$L_x = \frac{1}{(2\pi f_1)^2 C_0}$$

将 C_0 代入上式，即可得到被测电感值。

2.6.2 交流电桥法测量电感

测量电感的交流电桥有如图 2.8（a）和图 2.8（b）分别所示的马氏电桥和海氏电桥两种，它们分别适用于测量品质因数不同的电感。

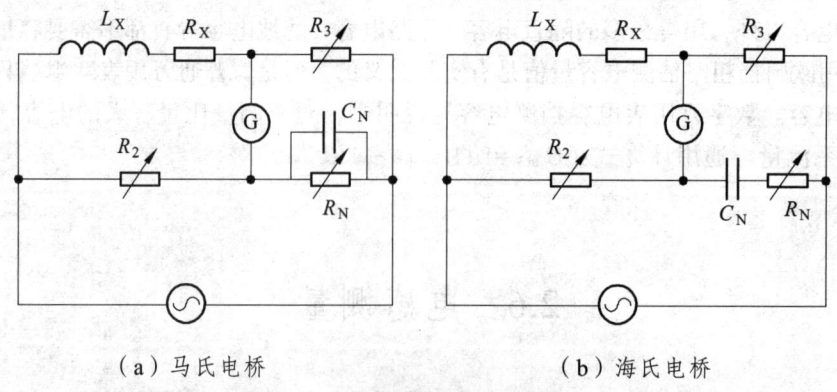

（a）马氏电桥　　　　　　　　（b）海氏电桥

图 2.8 交流电桥法测量电感

马氏电桥适用于测量 $Q<10$ 的电感。图中 L_x 为被测电感，R_x 为被测电感损耗电阻，由电桥平衡条件可得

$$U_B \approx \frac{R_1}{R_1+R_2}U_{CC}$$

一般在马氏电桥中，R_3 用来改变量程，R_2 和 R_N 为可调元件，由 R_2 的刻度可直读 L_x 值，由 R_N 的刻度可直读 Q 值。

海氏电桥适用于测量 $Q>10$ 的电感，测量方法和结论与马氏电桥相同。

电感测量的简易方法，同学们试着探索一下，万变不离其宗的就是电感的阻抗作用原理。

2.7 误差分析与测量数据处理

在电子电路实验中，为了获取表征被研究对象特征的定量信息，必须准确地进行测量。在测量过程中，由于受到测量仪器精度、测量方法、环境条件或测量者能力等因素的影响，测量结果和待测量的客观真值之间总存在一定差别，即测量误差。因此，为分析误差产生的原因，必须了解和掌握一定的测量数据处理知识。

2.7.1 误差来源与分类

1. 测量误差的来源

1）仪器误差

仪器误差是由于仪器本身的缺陷或没有按规定条件使用仪器而造成的。如仪器的零点不准，仪器未调整好，外界环境（光线、温度、湿度、电磁场等）对测量仪器的影响等所产生的误差。显然，消除仪器误差的方法是配备性能优良的仪器并按规定条件对测量仪器进行校准。

2）操作误差

操作误差是由于测量过程中因操作不当而引起的误差。减小使用误差的办法是测量前详细阅读仪器的使用说明书，严格遵守操作规程，提高实验技巧和对各种仪器的操作能力。例如：万用表表盘上的符号：⊥，∏，∠60°，分别表示万用表垂直位置使用，水平位置使用，与水平面倾斜成 60°使用。使用时应按规定放置万用表，否则会带来误差，至于用欧姆挡测电阻前不调零所带来的误差，更是显而易见的。操作误差因人而异，并与观测者当时的精神状态有关。

3）理论误差

理论误差是由于测量所依据的理论公式本身的近似性，或实验条件不能达到理论公式所规定的要求，或者是实验方法本身不完善所带来的误差。例如伏安法测电阻时没有考虑电表内阻对实验结果的影响。凡是在测量结果的表达式中没有得到反映的因素，而实际上这些因素在测量过程中又起到一定的作用所引起的误差都是理论误差。

2. 测量误差的分类

测量误差按性质和特点可分为系统误差、随机误差和粗大误差三大类。

1) 系统误差

系统误差是指在相同条件下重复测量同一量时，误差的大小和符号保持不变，或按照一定规律变化的误差。系统误差一般可通过实验或分析方法，在查明其变化规律及产生原因后可以减少或消除。电子技术实验中的系统误差通常是由于测量仪器的调整不当和使用方法不当所致。需要注意的是，系统误差总是使测量结果偏向一边，或者偏大，或者偏小，因此，用多次测量求平均值的方法并不能消除系统误差。

2) 随机误差

在相同条件下多次重复测量同一量时，误差大小和符号无规律的变化的误差称为随机误差。随机误差不能用实验方法消除。但从随机误差的统计规律中可了解其分布特性，并能对其大小及测量结果的可靠性作出估计，或通过多次重复测量，然后取其算术平均值来达到消除误差的目的。

3) 粗大误差

粗大误差是指在一定测量条件下，由于测量者对仪器不了解、粗心，导致读数不正确，使测量值大大偏离实际值。含有粗差的测量值称为坏值或异常值。必须根据统计检验方法的某些准则去判断哪个测量值是坏值，然后去除。

除粗差较易判断和处理外，在任何一次测量中，系统误差和随机误差一般都是同时存在的，需根据各自对测量结果的影响程度，作不同的具体处理。

2.7.2 误差表示方法

误差可以用绝对误差和相对误差来表示。

1. 绝对误差

设被测量的真值为 A_0，测量仪器的示值为 X，则绝对误差为

$$\Delta X = X - A_0$$

在某一时间及空间条件下，被测量的真值虽然是客观存在的，但一般无法测得，只能尽量逼近它。故常用高一级标准测量仪器的测量值 A 代替真值 A_0，有

$$\Delta X = X - A$$

在测量前，测量仪器应由高一级标准仪器进行校正，校正量常用修正值 C 表示。对于被测量，高一级标准仪器的示值减去测量仪器的示值所得的差值，就是修正值。实际上，修正值就是绝对误差，只是符号相反，有

$$C = -\Delta X = A - X$$

利用修正值便可得该仪器所测量的实际值，即

$$A = X + C$$

例如，用电压表测量电压时，电压表的示值为 1.1 V，通过鉴定得出其修正值为 – 0.01 V。则被测电压的真值为 $A = 1.1 + (-0.01) = 1.09$ V。

修正值给出的方式可以是曲线、公式或数表。对于自动测验仪器，修正值则预先编制成有关程序，存于仪器中，测量时对误差进行自动修正，所得结果便是实际值。

2. 相对误差

绝对误差值的大小往往不能确切地反映出被测量的准确程度。例如，测 100 V 电压时，$\Delta X_1 = +2$ V，在测 10 V 电压时，$\Delta X_2 = +0.5$ V，虽然 $\Delta X_1 > \Delta X_2$，可实际 ΔX_1 只占被测量的 2%，而 ΔX_2 却占被测量的 5%，显然，后者的误差对测量结果的影响相对较大。因此，为弥补绝对误差的不足，工程上常采用相对误差来比较测量结果的准确程度。

相对误差又分为实际相对误差、示值相对误差和引用（或满度）相对误差。

（1）实际相对误差 γ_A，是用绝对误差 ΔX 与被测量的实际值 A 比值的百分数来表示的相对误差，记为

$$\gamma_A = \frac{\Delta X}{A} \times 100\%$$

（2）示值相对误差 γ_X，是用绝对误差 ΔX 与仪器示值 X 比值的百分数来表示的相对误差，即

$$\gamma_X = \frac{\Delta X}{X} \times 100\%$$

（3）引用（或满度）相对误差 γ_m，是用绝对误差 ΔX 与仪器的满刻度值 X_m 比值的百分数来表示的相对误差，即

$$\gamma_m = \frac{\Delta X}{X_m} \times 100\%$$

2.7.3 测量数据处理

通过实际测量取得测量数据后，通常还要对这些数据进行计算、分析、整理，有时还要把数据归纳成一定的表达式或画成表格、曲线等，也就是要进行数据处理。

1. 有效数字处理

由于存在误差，所以测量数据总是近似值，如何用近似值恰当地表示测量结果，就涉及有效数字问题。例如，由电流表测得电流为 12.6 mA，这是个近似值，12 是可靠数字，而末位 6 为欠准数字，即 12.6 为 3 位有效数字。有效数字对测量结果的科学表述极为重要。

对有效数字的正确表示，应注意以下几点：

（1）与计量单位有关的 0 不是有效数字，例如，0.054 A 与 54 mA 这两种写法均为 2 位有效数字。

（2）小数点后面的 0 不能随意省略，例如，18 mA 与 18.00 mA 是有区别的，前者为 2 位有效数字，后者则是 4 位有效数字。

（3）对后面带0的大数目数字，不同写法其有效数字位数是不同的，例如，3 000 如写成 $30×10^2$，则成为两位有效数字；若写成 $3×10^3$，则成为1位有效数字；如写成 3 000±1，就是4位有效数字。

（4）如已知误差，则有效数字的位数应与误差所在位相一致，即：有效数字的最后一位数应与误差所在位对齐。如仪表误差为±0.02 V，测得数为3.283 2 V，其结果应记作 3.28 V。因为小数点后面第二位"8"所在位已经产生了误差，所以从小数点后面第三位开始后面的"32"已经没有意义了，在记录结果时应舍去。

（5）当给出的误差有单位时，则测量数据的写法应与其一致。例如，频率计的测量误差为±x kHz，测得某信号的频率为 7 100 kHz，可写成 7.100 MHz 和 7 100×10^3 Hz，若写成 7 100 000 Hz 或 7.1 MHz 是不行的。因为后者的有效数字与仪器的测量误差不一致。

2. 数据舍入规则

为了使正、负舍入误差出现的机会大致相等，现已广泛采用小于5舍，大于5入，等于5时取偶数的舍入规则。

3. 有效数字运算规则

当测量结果需要进行中间运算时，有效数字的取舍，原则上取决于参与运算的各数中精度最差的那一项。一般应遵循以下规则。

（1）加减运算时，首先对各数进行修订，使各数所保留的小数点后的位数应与各数中小数点后位数最少者的位数相同，然后再进行运算。

（2）乘除运算时，首先对各数进行修订，以有效数字位数最少的数为准，其余各数均舍入至比该数多一位后进行运算，求得的积或商的有效数字的位数应取舍成与运算前有效数字位数最少的数相同。为了保证必要的精度，最终运算结果也可以多保留1位。

（3）平方或开方运算时，结果可比原数多保留 1 位。

（4）对数运算时，n 位有效数字的数应该用 n 位对数表示。

（5）若计算式中出现如 e、π 等常数时，可根据具体情况来决定应取的位数。

4. 有效数字的曲线处理

在模拟电子技术实验中，有些情况对测量结果的要求并不十分严格，测量结果常要用曲线来表示。在实际测量过程中，由于各种误差的影响，测量数据将出现离散现象，如将测量点直接连接起来，将不是一条光滑的曲线，而是呈折线状。应用有关误差理论，可以把各种随机因素引起的曲线波动抹平，使其成为一条光滑均匀的曲线，这个过程称为曲线的修匀。

2.7.4 物理量测量的通用基本方法

通过以上几种物理量测量，我们总结出了一些基本规律。检测任何物理量，首先搞清楚该物理量的定义（大多数定义式也就是测量式），根据定义，设计合理的检测电路和检测方法，实现对该物理量的测量。

第3章 电子制作基础知识

电子电路制作是综合运用模拟、数字电子技术以及电路原理理论知识的过程,包括电路的设计、安装、调试、检测、维修等过程。首先必须明确设计任务,对设计任务进行具体分析,根据任务选择方案,然后对方案中各部分进行单元电路设计、参数计算和器件选择,最后将各部分连接在一起。由于电子元器件参数的离散性,加之设计者缺乏经验,理论上设计出来的电路,可能存在这样那样的问题,这就要求通过实验、调试来发现和纠正设计中存在的问题,使设计方案逐步完善,以达到设计要求。

3.1 电子电路的设计

电子电路的设计一般包括总体方案初步思路、拟定性能指标、电路的预设计、电路的仿真、电子电路的实验及方案修改等环节,我们现在进行的是成熟产品的安装调试。

衡量设计的最终标准是工作稳定可靠,能达到所要求的性能指标,并留有适当的余量;电路简单、成本低、功耗低;所采用元器件的品种少、体积小且货源充足;便于生产、测试和维修;具用实用性等。

电子电路设计的一般步骤如图 3.1 所示。

3.1.1 确定设计方案

设计方案是根据实际问题的要求和性能指标把要完成的任务分配给若

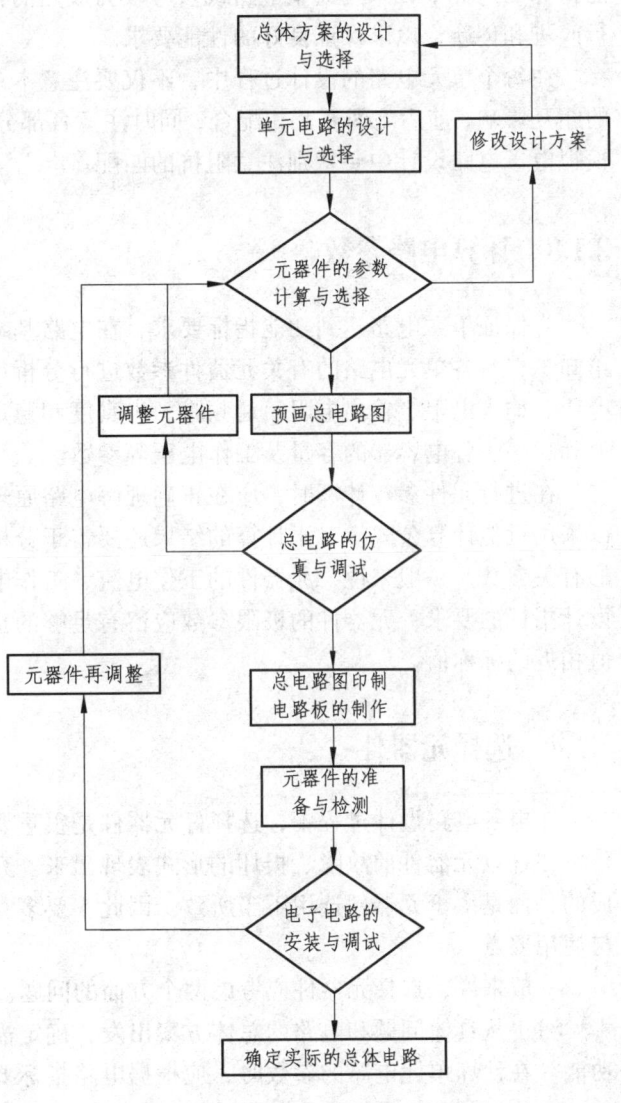

图 3.1 电子电路设计的一般步骤

干单元电路,并画出一个能反映出各单元功能的整体原理框图。在设计方案时,要对方案不断进行可行性分析和优缺点分析,明确反映各个组成部分的功能,清楚表示系统的基本组成和相互关系。完成设计任务有多种途径,确定设计方案就要从多个方案中选择一个最优的方案。方案选择要合理、可靠、经济、功能齐全。

3.1.2 设计单元电路

在确定设计方案后,便开始着手单元电路的设计。单元电路是构成整个系统的基础,只有把各单元电路设计好才能提高整体设计水平。

在单元电路设计前,首先应根据各单元应完成的任务,拟定出各单元电路的性能指标,与其他单元电路之间的连接关系,并选择电路的基本结构形式。一般情况下可在保证电路性能指标的前提下,采用典型电路或参考较为成熟的常用电路;也可以在成熟电路的基础上进行改进和创新,以求保证良好的性能要求。

在每个单元电路的设计过程中,不仅要注意本单元电路的合理性,还应考虑各单元之间的相互影响,前后之间要互相配合,同时注意各部分输入信号和输出信号之间的关系。另外,模拟电子电路设计中要特别注意阻抗的匹配。

3.1.3 计算电路参数

为保证单元电路达到功能指标要求,在电路基本形式确定之后,运用模拟电子技术的理论知识,对各单元电路的有关元器件参数进行分析计算。例如放大电路,应根据增益或输出电压、输入电阻、输出电阻、通频带、失真度和稳定性等指标,计算电源电压、各电阻的阻值和功率、各电容器的容量及工作电压等参数。

在进行元件参数计算时,应在正确理解电路原理的基础上,正确运用计算公式,有的可以采用近似计算公式。对于计算的结果还要善于分析,并进行必要的处理,然后确定元器件的有关参数。一般来说,元器件的工作电流、工作电压、功耗和频率等参数,必须满足电路设计指标的要求;元器件的极限参数应留有足够的富裕量;电阻、电容的参数,应取与计算值相近的标称值。

3.1.4 选择元器件

在电子电路设计过程中,选择好元器件是很重要的一步。实践证明,电子电路的各种故障,往往以元器件的故障、损坏的形式表现出来。究其原因,并非都是元器件本身缺陷所造成的,而是由于元器件选用不当所致。因此,要多查资料,更多地了解元器件的性能、特点与使用要点。

一般来说,选择元器件应考虑两个方面的问题。

(1)从具体问题和电路的总体方案出发,确定需要哪些元器件,每个元器件应具备哪些功能。在计算单元电路的参数时,应根据电路指标要求、工作环境等,确定所选元器件参数的额定值,并留有足够的富裕量,使其在低于额定值的条件下工作。

（2）在保证满足电路设计指标要求的前提下，尽可能减少元器件的品种和规格，以提高它们的复用率。要在仔细分析比较同类元器件在品种、规格、型号和制造厂商之间的差异后，选用便于安装、货源充足、价格低廉、信誉好、产品质量高的制造厂生产的元器件。

在模拟电子电路设计中，有大量的模拟信号需要处理，如交/直流放大、线性检波、振荡、有源滤波、运算等，可以选用功能齐全的各类模拟集成电路，但是不要以为集成电路一定比分立元件好，有些功能简单的电路，选用分立元件会更方便。

3.1.5　绘制电路图

完成上述各个步骤后，应画出总电路图，以便为电路的组装、调试和维护提供依据。当画出总体电路图后，还要注意仔细地全面地审图，找出错误或不合理的地方进行修改。

在给制电路图的过程中应注意以下几点。

（1）电路图中的信号流向，一般从输入端或信号源画起，由左到右、自下而上，按信号的流向依次画出各单元电路，而且要尽量画在同一张图上。如果电路比较复杂，也可分开画成几张图，但应把主电路图画在同一张图上，把一些相对独立或次要的部分画在另外的图上，并要适当标注。

（2）图形符号要标准，并加适当标注。元器件图形符号的排列方向应与图样的底边平行或垂直，尽量避免斜线排列。

（3）图中的每个元器件应写明其文字符号和主要参数，中大规模集成电路在电路图中一般只用框表示，但框中应标出其型号，框边线的两侧标出引脚编号及其功能名称。

（4）电路图的总体布局要合理，元器件和连线的排列必须均匀，连线画成水平线或竖线，在折弯处要画成直角。两条连线相交时，如果两线在电气上是相通的，则在两线的交点处要打上黑点。

（5）电路图画好后要仔细检查有无错误，特别是二极管的方向、有极性电容器的极性和电源的极性等容易发生错误的地方更要认真检查。

3.1.6　设计印刷电路板 PCB

1. 电路板设计先期工作

先期工作主要是利用原理图设计工具绘制原理图，并且生成网络表。特殊情况下，如电路板比较简单、已经有了网络表等情况下也可以不进行原理图的设计，直接进入 PCB 设计系统，在 PCB 设计系统中，直接取用零件封装，人工生成网络表。电路板的设计流程图见图 3.2。

2. 设置 PCB 设计环境和定义边框

进入 PCB 系统后的第一步就是设置 PCB 设计环境，包括设置格点大小和类型、光标类型、板层参数、布线参数等等。大多数参数都可以用系统默认值，而且这些参数经过设置之后，符合个人的习惯，以后无需再去修改。在这个步骤里，还要规划好电路板的尺寸大小等。

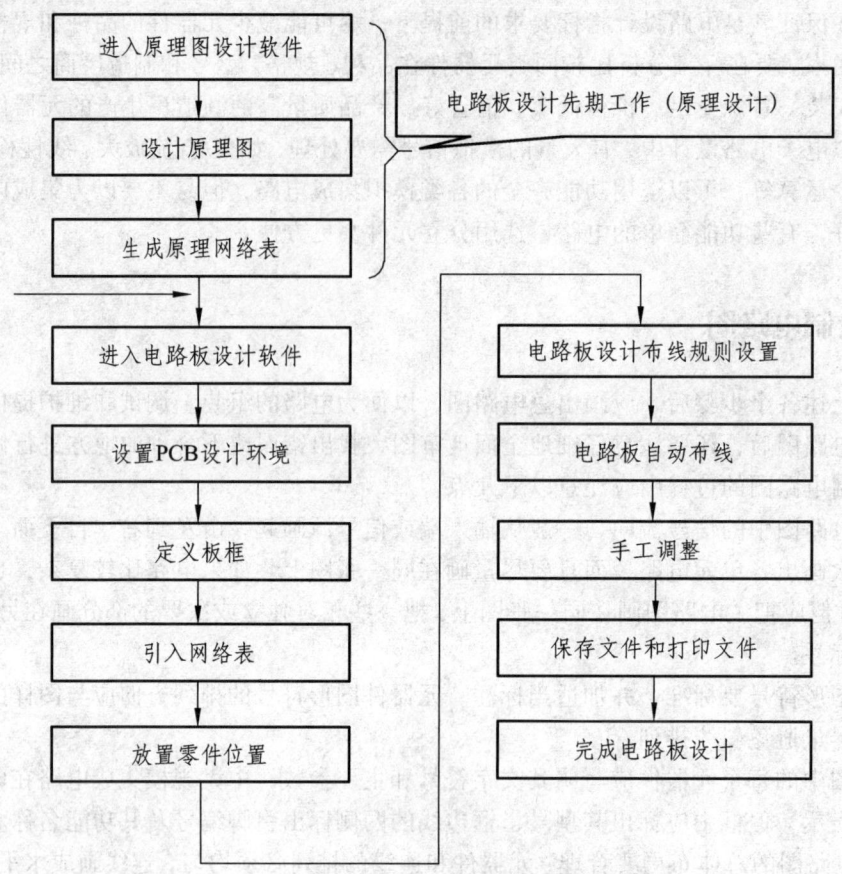

图 3.2　电路板的设计流程图

3. 引入网络表和修改零件封装

这一步非常重要。网络表是 PCB 自动布线的灵魂，也是原理图设计与印刷电路板设计的接口，只有将网络表装入后，才能进行电路板的布线。在原理图设计的过程中，ERC 检查不会涉及到零件的封装问题。因此，原理图设计时，零件的封装可能被遗忘，在引进网络表时可以根据实际情况来修改或补充零件的封装。当然，可以直接在 PCB 内人工生成网络表，并且指定零件封装。

4. 布置零件位置

正确装入网络表后，系统将自动载入零件封装，并且可以自动优化各个组件在电路板内的位置。不过自动放置组件的算法还是不够理想，即使是对于同一个网络表，在相同的电路板内，每次的优化位置都是不一样的，还需要手工调整各个元件的位置。

5. 布线规则设置

布线规则设置时设置布线时的各个规范，如安全间距、导线形式等等。布线规则设置也是印刷电路板设计的关键之一，需要丰富的实践经验。

6. 自动布线及手工调整

PCB 的自动布线功能相当强大，只要参数设置合理，元件布局妥当，系统自动布线的成功率几乎是 100%，布线成功不等于布线合理，有时候会发现自动布线导线拐弯太多等问题，必须还要进行手工调整。

7. 文件保存和文件打印

最后是文件保存和打印输出，设计工作结束。

3.1.7 制作印刷电路板 PCB

以下介绍一些制作印刷电路板 PCB 的方法。只要能够达到设计的要求，采用哪种方法，甚至是否使用电路板都并不重要，读者不要被本文中介绍的一些具体方法所限制。

PCB 是 Printed Circuit Board 的缩写，中文名即印刷电路板。PCB 是每一种电子器件的必备部件，几乎所有大大小小的电子元器件都是固定在 PCB 版上。

PCB 板的基板是由不易弯曲的绝缘材料所制作成。在表面可以看到的粗细不一的线路材料是铜箔，原本铜箔是覆盖在整个板子上的，而在制造过程中部份被蚀刻处理掉，留下来的部份就变成网状的细小线路了。这些线路被称作导线（Conductor Pattern）或称布线，并用来提供 PCB 上电子元器件的电路连接。

PCB 单面板的正反面分别被称为器件面（Component Side）与焊接面（Solder Side），板上有大小不一的钻孔，一般来说，电子元器件是穿过钻孔被焊接在 PCB 板上。工业用的 PCB 板上的绿色或是棕色，是阻焊漆（Solder Mask）的颜色。这层是绝缘的防护层，可以保护铜线，也可以防止零件被焊到不正确的地方。

用来制作电路板的铜板的专业名称为：敷（覆）铜板，通常是由 1～2 mm 厚的环氧树脂板或纸板等绝缘且有一定强度和方便加工的材料构成基板，并在基板上覆上一层 0.1 mm 左右的铜箔而成，如果只有一面覆有铜箔，就叫单面敷铜板，如果两面都有铜箔，就叫双面敷铜板。

当前流行电路板的材料是 FR-4，厚度是 0.062 英寸（1.6 mm），敷铜厚度一般用未经切割的电路板上敷铜的质量来表示，通常有 0.5 oz（盎司），1.0 oz，1.5 oz，对于手刻板来讲，通常用 1.0 oz，太薄或太厚，都会给制作带来困难。

目前工业界的 PCB 制作工艺发展很快，适合大批量的 PCB 板制作。但是，对于无线电业余爱好者来说，一些简单，易操作且成本低的 PCB 制作方法则更加实用，下面将介绍七种简易的 PCB 板制作方法，供读者参考。此外，本文还将介绍目前工业化制作 PCB 板的常用方法，以拓宽读者的思路。

注：在制作 PCB 板之前，需保证有完整正确的印版图。

1. 蜡纸转印腐蚀法

1）制作敷铜板

按照印版图的尺寸裁切敷铜板，使其与实际电路图的大小一致，并使敷铜板保持清洁。

2）将电路印在敷铜板上

将蜡纸平铺在钢板上，用笔将印版图按照 1∶1 的比例刻在蜡纸上，将蜡纸上的印版图根据电路板尺寸剪裁，并将其平放在敷铜板上。用少量油漆与滑石粉调成稀稠合适的材料，用毛刷蘸取印调好的材料，均匀地涂蜡纸上，反复几遍，即可将电路印在印制板上（敷铜板）。

注：可反复使用，适用于少量 PCB 板制作。

3）腐蚀敷铜板

将敷铜板放入三氯化铁液体中腐蚀。

4）清洗印制板

将腐蚀好的印制板反复用水清洗。用香蕉水擦掉油漆，再清洗几次，使印制板清洁，不留腐蚀液。抹上一层松香溶液待干后钻孔。

2. 不干胶带腐蚀法

此法是用预先制好的类似不干胶材料制成的各种符号（点、圆盘等）贴在电路板上。

1）绘制印版图

用点表示焊盘，线路用单线表示，保证位置、尺寸准确。

2）制作敷铜板

按照印版图的尺寸裁切敷铜板，并使敷铜板铜箔面保持清洁。

3）将印版图印在敷铜板上

① 可用复写纸将印版图复制在敷铜板上，根据所用元器件的实际大小粘贴不同内外径的焊盘（即印刷电路板上用来焊接电子元器件的圆孔）。② 根据电路中电流的大小决定采用不同宽度的胶带（大电流采用宽胶带，小电流窄胶带即可），按照印版图将胶带粘贴在敷铜板上（代表电路中元器件之间的连线）。③ 用软一点的小锤，如光滑的橡胶、塑料等敲打图贴，使之与铜箔充分粘连。重点敲击线条转弯处、搭接处。天冷时，最好用取暖器使表面加温以加强粘连效果。

注：焊盘规格：D373（外径：2.79 mm，内径：0.79 mm）；D266（外径：2.00 mm，内径：0.80 mm）；D237（外径：3.50 mm，内径：1.50 mm）等几种。最好购买纸基材料做的（黑色），塑基（红色）材料尽量不用。胶带常用规格有 0.3、0.9、1.8、2.3、3.7 等几种，单位均为 mm。

4）腐蚀、清洗敷铜板

将粘有胶带的敷铜板放入三氯化铁液体中腐蚀。腐蚀完后应及时取出用水冲洗干净。

在焊盘处用钻头打孔，去除不干胶带，用细砂纸打亮铜箔线路，再涂上松香酒精溶液，凉干则制作完毕了。

3. 激光打印热转印法

传统的印刷电路板制作方法皆采用抗腐蚀材料（如胶带、蜡纸等）粘在敷铜板表面以代表电路连线，然后用腐蚀液将敷铜板上不需要的铜片腐蚀掉。一般的工业用法是采用丝网印刷，或者照相法。

介绍一种工艺简单，成本低廉的 PCB 制作方法，只需使用一台旧激光打印机，一个家用电熨斗和一张热转印纸，就可在一个小时内完成一块印刷电路板的制作。

这一方法是基于热转移原理，激光打印机墨盒的碳粉中含有黑色塑料微粒，在打印机硒鼓静电的吸引下，在硒鼓上形成高精度的图形和文字（印版图），当静电消失后，高精度的图形和文字便转移到打印纸上，这里使用的是经过特殊处理的热转印纸，具有耐高温不粘连的特性。

当温度达到 180 ℃ 时，在高温和压力的作用下，热转印纸对融化的墨粉吸附力急剧下降，使融化的墨粉完全吸附在敷铜板上，敷铜板冷却后，形成紧固的有图形的保护层，经过腐蚀后，印刷电路板便制作成功了。

这种方法制作精度高，成本低。制作一块 110 mm×170 mm 单面电路板的制板费仅相当于半张热转印纸的成本（0.5~0.75 元）。

具体制作过程如下：

1）打印印版图

用激光打印机将画好的印版图打印在热转印纸上，注意在打印前后，不要用手或其他东西碰热转印纸上的印版图位置。

2）将电路印在敷铜板上

将热转印纸的印有印版图部分剪下，四边留些空白，面朝下覆盖在平坦、干净的敷铜板上（可用砂纸打磨敷铜板），用家用电熨斗（非蒸汽式）熨烫贴有热转印纸的敷铜板，可多烫几次，使融化的墨粉完全吸附在敷铜板上。

3）揭去热转印纸

有两种方法：湿揭法和干揭法。

湿揭法：将贴有热转印纸的敷铜板放入热水中浸泡 5~10 min，可揭去一层热转印纸，再泡 10 多分钟，再揭去热转印纸，如板上粘有剩余的纸，可用牙刷或拇指擦去。

干揭法：敷铜板冷却后揭去热转印纸。

4）腐蚀、清洗敷铜板

将揭去热转印纸的敷铜板放入三氯化铁液体中腐蚀，腐蚀完后取出用"Laquer Thinner"（一种稀释剂）冲洗，并用纸巾迅速擦去墨粉，印刷电路板便制作成功了。

小技巧：

- 建议使用惠普（HP）打印机和硒鼓，质量较好。
- 打印纸可选用喷墨打印机用来打印相片的相片纸，绘图纸等，请自行试验选定最合适的纸张。
- 熨烫时，最好将熨斗覆盖整个敷铜板上的电路部分，用力熨烫纸的背面至少 1.5 min，可站在高处熨烫。当印版图透过纸张显现出来时，说明印版图已经印在敷铜板上了。
- 如果在擦去打印纸的同时，将一些墨粉也擦掉了，用防腐材料填上即可。
- 也可使用照片过塑机代替熨斗。将打印好的热转印纸覆盖在敷铜板上，送入照片过塑机（调到 180.5~200 ℃）来回压几次，使融化的墨粉完全吸附在敷铜板上。

4. 即时贴腐蚀法

将即时贴（或包装用的宽透明胶带）粘在敷铜板的铜箔上，然后在贴面上绘制好印版图，再用刻刀刻透贴面层，形成所需电路，揭去非电路部分，最后用三氯化铁腐蚀敷铜板即可。

腐蚀温度可在 55 ℃ 左右进行，腐蚀速度较快。腐蚀好的电路板用清水冲洗干净，揭去电路上的即时贴，打好孔，擦干净涂上松香酒精溶液以备使用。

5. 手工及绘图仪直接描绘法

这种方法利用绘图仪的绘图笔在敷铜板上直接画印版图，有手画和绘图仪自动画两种做法，下面分别介绍。

1) 手画法

（1）调制绘图液。

在三份无水酒精中，放入一份漆片（即虫胶，化工原料店有售），并适当搅拌，待其全部溶解后，滴上几滴医用紫药水（龙胆紫），使其呈现一定的颜色，搅拌均匀后，绘图液便制成了。

（2）绘制印版图。

用细砂纸把敷铜板打亮，然后采用绘图仪器中的鸭嘴笔（或圆规上用来画图形的墨水鸭嘴笔），在敷铜板上描绘印版图，由于鸭嘴笔上有调整笔划粗细的螺母，可通过调节笔划粗细去改变电路图中连线的粗细，也可借用直尺、三角尺描绘出很细的直线。此法描绘出的线条光滑、均匀，无边缘锯齿。

在绘制过程中，如果发现绘出的连线向周围浸润，则说明绘图液浓度太小，可以加一点漆片；若是绘制时拖不开笔，则说明绘图液太稠了，需滴上几滴无水酒精。

如果发现描错了，只要用一小棍（如火柴杆），做一个小棉签，蘸上一点无水酒精，即可方便地擦掉，然后重新描绘即可。

此外，可以在敷铜板的空白处写上相应的说明文字。

（3）腐蚀电路板。

将画好的电路板（敷铜板）放入三氯化铁溶液中腐蚀，腐蚀完成后，用棉球蘸上无水酒精，就可以将板子上的绘图液擦掉，晾干后，涂上松香水即可。

注：由于酒精挥发快，配制好的绘图液应密封保存在瓶中（如墨水瓶），用完后盖紧瓶盖，若在下次使用时，发现浓度变稠了，只要加上适量无水酒精即可。

2) 绘图仪自动画法

可采用惠普公司的 HP7440A 型号绘图仪，关键是改装绘图仪的绘图笔，下面是一个参考实例。

（1）改装绘图笔。

将原始的绘图仪上的绘图笔的两端切掉一部分，这样便得到一根中间有定位环的短一点的绘图笔，定位环是笔架用来固定笔的部分。将笔架上用来固定笔的圆孔用锉刀锉大些，使得切短后的绘图笔可以通过。

将签字笔（felt tipped pen）切短，盖上笔帽，把它挤入切短后的绘图笔中，定位环的位置距笔尖约 35 mm。

（2）绘制电路图。

将改装后的绘图笔装好，将打磨干净的敷铜板放在一张 A4 大小的胶片上，置于绘图笔的下方，便可使用绘图仪自动打印印版图了。

将打印好的电路板进行腐蚀后，冲洗干净，涂上松香即可。

6. 刀刻法

（1）按照印版图的尺寸裁切敷铜板，并使敷铜板铜箔面保持清洁。

（2）在敷铜板上面盖一张复写纸，将画好的印版图盖在复写纸上，再用圆珠笔在纸上重描一次，让线路的边缘显示在敷铜板上。

（3）用刻刀按照敷铜板上的线路一点一点的划开，并保证线路与线路之间确实断开。

（4）在相应的位置打孔，并且用砂纸将铜箔抛光，再在铜箔上涂一层松香酒精水以助于焊接和防氧化，对于不必要的铜箔，可用刀子将边缘跷起后，用尖嘴钳夹住撕掉。

这种方法步骤简单，制作速度快，适合简单电路板。如果电路板中的连线很细，用此法将不合适。

所用刻刀可以是断钢锯片，也可以是锋利的裁纸刀。

此外，还有一种刀刻小岛法，可以说是刀刻法的子类。这种方法需要两面具有铜箔的双面板，焊接面上的铜箔几乎全部保留，而在元器件面上，只保留一个一个的小岛，留作元器件之间的电路连线，接地的元器件管脚通过小孔连到焊接面，所有的接地处都焊在焊接面，而所有的通过小岛相连的元器件管脚都焊在小岛上。

小岛也可通过将小片板子直接粘在大板子上的办法制作，大板子可用单面板或双面板，如果铜箔面朝下，需要钻孔，以使元件的接地管脚在板子上焊接，如果铜箔面朝下，接地管脚可直接焊接在铜箔面上，无须钻孔。

7. 空中架线法

此法是将所有的接地线焊接在敷铜板的铜箔上，而所有元器件的非接地引脚则根据印版图在空中焊接，而不接触铜箔。此法适用于简单电路，使用单面铜箔的敷铜板即可（铜箔面朝上）。

（1）绘图：首先用 protel 99se 或其他软件绘制 PCB 板，注意安全距离最好 0.4 mm 以上；线宽最好是 0.5 mm 以上，焊盘也不能用 protel 默认的，太小了，要改大点，最好是 2 mm 左右，这样线不容易短路或是断线，对于有经验者这个数字可以再缩小。

（2）打印：必须用激光打印机，纸只能是热转印纸或者广告贴纸，并在打印排版时记得将 toplayer 镜象，即全选状态下点住鼠标左键按键盘 x 键，再点 yes 按钮。

（3）转印：这一步很重要。先裁好铜板并留有一定的余量，用砂纸磨光亮后，尤其是边缘的毛刺，防止接触不紧密，用纸擦去铜粉，并用酒精清洗一遍，另一面也做同样的处理。接着就将打印好的热转印纸有墨粉的一面贴在处理过的铜板上，用电熨斗或是过塑机加热加压，有条件的最好用过塑机效果较好。再钻 2~3 个定位孔（可以在画 PCB 时在板子边缘放几个焊盘或过孔），将另一面的转印纸通过定位孔定好位，并用胶带贴好（最好用纸质的，可以只固定一边）接着同样方法加热加压。定位很重要一定要细心，定位偏差太大的话就前功尽弃了。待板子冷却后，撕去转印纸。可以不必完全冷却，因为这样纸容易粘得太牢不好撕，如果出现这种情况可以把板子泡在水里，小心撕去转印纸。

（4）腐蚀：腐蚀液为盐酸:水:双氧水，按 1：3：1 的比例混合。由于此溶液具有强腐蚀性，操作时务必注意人身安全，可带上医用橡胶手套。先在塑料盆里倒入 3 份的水，接着倒入 1 份的浓盐酸，再倒入 1 份的双氧水，搅拌后放入板子，不停地晃动盆子，以加快反应速度。盐酸浓度为 37%，双氧水为 30%。注意不要过腐蚀，见好就收，反应完务必用清水冲洗干净。

（5）钻孔：用台钻或小电钻打孔，钻头直径一般 0.8mm 左右。钻完孔后用砂纸磨掉墨粉层，再用酒精溶液洗净，涂上酒精松香溶液以防止铜层被氧化。

（6）正反面的走线（过孔或正反相连的焊盘）连接：方法是用细绝缘导线穿过孔后两边焊接。用较高浓度的三氯化铁溶液做为腐蚀溶液效果也可以。

8. 热转印纸法

以上几种方法中，从省事和漂亮方面来考虑，光印板法和热转印纸法均可。如果要兼顾考虑经济原因可用热转印纸法。如果电路太复杂而且整体细线特别的多，则宜采用光印板法。下面重点介绍热转印法。

热转印纸是一种特殊的纸，先用打印机把 PCB 图打印到它上面，然后把普通敷铜板刷干净，把打好了 PCB 图的热转印纸盖到敷铜板上，有油墨的那面对着铜板（记住不可用手或其他东西去触摸打印好的热转印纸，因为那样油墨极容易被摸掉），然后将电熨斗置最热的那一挡，使其均匀地在纸上面熨，熨的时间不需要很长，但要保证每条线都熨到。熨毕，待板子冷却后，再小心地把纸揭起。如果发现纸上面还有油墨，再把它盖回去，用熨斗在有油墨的地方再熨，直到最后揭起来纸上干净。最后就是放入三氯化铁溶液里面腐蚀。这种方法做出来的板子和工厂做的一样漂亮，线宽可以做到 0.33 mm，而且价格便宜。可以说这种方法的性价比最高，唯一的缺点就是做双面板的时候麻烦一点。热转印纸目前许多电子商店也有售，也可以邮购。

在这里需要说明的是：整个热转移过程对温度的要求特别高，温度的控制显得非常重要。例如：墨粉的融化温度最佳点一般在 180.5℃，温度过高时，过度融化的墨粉会扩散到原有线条的四周，造成图形模糊、精度变差，严重时还会将纸张烤焦。

温度过低或温度不均匀时，又会出现转印效果差，甚至不能转印。在实际使用中，由于空气温度、湿度、纸张和电路板的厚度等因素对转印效果有一定的影响，因此温度的控制对转印效果的好坏显得非常重要。为此热转移式制版机温控传感器均采用进口 Pt1000 型的薄膜铂电阻，使控温精度能达到 0.1℃，满足了制版对温度的较高要求。

当图形转移到敷铜板上后，也就是说打印机的墨粉在敷铜板面上形成了一个有图形的保护层。由于激光打印机的墨粉是由含有树脂的高分子材料制成的，对腐蚀液（$FeCl_3$ 溶液）具有良好的抗腐蚀性，所以经过 $FeCl_3$ 溶液腐蚀后即可形成做工精美的印制电路板。具体过程同前面的制版过程相似。

9. 自动雕刻法

使用电脑雕刻机就可以雕刻印制电路板。

用 PROTEL 设计好电路后，可以导出 Gerher 文件和 Drill 钻孔文件，Gerher 文件以前是光绘文件，用来控制光绘机移动，它采用的是 CNC 数控代码，把这个代码导入雕刻软件，如 KCM4、MACH2，连接好雕刻机，就可以雕刻出电路板了。

制作 Berber 文件设计完 PCB 后，在工作区按鼠标右键，系统会弹出下拉式功能表，我们选择 New。

各种雕刻机有不同的具体操作流程，请根据厂家提供的软件和流程操作。

这种方法适于简单 PCB 制作，其他流程请参照厂家提供的资料。

10. 自动激光雕刻法

利用功率激光烧蚀的特性，在数控机械的控制下，将电路图"打印"到 PCB 表面，雕刻掉的是 PCB 表面的保护涂层，雕刻后铜表面裸露出来再放入三氯化铁中进行腐蚀。免去了打印感光的繁琐。

这个过程之前一般用热转印或者用感光贴膜实现对整个电路板铜箔的保护，不过这里给你的方法是一种全新的方法，最关键的是本方法的精度更高，人为差异导致失败的因素更少。

其他流程，参照厂家提供的使用说明书。

11. 导电油墨直接打印法

将用于印刷电路板的 Ex1 PCB 3D 打印机和 Circuit Scribe 导电油墨笔结合起来，向用户提供一整套工具，令其可以将家用喷墨式打印机变成采用导电油墨的电路板打印机，直接打印在绝缘板、绝缘膜或者柔性绝缘模板上。

3D 打印机制造商 Nano Dimension，已推出 DragonFly2020 3D 打印机，使用喷墨沉积与固化系统和自主开发的 AgCite 纳米颗粒导电银墨，在数小时内便可完成多层电路板的打印。现在又推出新功能，可以在电路打印的过程中直接嵌入电子元件。除了效率提高之外，这项新功能还有三个优势：

首先，在电路打印过程中插入电子元件，可以保护它们的机械性能、温度和避免受到腐蚀。

其次，嵌入的电子元件由 3D 打印的导电油墨进行互联，免于使用焊接工艺，提高了 PCB 的质量和易用性。

再次，在电子元件没有完全封装的情况下直接打印，为创建超薄的 PCB 板创造了条件。

科学的发展让世界变得更加精彩，以后的工厂可能连流水线都没有了，把所有的器件综合起来，一股脑同时打印、制造出来即可。

其他流程，参照厂家提供的使用说明书。

3.2 电子电路的安装

实践证明，一个理论设计十分合理的电子电路，若电路安装不当，也会严重影响电路的性能，甚至使电路无法正常工作，因此，要充分重视模拟电子电路的安装环节。安装要根据原理图进行，模拟电子技术电路安装通常采用焊接和在面包板上插接的方法。

3.2.1 元器件布局

要使电子电路获得最佳性能，元器件布局非常重要。根据电路的功能，不但要考虑电气性能上的合理性，还要注意整齐美观。电路全部元器件的布局，要符合以下原则。

（1）按照电路的流程安排各个功能电路单元的位置，使布局便于信号流通，并使信号尽可能保持一致的方向。以每个功能电路的核心元件为中心，围绕它来进行布局，充分利用电路板的使用面积，并尽量减少相互间的连线。

（2）元器件的安置要便于识别、调试、测量和更换。在安装电路图中相邻的元器件时，原则上应就近安置。不同级的元器件不要混在一起，输入级与和输出级之间不能靠近，以免引起级与级之间的寄生振荡，使干扰和噪声增大，甚至产生寄生振荡。

（3）发热元器件（如大功率管）的安装要尽可能靠近电路板的边缘，以便于散热，必要时需加装散热器，为保证电路稳定工作，晶体管、电解电容、热敏器件等对温度敏感的元器件要尽量远离发热元器件。位于电路板边缘的元器件，离电路板边缘一般不小于 2 mm。电路板的最佳形状为矩形。

（4）元器件的标志（如型号和参数）安装时一律向外，以便检查。元器件在电路板上的安装方向原则上应横平竖直。插接集成电路时首先要认清引脚排列的方向，所有集成电路的插入方向应保持一致，注意引脚不要弯曲。

总之，左入右出，上正下负，横平竖直，紧凑合理，检查方便。

3.2.2 合理布线

电子电路布线是否合理，不仅影响其外观，而且是影响电子电路性能的重要因素之一，因此布线时要注意以下几点。

（1）为使布线整洁美观，并便于测量和检查，要尽可能选用不同颜色的导线。一般习惯正电源用红线，负电源用蓝线，地线用黑线，信号线用其他颜色的线。

（2）布线时一般先布置电源线和地线，再布置信号线。布线时要根据电路原理图或装配图，从输入级到输出级逐级布线，以避免出现错线和漏线。

（3）布线应贴近电路板，不应悬空，更不要跨接在元器件上面，走线之间应避免相互重叠，电源线不要紧靠有源器件的引脚，以免测量时不小心造成短路。

（4）所有布线应直线排列，并做到横平竖直，以减小分布参数对电路的影响。走线要尽可能短，信号线不可迂回，尽量不要形成闭合回路。

（5）地线（公共端）是所有信号共同使用的通路，所以一般地线较长，为了减小信号通过公共阻抗的耦合，地线要求选用较粗的导线。对于高频信号，输出级与输入级间不允许共用一条地线，在多级放大电路中，各放大级的接地元件应尽量采用一点接地的方式。各种高频和低频去耦电容的接地端，应尽量远离输入级的接地点。

接下来的任务是焊接电路板或插接面包板，在这个过程中，一定要掌握基本的要领和方法，认真仔细，并注意检查。

3.2.3 焊接电路

掌握焊接要领：焊接部位要清洁，上香、上锡、焊接时做到焊接部位全接触（三接触：引脚、电路板、烙铁头），从板上送锡。

焊接的过程是用烙铁使焊锡熔化，借助焊剂的作用，将电子元件的端点和导线牢固地结合在一起。对焊点的要求是连接可靠、光洁美观。

1. 焊料和助焊剂

常用的焊料是一种包有松香的焊锡丝，它有粗细多种规格，可酌情选用。焊接时，还必须备有助焊剂，最常用的助焊剂是松香（松香对所焊的元件、电路板等都没有腐蚀作用，对烙铁头也能起到一定的保护作用）；或者松香酒精熔液（把松香熔解在 90%以上的酒精溶液中，比例是 40%松香，60%酒精）；也可以用产品助焊剂，如 "HP-1 助焊剂"（这种助焊溶液的主要成分也是松香和酒精）。松香受热后，松香酸可以溶解被焊金属表面的氧化物和污垢，提高焊接可靠性。应该注意，商店里还有一种焊锡膏，也是一种助焊剂，由于它酸性很强，有腐蚀性，在电子电路中不宜使用。

2. 焊接前的准备

焊接前要做好两件准备工作。第一件，印制电路板制作好后，用细砂纸把覆铜片擦亮，把印制电路板上的污垢清除干净，涂上松香酒精溶液或 "HP-l" 助焊剂。第二件，在元件的引出线上搪锡。用小刀或砂纸把元件的引线刮磨干净，用镊子夹住元件，把引线放在松香上，烙铁头的刃口上沾些焊锡，然后放到引线的根部，紧贴引线向端部慢慢拖动，边拖边转动元件，使圆形引线的整个圆周表面都均匀地搪上一层锡。这两件事在焊接前一定要做好，千万不能拿起元件就往电路板上焊，这样很容易造成虚焊（又称假焊）。这一点，请初学者特别注意。

3. 焊　接

准备工作做好后，就可以焊接了。把元件的引线插入电路板的焊孔中，插入的深度视正面元件的布局而定，先不要剪去多余的引出线，待焊牢后再用斜口钳剪去。烙铁头应与焊锡丝同时从两个方向斜送到连接处。当焊锡的熔液浸润整个焊点后，再同时移去，整个过程持续时间以 2～3 s 为好。时间太短，焊接不牢靠；时间太长，容易损坏元件。如第一次焊点焊得不光洁，可在烙铁头上稍沾一些焊锡，再沾一些松香重焊，直至焊得满意为止。

焊接时，还应掌握焊锡的用量，焊锡太多，既浪费又不美观，还容易引起搭焊现象（把不应连接的部分焊在一起了）。焊锡太少则焊接不牢靠。合格的焊点外形应呈圆锥状，没有拖尾，表面微凹，且有金属光泽。接点焊好，待焊锡凝固后，可用镊子稍稍用力试拉被焊的引线，看看是否焊牢。

焊接中最容易出现假焊，这是初学者易犯的毛病。假焊是电子制作中最大的隐患，焊点表面上似乎焊上了，实际上并未焊牢，复杂的电子装置，焊点成千上万，只要有一点假焊，就会危及全局。我们一定要严格地按照上述的要求，反复操练，掌握焊接的要领，并逐步养成将每个焊点都焊好、焊牢的习惯。

3.3 电子电路的调试

调试总原则：先静态，后动态；先直流，后交流。

调试是以达到电路设计指标为目的而进行的一系列的测量—判断—调整—再测量的反复进行过程。模拟电子电路的调试包括测试和调整两个方面。测试是对已经安装完成的电路进行参数及工作状态的测量，调整是在测量的基础上对电路元器件的参数进行必要的修正，使电路的各项性能指标达到设计要求。

调试通常采用先分调后联调的方法，即把一个复杂的电路按原理图上的功能分成若干个单元电路、分别进行安装和调试，在完成各单元电路调试的基础上，逐步扩大安装和调试的范围，最后完成整机的调试。

3.3.1 通电前检查

接通电源前，对电路进行认真检查，发现并纠正安装过程中的疏漏和错误，避免在通电后发生故障或损坏元器件等。

1. 检查元器件

对照原理图或装配图逐步检查电路中每个元器件的型号和参数是否与选择好的元器件一致。

2. 检查连线

电路连线的错误是造成电路故障的主要原因之一。在通电前必须检查所有连线是否正确，包括错线、多线和少线等。查线过程中还要注意各元器件引脚之间有无短路，各连线的接触点是否良好，在有焊接的地方应检查焊点是否牢固，特别注意集成芯片的方向和引脚、二极管的方向和电解电容器的极性等是否连接正确。

3. 检查短路

用万用表检测主要关键点（电源正、负、地）的对地正反向电阻、输入输出对地电阻，若不正常，有短路性故障，排除故障后才能进行通电检查。

3.3.2 通电检查

根据设计要求，将经过准确测量的电源（设置电压由低到高，限流为小于 10 mA）接入电路。电源接通后，不要急于测量数据或观察结果，而应首先观察电路中有无异常现象（先观察电流电压是否异常），如冒烟、发出异常气味等，也可用手摸元器件有无异常发热现象，电源是否有短路现象等。如果出现这些异常现象，则应立即关断电源，重新检查电路并找出原因，待故障排除后方可重新接通电源。

一般电源在开关瞬间往往会出现瞬态电压上冲现象,要避免对集成电路造成过电压冲击,一定要养成先开启电源后接通电路的习惯,在实验中途也不要随意将电源关掉。

通过通电观察,如果电路初步工作正常,就可转入正常调试阶段。

3.3.3 静态调试

静态调试一般是指电路接通电源而没有接入外加信号的情况下,对电路直流工作状态进行的测量和调试。如在模拟电子电路中,对各级晶体管的静态工作点进行测量,晶体管 U_{BE} 和 U_{CE}(一般为电源电压一半左右)值是否正常,如果 $U_{BE} \neq 0$ 说明晶体管截止或已损坏,$U_{CE} = 0$ 说明晶体管饱和或已损坏。对于集成运算放大器则应测量各有关引脚的直流电位是否符合设计要求。

通过静态调试可以及时发现已经损坏的元器件及原因,及时排除原因,更换故障元件,并分析原因进行处理;还可以判断电路的工作状态是否正常,及时调整电路参数,直至各测量值符合要求为止。

3.3.4 动态调试

电路经过静态调试并已达到设计要求后,便可在输入端接入信号进行动态调试。对于模拟电子电路循着信号的流向逐级检测各有关点信号的波形形状、幅度、频率和相位关系,并根据测量结果,估算电路的性能指标,凡达不到设计要求的,应对电路有关参数进行调整,使之达到要求。若在调试过程中发现电路工作不正常时,则应立即切断电源和输入信号,并采取不同方法缩小故障范围,设法排除故障。经初步动态调试后,如电路性能已基本达到设计指标要求,便可进行电路性能指标的全面测量。

为了保证调试效果,缩短调试时间,在调试时应注意以下几点。

(1)减小测量误差,提高测量精度。

(2)在调试过程中,要保持良好的心理状态,出现故障或异常现象时不要手忙脚乱,草率从事;而要切断电源,认真查找原因,确定是原理上的问题还是安装中的问题,切不可一遇到问题就拆掉线路重新安装。

(3)在调试电路过程中要有严谨的科学作风和实事求是的态度,借助仪器进行仔细的测量和观察,做到边测量、边记录、边分析、边解决问题。

3.4 电子电路的故障检测维修

在电子电路设计过程中,很多学生往往期望电路组装后就能正常工作,但故障又是不可避免的,所以学会分析和排除这些故障,是必备的实践技能。在排查处理故障的过程中,可以提高学生分析问题和解决问题的能力。

3.4.1 故障产生原因

对一个复杂的模拟电子电路来说,要在大量的元器件和线路中迅速、准确地找出故障不是一件容易的事情。下面介绍几种常见的产生故障的原因,供大家检查时对比参考。

(1)实际安装接线的电路与设计的原理电路不符。这主要表现为电路接线时的错误、元器件使用错误或引脚接错等,致使电路工作不正常。

(2)元器件、实验电路板或面包板使用不当或损坏,例如面包板内部存在短路、开路等现象,将造成电路故障。

(3)仪器使用不正确造成的故障。

(4)各种干扰引起的故障。

3.4.2 故障诊断方法

1. 直接检查法

直接检查法是不借助仪器,对照电路原理图和装配图,检查每个元器件和集成电路的型号是否正确,极性有无接反,引脚有无损坏,连线有无接错(包括漏线、错线、短路和接触不良等)。

2. 信号寻迹法

在电路的输入端加适当信号,然后用示波器或电压表逐级检查信号在电路内部的传输情况,从而观察并判断其功能是否正常。如哪一级异常,则故障就在该级。

3. 替代法

用经过调试且工作正常的单元电路,代替相同的但存在故障或有疑问的相应电路,以便很快判断故障的部位。有些元器件的故障往往不很明显,如电容器的漏电,电阻的变质、晶体管和集成电路的性能下降等,可以用相同规格的优质元器件逐一替代,从而可很快地确定有故障的元器件。

4. 对比法

怀疑某一电路存在问题时,可将此电路的参数(电阻、电压、电流)与工作状态和相同的正常电路的参数一一对比,从中找出电路中的故障。

5. 断路法

依次断开电路的某一支路,如果断开该支路后,恢复正常,则故障就发生在此支路。对于一些有反馈回路的故障判断是比较困难的,如振荡器、带有各种类型反馈的放大器,因为它们各级的工作情况互相有轻近,查找故障时需把反馈环路断开,接入一个合适的信号,使电路成为开环系统,然后再逐级查找发生故障的部分。

应当指出,为了迅速查找电路的故障,可以根据具体情况灵活运用上述一种或几种方法,切不可盲目检测，否则不但不能找出故障，反而可能引出新的故障。

3.4.3 故障检测修复方法

1. 电子电路调试前的检查

（1）检查印刷电路板的质量。主要是从外观上看铜箔有否断裂、板面有否腐蚀。

（2）根据电路装配图焊接的元器件，焊接前应对元器件进行检测，其参数值应符合设计要求。焊接电阻、电容等元件时，元件的标志要朝上或面朝一个方向，以便于检查；焊接三极管、二极管等半导体器件时，尽量使焊点到管壳间具有良好的散热条件。

（3）检查电路元器件的焊接是否正确。核对三极管、集成电路等器件的型号、管脚；检查电解电容器的极性是否正确以及变压器、整流电路的输出、稳压电源的输出有无短路现象等。

（4）检查并测量电源电压是否符合要求，整机电流是否符合要求，集成器件的正、负电源极性是否正确，器件有否发热、冒烟等。

2. 模拟电路的调试步骤与工艺要点

调试的步骤是先静态、后动态，其工艺要点如下：

1）测量各级静态工作点

将负载开路，接通电源，测量各级晶体管的静态工作点。先用万用表直流电压挡测量电源电压是否正常，然后逐级测量各管的 U_{BE} 和 U_{CE}（正常情况应该是电源电压的一半左右）。在一般情况下，若测得 $U_{BE}=0$，表示该管处于截止状态；若 $U_{CE}=0$，表示该管处于饱和状态。此两种现象均为不正常，需立即排除故障。

最后检测输出端的直流状态，很多电路在静态时输出端的直流电压为 0，若出现偏离，则需调节有关元件使之为 0。

2）动态测试

接上信号源、负载和有关测试仪器，在输入端加上信号，各级电路的输出端应有相应的信号输出。调试时，可由前级开始逐级向后检测，这样容易找出故障点，以便及时排除。

3）动态指标测试

电路基本正常工作后，即可进行技术指标的测试。根据设计要求，逐一测试各项指标。凡未能达到要求的，需分析原因，并加以改进。

3. 电子电路的故障、检测与处理

无论电子电路的故障复杂程度如何，一般都可以采用以下方法进行检测：

1）常用的检测方法

（1）直流电压测量法。

用直流电压表测量电路中的重要检测点和某些关键元件上的电压值，将其测量结果与正常值比较，从而判断出电路是否存在故障。

此法的特点是不必切断电源和焊下元件，检查速度快，而且电路和元器件均处于实际工

作状态。但如电路发生冒烟或跳火等现象时，应立即关掉电源，不能再用此法进行测量。

（2）欧姆表测量法。

此法分为通断法和电阻法两种。

通断法用来检查电路中的连线、焊点和熔断器是否有断路故障；电阻法用来检查元件的电阻值是否有开路和短路故障，也可用来检查电容是否开路、短路和漏电等。

此法的缺点是必须在设备停电状态下进行，而且应预先断开和被测量元件并联的支路。

（3）示波器法。

此法通常与信号源配合使用，是一种动态测试方法。测试时在待查电路的输入端加上信号，用示波器测试电路中各点的波形看其是否正常，从而判断故障之所在。

（4）元件替代法。

用完好的元器件代替可疑的元器件，以判断和确定故障点，这是在实际检查中经常用到的方法。

2）逐步接近检测法

对于一个具体的电子设备，怎样运用以上的检测方法来查找它的故障点呢？对大多数电路可采用逐步接近法。其检测步骤如下：

（1）初步检查。

把电子设备接上电源，置于工作状态下，以确认故障的存在并观察故障的现象。

外观检查包括看电路有无冒烟、跳火、接头松脱及元件破损现象，还要闻是否有烧焦味。如发现非常情况，应立即切断电源。

（2）了解被检测设备。

应准备好被检测设备的电路原理图和电路装配图。此外，还应了解各级电路正常的输入、输出电压值和波形，并在实际电路板上找出各个测试点的部位。

（3）找出故障级。

根据电路框图逐级分析，判断故障可能发生在哪一级。对于复杂的电子电路，这一点尤其重要，以便把故障范围从整机缩小到某一级。其具体方法是：在被检测设备的电路输入端注入信号，逐级观察各级电路的输入与输出。当检查出某级的输入正常而输出不正常时，该级即为故障嫌疑级。将此级与下一级脱开，重新进行测量，若输出仍不正常，则表示故障确实就在这一级；若输出正常了，则表示故障在下一级。

（4）找出故障元件。

故障级找出后，继续采用逐步接近法检测，进一步检测故障级各元件和各节点的电压，直到找出故障元件时为止。

（5）更换故障元件。

找出故障元件后，不应马上更换，还需注意以下几点：

① 分析故障产生原因，并加以排除，还应对可能危及的相邻元件进行检查。

② 查清损坏元件的规格，应采用规格相当的元件来代替。

③ 新元件在安装之前，必须经过测试，以确保其质量。

在查清损坏原因并确认无其他故障后，方可更换元件。更换新元件后，应对整机的工作情况再进行检查和观察。若一切正常，检修工作才告结束。

第4章 常用电子元器件基础

任何电子电路都是由元器件组成的，常用的元器件主要有电阻器、电容器、电感器和各种半导体器件等。为了正确地选择和使用这些电子元器件，必须掌握它们的性能、结构与主要性能参数等有关知识。

4.1 电阻器

当电流流过导体时，导体对电流的阻碍作用，称为电阻。在电路中起电阻作用的元件称为电阻器，用字母 R 表示，是电子元器件中应用最广泛的一种，主要用于稳定和调节电路中的电流和电压以及用作负载。电阻的大小与导体的尺寸、材料和温度有关。其基本单位是欧姆，用希腊字母 Ω 表示，大的电阻值可用千欧（$k\Omega$，$10^3\Omega$）、兆欧（$M\Omega$，$10^6\Omega$）、吉欧（$G\Omega$，$10^9\Omega$）和太欧（$T\Omega$，$10^{12}\Omega$）表示。

4.1.1 电阻器分类

电阻器种类有很多，通常分为固定电阻器、可调电阻器和特种电阻器三大类。

在电子产品中，固定电阻应用得最多，固定电阻一般称为电阻。固定电阻根据制造材料可分为 RT 型碳膜电阻、RJ 型金属膜电阻和 RX 型线绕电阻以及片状电阻等。

可调电阻器又称电位器，是一种具有三个接头，阻值在一定范围内连续可调的电阻器。外端两个引脚之间的电阻值固定，并将该电阻值称为电位器的阻值。中间引脚与任意两个引脚间的电阻值可以随着轴臂的旋转而改变，这样可以通过调节电路中的电压或电流，达到想要的效果。一般常用的电位器有线绕电位器、碳膜电位器和多圈电位器等。

特种电阻器一般包括以下几种。

1. 光敏电阻

光敏电阻是一种电阻值随外界光照强弱（明暗）变化而变化的元件，光越强电阻值越小，光越弱电阻值越大。生活中的光控路灯电路中，一个重要的元器件就是光敏电阻或者是光敏三极管。光敏电阻是在陶瓷基座上沉积一层金属的硫化物、硒化物和碲化物等半导体后制成的，实际上也是一种半导体元件。

2. 热敏电阻

热敏电阻是一个特殊的半导体元件，它的电阻值随着其表面温度的高低变化而变化。它分为负温度系数热敏电阻和正温度系数热敏电阻，利用这一特性可以作为温度补偿元件、温度测量元件和过热保护元件使用。

3. 压敏电阻

压敏电阻是一种特殊的非线性电阻器。当加在电阻器上的电压在其标称值内时，电阻器的阻值呈现无穷大状态；当加在电阻器上的电压大于其标称值时，电阻器的阻值迅速下降，使其电阻处于导通状态；当加在电阻器上的电压减小到标称值以下时，其电阻值又开始增加。利用这一特性，这种电阻常常被用于电路的过压保护、尖脉冲的吸收、消噪等电路保护中。

4. 气敏电阻

气敏电阻是利用某些半导体吸收某种气体后发生氧化还原反应制成，主要成分是金属氧化物。其主要品种有：金属氧化物气敏电阻、复合氧化物气敏电阻、陶瓷气敏电阻等。

5. 力敏电阻

力敏电阻是一种阻值随着压力变化而变化的电阻，可制成各种力矩计、半导体话筒、压力传感器等。主要品种有硅力敏电阻器和硒碲合金力敏电阻器，相对而言，合金电阻器具有更高灵敏度。

常用电阻器和电位器的外形及图形符号如图 4.1 所示。

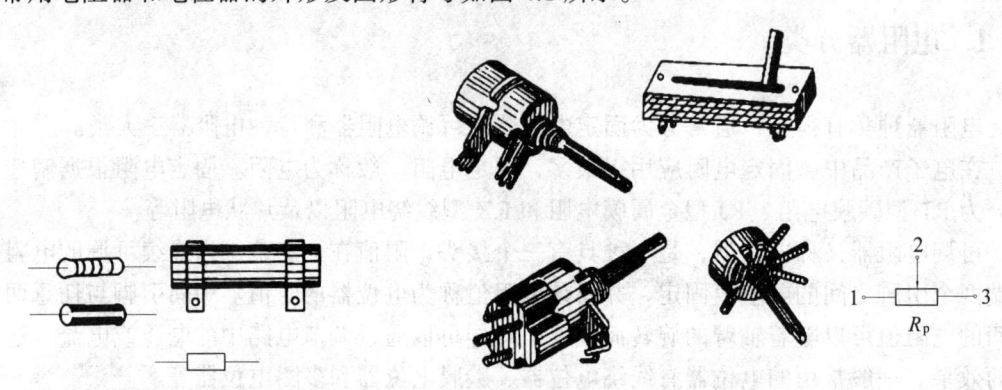

（a）电阻器外形及图形符号　　　　　（b）电位器外形及图形符号

图 4.1　常用电阻器和电位器的外形及图形符号

4.1.2　电阻器性能参数

根据电阻器的体积大小常采用以下几种标识方法，体积由大到小，电阻器标称值常用的标识方法有四种：直标法、文字符号法、色环法和数码标识法。

1. 标称值标识法

根据电阻器的体积大小常采用以下几种标识方法，体积由大到小，电阻器标称值常用的标识方法有四种：直标法、文字符号法、色环法和数码标识法。

1）直标法

直标法是把主要参数（阻值、单位符号和用百分数表示的允许误差）直接印刷在元件表面上，主要用于体积较大、功率较大的电阻。

2）文字符号法

文字符号法是用文字符号和数字两者有规律组合来表示电阻器的标称阻值和允许误差，电阻单位符号的位置表示电阻器阻值有效数字中小数点的位置。常用于直标法无法标识的情况下，体积较小的电阻。例如，3R9 表示电阻值为 3.9 Ω，8k2 表示 8.2 kΩ 等。

3）色环法

对于小功率电阻而言，体积比较小，文字符号法无法标识的情况下只能使用色环法。它是国际上惯用的一种方法，特别适用于自动生产线上的元器件装配。"色环电阻"就是在电阻器上用不同颜色的环来表示电阻的规格。有的用四个色环表示，有的用五个，如图4.2所示。四环电阻一般是碳膜电阻，用三个色环表示阻值，用一个色环表示误差。五环电阻一般是金属膜电阻，为更好地表示精度，用四个色环表示电阻值，另一个色环也是表示误差。表4.1是五（四；六）色环电阻的颜色-数码对照表。

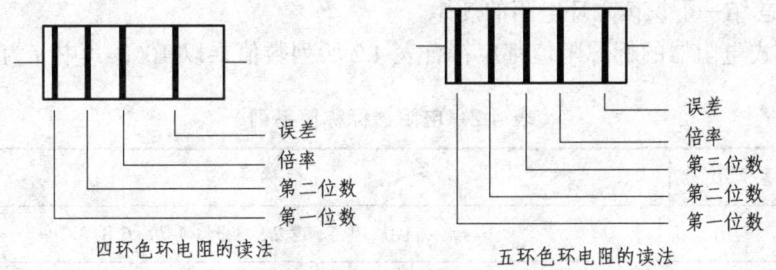

图 4.2 四、五环色环电阻的读法

表 4.1 五（四；六）色环电阻的颜色-数码对照表

色环颜色	有效数字：第1、2、3（1、2；1、2、3）色环	倍率：第4（3；4）色环	允许误差%：第5（4；5）色环	温度系数 ppm/°C 第6（无；有）色环
黑色	0	10 的 0 次方		
棕色	1	10 的 1 次方	±1	±100
红色	2	10 的 2 次方	±2	±50
橙色	3	10 的 3 次方		±15
黄色	4	10 的 4 次方		±25
绿色	5	10 的 5 次方	±0.5	
蓝色	6	10 的 6 次方	±0.2	±10

续表

色环 颜色	有效数字： 第1、2、3（1、2； 1、2、3）色环	倍率： 第4（3；4）色环	允许误差%： 第5（4；5）色环	温度系数 ppm/°C 第6（无；有）色环
紫色	7	10 的 7 次方	±0.1	±5
灰色	8	10 的 8 次方		
白色	9	10 的 9 次方		±1
金色		10 的 -1 次方	±5	
银色		10 的 -2 次方	±10	
无色			±20	

色环电阻第一环的确定：对于四环电阻，因表示误差的色环只有金色或银色，色环中的金色或银色环一定是第四环。对于五环电阻：此为精密电阻。① 从阻值范围判断：因为一般电阻范围是 0～10 MΩ，如果读出的阻值超过这个范围，可能是第一环选错了。② 从误差环的颜色判断：表示误差的色环颜色有银、金、紫、蓝、绿、红、棕。如果靠近电阻器端头的色环不是误差颜色，则可确定为第一环。对于六环电阻，常用于对温度要求较高的环境，比较少见，同学们可以自己总结一下识读六环电阻的规律。

任何固定式电阻器的标称阻值都应符合表 4.2 所列数值乘以 10^n，其中 n 为整数。

表 4.2 电阻器标称值系列

容许误差/%	系列代号	标称系列
±20	E6	1.0，1.5，2.2，3.3，4.7，6.8
±10	E12	1.0，1.2，1.5，1.8，2.2，2.7，3.3，3.9，4.7，5.6，6.8，8.2
±5	E24	1.0，1.1，1.2，1.3，1.5，1.6，1.7，1.8，2.0，2.2，2.4，2.7，3.0，3.3，3.6，3.9，4.3，4.7，5.1，5.6，6.2，6.8，7.5，8.2，9.1

除五色环高精密电阻外，目前还有一种极品级的六色环电阻，这是一种比五色环更高级的电阻，前五个色环的标注方式与五色环电阻完全一样，第六环表示的为该电阻的温度系数。在高档音响器材中，通常使用误差±0.5%、温度系数<50 ppm 的六色环电阻。

ppm/°C 是百万分每度的意思。例如±50 ppm/°C 的意思是指温度每变化 1 摄氏度阻值比标称阻值的相对变化是正或负百万分之五十。

六色环电阻的前 5 环和五色环一样，只是后面多了一个表示温度系数的环，红表示±50 ppm/°C，橙表示±15 ppm/°C，黄表示±25 ppm/°C，绿表示±20 ppm/°C，蓝表示±10 ppm/°C，紫表示±5 ppm/°C，灰表示±1 ppm/°C。在 nA 级的电流采样电路中的采样电阻是根据精度要求和对温度稳定性要求确定的，有些高稳定度和精度的电阻并不一定是六色环。

三种色环电阻的标注见图 4.3。电阻器标称值各系列对照表见表 4.3。

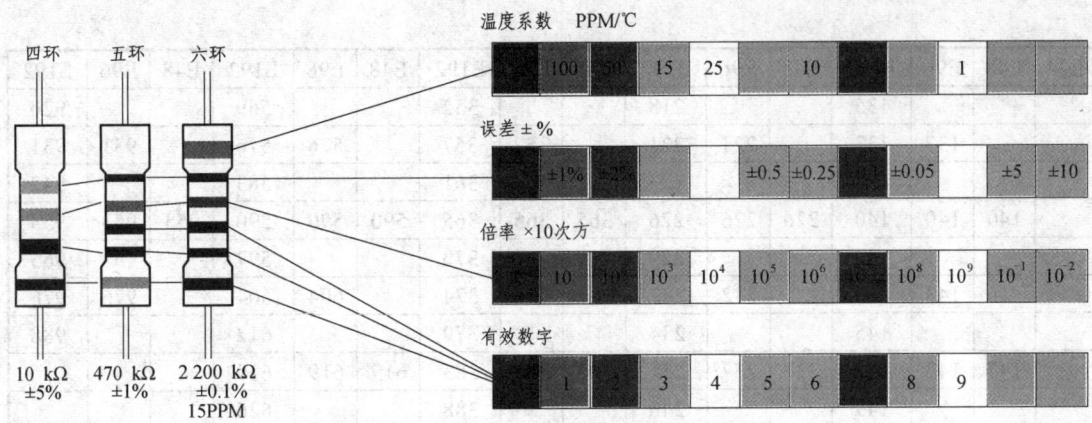

图 4.3 三种色环电阻的标注

表 4.3 电阻器标称值各系列对照表

E24	E48	E96	E192	E48	E96	E192	E48	E96	E192	E48	E96	E192	E48	E96	E192
±5%	±2%	±1%	±0.5%	±2%	±1%	±0.5%	±2%	±1%	±0.5%	±2%	±1%	±0.5%	±2%	±1%	±0.5%
1.0	100	100	100	162	162	162	261	261	261	422	422	422	681	681	681
1.1			101			164			264			427			690
1.2		102	102		165	165		267	267		432	432		698	698
1.3			104			167			271			437			706
1.5	105	105	105	169	169	169	274	274	274	442	442	442	715	715	715
1.6			106			172			277			448			723
1.8		107	107		174	174		280	280		453	453		732	732
±5%	±2%	±1%	±0.5%	±2%	±1%	±0.5%	±2%	±1%	±0.5%	±2%	±1%	±0.5%	±2%	±1%	±0.5%
2.0			109			176			284			459			741
2.2	110	110	110	178	178	178	287	287	287	464	464	464	750	750	750
2.4			111			180			291			470			759
2.7		113	113		182	182		294	294		475	475		768	768
3.0			114			184			298			481			777
3.3	115	115	115	187	187	187	301	301	301	487	487	487	787	787	787
3.6			117			189			305			493			796
3.9		118	118		191	191		309	309		499	499		806	806
4.3			120			193			312			505			816
4.7	121	121	121	196	196	196	316	316	316	511	511	511	825	825	825
5.1			123			198			320			517			835
5.6		124	124		200	200		324	324		523	523		845	845
6.2			126			203			328			530			856
6.8	127	127	127	205	205	205	332	332	332	536	536	536	866	866	866
7.5			129			208			336			542			876
8.2		130	130		210	210		340	340		549	549		887	887
9.1			132			213			344			556			898
	133	133	133	215	215	215	348	348	348	562	562	562	909	909	909

续表

E24	E48	E96	E192	E48	E96	E192	E48	E96	E192	E48	E96	E192	E48	E96	E192
			135			218			352			569			920
		137	137		221	221		357	357		576	576		931	931
			138			223			361			583			942
	140	140	140	226	226	226	365	365	365	590	590	590	953	953	953
			142			229			370			597			965
		143	143		232	232		374	374		604	604		976	976
			145			234			379			612			988
	147	147	147	237	237	237	383	383	383	619	619	619			
			149			240			388			626			
		150	150		243	243		392	392		634	634			
			152			246			397			642			
	154	154	154	249	249	249	402	402	402	649	649	649			
			156			252			407			657			
		158	158		255	255		412	412		665	665			
			160			258			417			673			

4）数码标识法

用三位数字表示元件的标称值。从左至右，前两位表示有效数位，第三位表示 10^n（n=0~8）。常用于标识体积更小的微型片状元件。

对于 10 个基本单位（Ω）以上的电阻器，有时用三个数字表示，前两位表示有效值，后一位表示倍率，如 223 表示电阻值为 $22\times10^3\,\Omega = 22$ kΩ。

对于 10 个基本单位（Ω）以下的电阻，0~10 欧带小数点电阻值表示为 XRX,RXX.

举例：471 = 470 Ω，105 = 1 MΩ，2R2 = 2.2 Ω。

塑料电阻器的 103 表示 $10\times10^3\,\Omega = 10$ kΩ。片状（贴片）电阻多用数码标识法，如 512 表示 $51\times10^2\,\Omega = 5.1$ kΩ。而标志是 0 或 000 的电阻器，表示是跳线，阻值为 0Ω。数码标识时，电阻单位为欧姆。

以上各种标识法也经常用于其他类似元器件的标识，如电感（基本单位为 μH）、电容（基本单位为 pF）、保险管（基本单位为 mA）。

2. 额定功率

额定功率是指在规定的环境温度和湿度下，假定周围空气不流通，在长期连续负载而不损坏或基本不改变性能的情况下，电阻器上允许消耗的最大功率。为保证安全使用，一般选其额定功率比它在电路中消耗的功率高 1~2 倍。额定功率分 19 个等级，常用的有 0.05 W，0.125 W，0.25 W，0.5 W，1 W，2 W，4 W，5 W，…，500 W 等。

3. 额定电压与最高工作电压

由公式 $P = U^2/R$ 计算出来的电压，称为电阻器的额定电压。最高工作电压是指电阻器长期工作不发生过热或电击穿损坏时的电压。如果电压超过规定值，电阻器内部可能产生火花，引起噪声，甚至损坏。一般 1/8 W 碳膜电阻的最高工作电压不能超过 150 V。

4. 稳定性

稳定性是衡量电阻器在外界条件（温度、湿度、电压、时间、负荷性质等）作用下电阻变化的程度，通常用温度系数、电压系数和噪声电动势来衡量。

4.1.3 电阻器选用

（1）要根据电子设备的使用特点和场合，合理地选择电阻器的型号。

对于一般的电子设备，可以使用普通的碳膜电阻；对于高品质的音响设备，应该选用金属膜电阻或线绕电阻；对于仪器仪表的调理电路，应该选用精密电阻器；而在高频电路中，应该选择无感电阻。

（2）为了提高设备的可靠性，电阻器的功率应该选择大于实际耗散功率的两倍以上。

（3）在装配电路板前，电阻器需要老化处理，以提高稳定性。

4.2 电容器

两片相距很近的金属中间被某物质（固体、气体或液体）所隔开，就构成了电容器。两片金属称为极板，中间的物质称为介质。电容器是一种储能元件，是电子电路中不可缺少的重要元件，简称电容，用字母 C 表示，基本单位为法[拉]（F），但常用的单位为微法（μF）、纳法（nF）、皮法（pF）等。

在电子电路中，电容起着通交流隔直流的作用，也用来存储和释放电荷以充当滤波器，平滑输出脉动信号。因此，在不同的场合，电容器可作为耦合、旁路、滤波、隔直、储能、振荡和调谐等元件使用。小容量的电容，通常在高频电路中使用，如收音机、发射机和振荡器中使用；大容量的电容往往被用来滤波和存储电荷。

4.2.1 电容器分类

电容器的分类方法很多，按结构分类有固定电容器、半可调电容器和可调电容器。按介质材料分有电解电容、云母电容、瓷介电容、玻璃釉电容、金属化纸介电容和涤纶薄膜电容等。

一般 1 μF 以上的电容均为电解电容，而 1 μF 以下的电容多为瓷片电容，或者是独石电容、涤纶薄膜电容和小容量的云母电容等。电解电容有个铝壳，里面充满电解质，并引出两个电极，作为正（+）、负（-）极。与其他电容器不同，它们在电路中的极性不能接反，而其他电容器则没有极性之分。图 4.4 所示为几种固定电容器的电路图形符号和外形，图 4.5 为半可调电容器外形及图形符号，图 4.6 为单、双联可调电容器外形及图形符号。

　　　（a）电容器电路图形符号　　　　　　　　（b）实物图

图 4.4　几种固定电容器的电路图形符号及外形

1—瓷介电容；2—云母电容；3—涤纶薄膜电容；4—金属化纸介电容；5—电解电容

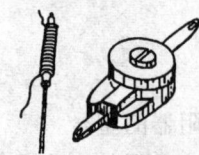 

　　（a）拉线和瓷介微调电容器外形　　　　（b）半可变电容器外形及图形符号

图 4.5　半可调电容器外形及图形符号

（a）空气双联　　（b）密封双联　　（c）空气单联　　（d）单联图形符号　（e）双联图形符号

图 4.6　单、双联可调电容器外形及图形符号

4.2.2　电容器性能指标

1. 标称容量

标称容量是标志在电容器上的"名义"电容量。

（1）小于 10 000 pF 的电容，一般只标明数字而忽略单位，如 330 表示 330 pF。

（2）10 000～1 000 000 pF 之间的电容，用 μF 表示，它以小数标明，如 0.01 表示 0.01 μF，104 表示 $10×10^4$ pF = 0.1 μF，3n9 表示 3.9 nF = $3.9×10^3$ pF = $3.9×10^{-9}$ μF。

（3）电解电容以 μF 为单位标识。

2. 精度等级

电容的精度等级见表 4.4。

表 4.4　电容的精度等级

级别	0.1	0.2	Ⅰ	Ⅱ	Ⅲ	Ⅳ	Ⅴ	Ⅵ
误差%	±1	±2	±5	±10	20	−30～20	−30～50	−10～100

3. 额定工作电压

额定工作电压是电容器在规定的工作温度范围内，长期、可靠地工作所能承受的最高电压。常用固定式电容器的直流工作耐压值系列为：6.3 V，10 V，16 V，25 V，40 V，63 V，100 V，160 V，250 V，400 V。

4. 绝缘电阻

电容器的绝缘电阻决定于两极板间所用介质的质量和厚度,表示电容器的漏电性能。绝缘电阻一般应在 5 000 MΩ 以上,优质电容器要达到 TΩ 以上。

5. 能量损耗

电容器在工作时消耗的能量,包括介质损耗和金属部分损耗。小功率电容器主要是介质损耗,损耗大的电容器不适于在高频电路中工作。

4.2.3 电容器选用

用万用表的欧姆挡可以简单测量电解电容的优劣,粗略判别其漏电、容量衰减或失效情况,以便合理选用电容器。用数字万用表的电容挡(专门的电容表、万用电桥)测量出电容的容量。用元件分析仪可测量出其阻抗角。

(1)合理选择电容器型号。一般在低频耦合、旁路等场合,选择金属化纸介电容;在高频电路和高压电路中,选择云母电容和瓷介电容;在电源滤波或退耦电路中,选择电解电容。

(2)合理选择电容器精度等级,尽可能降低成本。

(3)合理选择电容器耐压值。加在一个电容器的两端的电压若超过它的额定电压,电容器就会被击穿损坏,一般电容器的工作电压应低于额定电压的 50%~70%。

(4)合理选择电容器温度范围,以保证电容器稳定工作。

(5)合理选择电容器容量。等效电感大的电容器(电解电容器)不适合用于耦合、旁路高频信号;等效电阻大的电容器不适合用于 Q 值要求高的振荡电路中。为了满足从低频到高频滤波旁路的要求,常常采用将一个大容量的电解电容和一个小容量的适合于高频的电容器并联使用。

4.3 电感器

4.3.1 电感器分类

电感器在模拟电子电路设计中虽然使用得不是很多,但它们在电路中同样重要。电感器和电容器一样,也是一种储能元件,它能把电能转变为磁场能并在磁场中储存能量,用符号 L 表示,基本单位是亨利(H),常用毫亨(mH)、微亨(μH)为单位。它经常和电容器一起工作,构成 LC 滤波器、LC 振荡器等。另外,人们还利用电感的特性,制造了阻流圈、变压器和继电器等。电感器的特性恰恰与电容器的特性相反,它具有阻止交流电和通过直流电的特性。

根据电感器的电感量是否可调,分为固定、可调和微调电感器。根据结构可分为带磁芯、铁芯和磁芯间有间隙的电感器等。电感器常用的电路图形符号如图 4.7 所示。除此以外,还有一些小型电感器,如色码电感器、平面电感器和集成电感器等。

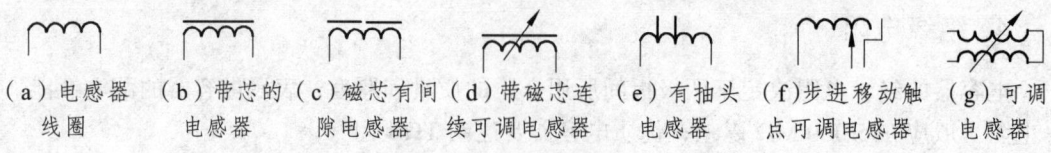

(a) 电感器线圈　(b) 带芯的电感器　(c) 磁芯有间隙电感器　(d) 带磁芯连续可调电感器　(e) 有抽头电感器　(f) 步进移动触点可调电感器　(g) 可调电感器

图 4.7　电感器的图形符号

4.3.2　电感器主要性能指标

1. 电感量

电感量是指电感器通过变化电流时产生感应电动势的能量。其大小与磁导率 μ、线圈单位长度中的匝数 n 以及体积 V 有关。当线圈长度远大于直径时,有

$$L = 2\mu n V$$

2. 品质因数 Q

品质因数 Q 反映电感器传输能量的本领。Q 值越大,传输能力越大,损耗越小,一般要求 $Q = 50 \sim 300$,有

$$Q = \omega L R^{-1}$$

式中,ω 为工作角频率;L 为线圈电感量;R 为线圈电阻。

3. 额定电流

额定电流主要是对高频电感器和大功率电感器而言,通过电感器的电流超过额定值时,电感器将发热,严重时会烧坏。

4.3.3　电感器选用

(1) 电感器的工作频率要满足电路要求。
(2) 电感器的电感量和额定电流要满足电路要求。
(3) 电感器的尺寸大小要符合电路板的要求。
(4) 尽量选用分布电容小的电感器。
(5) 对于不同性质的电路选择不同类型的电感器。
(6) 对于有屏蔽罩的电感器,使用时应将屏蔽罩接地,达到隔离电场的作用。

4.3.4　变压器和继电器

变压器是由铁芯和绕在绝缘骨架上的铜线线圈构成的。绝缘铜线绕在塑料骨架上,每个骨架需绕制输入和输出两组线圈,线圈中间用绝缘纸隔离。绕好后将许多铁心磁片插在塑料骨架的中间,能使线圈的电感量显著增大。变压器利用电磁感应原理从它的一个绕组向另一个绕组传输电能量。变压器在电路中具有重要的功能:耦合交流信号而阻隔直流信号,并可

以改变输入/输出的电压比;利用变压器使电路两端的阻抗得到良好匹配,以获得最大限度的传送信号功率。电力变压器就是把高压电变成民用市电,许多电器都是使用低压直流电源工作的,需要用电源变压器把 220 V 交流市电变换成低压交流电,再通过二极管整流、电容器滤波,形成直流电供电器工作。

继电器是电子机械开关,它是用漆包铜线在一个圆铁芯上绕几百圈至几千圈。当线圈中流过电流时,圆铁芯产生了磁场,把圆铁芯上边的带有接触片的铁板吸住,使之断开第一个触点而接通第二个开关触点。当线圈断电时,铁芯失去磁性,由于接触铜片的弹性作用,使铁板离开铁芯,恢复与第一个触点的接通。因此,可以用很小的电流去控制其他电路的开关。整个继电器由塑料或有机玻璃防尘罩保护着,有的还是全密封的,以防触电氧化。继电器常用电路图形符号如图 4.8 所示。

图 4.8 继电器常用电路图形符号

4.4 半导体分立器件

半导体二极管和晶体管是组成分立元件模拟电子电路的核心器件,二极管具有单向导电性,可用于整流、检波、稳压、混频电路中;晶体管对信号具有放大作用和开关作用。

4.4.1 二极管

半导体二极管按材料可分为锗管和硅管两大类;按用途可分为普通二极管和特殊二极管。普通二极管包括整流二极管、检波二极管、稳压二极管和开关二极管等,特殊二极管包括变容二极管、发光二极管和隧道二极管等。普通二极管电路图形符号如图 4.9 所示,二极管型号命名法见表 4.5。

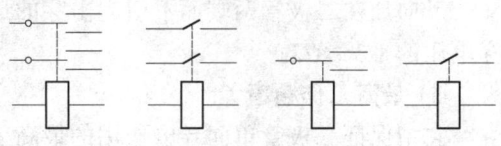

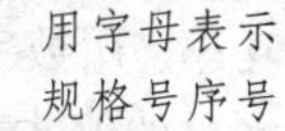

图 4.9 普通二极管的电路图形符号

表 4.5 二极管型号命名法

第一部分		第二部分		第三部分		第四部分	第五部分
用数字表示器件的电极数		用字母表示器件的材料和极性		用字母表示器件的类型		用数字表示器件的序号	用字母表示规格号序号
序号	意义	符号	意义	符号	意义	意义	意义
2	二极管	A	N 型锗材料	P	普通管	反映了极限参数、直流参数和交流参数等的差别。	反映了承受反向击穿电压的程度。如规格号为 A、B、C、D。其中 A 承受的反向击穿电压最低,B 次之……
		B	P 型锗材料	V	微波管		
		C	N 型硅材料	W	稳压管		
		D	P 型硅材料	C	参量管		

1. 二极管主要性能参数

反映二极管性能的参数较多,且不同类型的二极管的主要参数种类也不一样,对于普通二极管，主要有下面一些参数。

1）**最大整流电流 I_F**

在正常工作的情况下，二极管允许通过的最大正向平均电流称为最大整流电流。使用时二极管的平均电流不能超过这个数值。

2）**反向饱和电流 I_S**

它指管子未被击穿时的反向电流，其受温度影响明显，反向饱和电流越小越好。

3）**最大反向工作电压 U_{RM}**

反向加在二极管两端而不引起击穿的最大电压称为最大反向工作电压，工作电压仅为击穿电压的 1/3～1/2。

4）**最高工作频率 f_m**

它指保证二极管单向导电作用的最高工作频率，若信号频率超过该值，二极管的单向导电性将变坏。

5）**反向恢复时间 t_{re}**

通常把二极管从正向导通转为反向截止所经过的时间称为反向恢复时间，反向恢复时间的存在，使二极管的开关速度受到限制。

2. 普通二极管的识别和测试

一般普通二极管的外壳上均印有型号和标记，小功率二极管的 N 极（负极），在二极管外表大多采用一种色圈标出来，有些二极管也用二极管专用符号来表示 P 极（正极）或 N 极（负极）。若遇到型号标记不清时，可以借助模拟万用表的欧姆挡或数字万用表的二极管挡作简单判别。将模拟式万用表欧姆挡置"R×100"或"R×1k"处，将红、黑两表笔接触二极管两端，表头有一指示，将红、黑表笔反过来再次接触二极管两端，表头又将有一指示。若两次指示的阻值相差很大，说明该二极管单向导电性好，并且阻值大的那次红表笔所接为二极管的阳极。若相差很小，说明已经失去单向导电性，如果两次指示的阻值均很大，则说明该二极管已经开路。数字式万用表置二极管"⊶⊷"挡，用于测量二极管和三极管的正向导通电压值，将红、黑表笔反过来再次接触二极管两端，表头又将有一指示电压值。若两次指示的值相差很大，说明该二极管单向导电性好，并且电压值小的那次红表笔所接为二极管的阳极。若相差很小，说明已经失去单向导电性，如果两次指示的阻值均很大，则说明该二极管已经开路。需要注意的是用数字式万导通电压值，根据该值可判断二级管的材料性质、引脚极性、定性功率。用数字式万用表去测二极管时，红表笔接二极管的正极，黑表笔接二极管的负极，此时测得的值才是二极管的正向导通电压值，这与指针式万用表的表笔接法刚好相反。

4.4.2 三极管

半导体三极管是电子电路中最重要的器件。它最主要的功能是电流放大和开关作用。晶体管有 NPN 和 PNP 两种类型。常见三极管的电路图形符号如图 4.10 所示。

1. 三极管型号命名法

常用三极管型号命名法见表 4.6 所示。

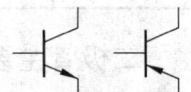

图 4.10 NPN 三极管和 PNP 三极管电路图形符号

表 4.6 常用三极管的型号命名法

第一部分		第二部分		第三部分		第四部分	第五部分
用数字表示器件的电极数		用字母表示器件的材料和极性		用字母表示器件的类型		用数字表示器件的序号	用字母表示规格号序号
序号	意义	符号	意义	符号	意义	意义	意义
3	三极管	A	PNP 型锗材料	Z	整流管	反映了极限参数、直流参数和交流参数等的差别	反映了承受反向击穿电压的程度。如规格号为 A、B、C、D。其中 A 承受的反向击穿电压最低，B 次之……
		B	NPN 型锗材料	L	整流堆		
		C	PNP 型硅材料	S	稳压管		
		D	NPN 型硅材料	N	阻尼管		
		E	化合物材料	U	光电器件		
				K	开关管		
				X	低频小功率管		
				G	高频小功率管		

2. 主要性能参数

1）电流放大系数

该系数有直流电流放大系数或 h_{FE}、交流电流放大系数。

2）频率特性参数

该参数有共基极截止频率 f_A、共发射极截止频率 f_B、特征频率 f_T 和最高振荡频率 f_M。

3）极间反向电流

该反向电流有集电极-基极反向截止电流 I_{CBO}、集电极-发射极反向截止电流 I_{CEO}。

4）极限参数

该参数有集电极-发射极反向击穿电压 U_{BRCEO}、集电极-基极反向击穿电压 U_{BRCBO}、发射极-基极反向击穿电压 U_{BREBO}。对于小功率三极管来说，有金属外壳封装和塑料外壳封装两种。金属外壳封装的如果管壳上带有定位销，那么，将管底朝上，从定位销起，按顺时针方向，三根电极依次为 e、b、c；如果管壳上无定位销，且三根电极在半圆内，将有三根电极的半圆置于上方，按顺时针方向，三根电极依次为 e、b、c，如图 4.11（a）所示。塑料外壳封装的，面对平面三根电极置于下方，从左到右依次为 e、b、c，如图 4.11（b）所示。

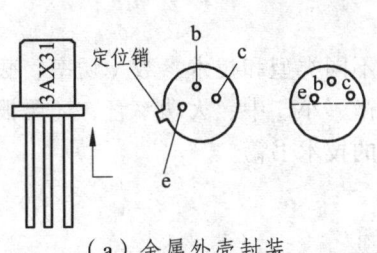

（a）金属外壳封装　　　　　　　　（b）塑料外壳封装

图 4.11 半导体三极管的识别

对于大功率三极管，外形一般分为 F 型、G 型和 TO 型三种，如图 4.12 所示。F 型管从外形上只能看到两根电极，将管底朝上，两根电极置于左侧，则上为 e，下为 b，底座为 c。G 型管的三根电极一般在管壳的顶部，将管底朝下，三根电极置于左方，从最下电极起，顺时针方向依次为 e、b、c。而 TO 型从左向右依次为 b、c、e。

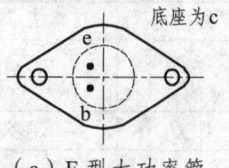  

（a）F 型大功率管　　　（b）G 型大功率管　　　（c）大功率管

图 4.12　P 型、G 型和 TO 型大功率三极管引脚识别

由于三极管的基本结构是两个背靠背的 PN 结，根据 PN 结的单向导电性，同样可以用万用表的欧姆挡来判别三极管的极性或类型。先假设三极管的某极为基极，将黑表笔（模拟式万用表）接在假设基极上，再将红表笔依次接到其余两个电极上，若两次测得的电阻都大（为几千欧到几十千欧），或者都小（几百欧至几千欧），对换表笔重复上述测量，若测得两个阻值相反（都很小或都很大），则可确定假设的基极是正确的；否则另假设一个极为基极，重复上述测试，以确定基极。当基极确定后，将黑表笔接基极，红表笔接其他两个极，若测得电阻值都很小，则该三极管为 NPN 型，反之为 PNP 型。接下来判断集电极和发射极，以 NPN 型为例，把黑表笔接至基极，红表笔接触到另外两个引脚，在阻值小的一次测量中，红表笔所接引脚为集电极，另外一个引脚则是发射极。若用数字表判断集电极和发射极，以 NPN 型为例，把红表笔接至基极，黑表笔接触到另外两个引脚，在电压值小的一次测量中，红表笔所接引脚为集电极，另外一个引脚则是发射极。注意两次测量值有微小差别，一般是尾数差别。

数字式万用表置二极管"⇥"挡，用于测量二极管和三极管的正向导通电压值（又可叫负载电压）。先将三极管的三只引脚编号，每两只脚测正反两次，记录时注意记录引脚顺序（红表笔在前，黑表笔在后），共得六个导通电压值，选出两个导通值（0.2～0.8 V，0.2～0.4 V 为锗材料，0.4～0.8 V 为硅材料，同种材料的管子中测得的正向导通电压值越低，其功率相对越高）。测量时同一表笔所接之引脚的为基极，红表笔该三极管为 NPN 型，否则为 PNP 型，两个值中较大的一个的另一个表笔所接之脚为发射极，另一个脚则为集电极。需要注意的是用数字式万用表测量三极管导通电压值，根据该值可判断三级管的材料性质、引脚极性、三极管类型和定性功率。

3. 三极管选用

三极管选用时要根据不同的电路要求，选择不同类型和技术参数（功率、截止频率、耐压）的三极管，如低频管或高频管，超高频管，微、小、中、大功率管，还要根据整机的尺寸合理选择三极管的外形及封装。具体参见相关的技术书籍。

4.5　模拟集成电路

集成电路是一种采用特殊工艺，将晶体管、电阻、电容等元器件集成在硅基片上而形成的具有一定功能的器件，英文缩写为 IC，俗称芯片。集成电路与分立元器件电路相比，体积大大减小，质量变轻，成本低，可靠性好，已应用在人们生活的方方面面。

4.5.1 集成电路分类

集成电路按集成度高低的不同可分为小规模集成电路、中规模集成电路、大规模集成电路和超大规模集成电路。目前，集成度仍以较快的速度向前发展。

集成电路按导电类型可分为双极型集成电路和单极型集成电路。双极型集成电路的制作工艺复杂，功耗较大，代表集成电路有 TTL、ECL、HTL、LST-TL、STTL 等类型。单极型集成电路的制作工艺简单，功耗也较低，易于制成大规模集成电路，代表集成电路有 CMOS、NMOS、PMOS 等类型。对于 CMOS 型 IC，特别要注意防止静电击穿 IC，最好也不要用未接地的电烙铁焊接。使用 IC 也要注意其参数，如工作电压、散热等。

集成电路按其功能、结构的不同，可以分为模拟集成电路和数字集成电路。模拟集成电路用来产生、放大和处理各种模拟信号。模拟集成电路有以下几方面特点。

（1）电路结构与元器件参数具有对称性。

（2）用有源器件代替无源器件。

（3）采用复合结构的电路。

（4）级间采用直接耦合方式。

（5）电路中使用的二极管，多用作温度补偿或电位移动电路构成。大都采用 BJT 的发射结构成。

模拟集成电路在应用上复杂些，一般需要一定数量的外围元器件配合工作，而且工作信号是模拟信号，输出与输入成比例关系。常用的模拟集成电路有运算放大器、音频放大器、中频放大器、宽带放大器、集成稳压器和功率放大器等。这些电路常用于信号检测、控制、电视、音响和通信等领域。

4.5.2 集成电路识别

集成电路的外封装可分为圆形金属外壳（晶体管式封装）、扁平形陶瓷或塑料外壳封装、双列直插式陶瓷或塑料封装和单列式直插封装等，其中双列直插和单列直插最为常见。集成电路有各种型号，其命名也有一定规律。一般是由前缀、数字编号和后缀组成。前缀表示集成电路的生产厂家及类别，后缀一般用来表示集成电路的封装形式、版本代号等。常用的集成电路如小功率音频放大器 LM386 就因为后缀不同而有许多种。LM386N 是美国国家半导体公司的产品，LM 代表线性电路，N 代表塑料双列直插封装。

集成电路的引脚分别有 8 脚、10 脚、12 脚、14 脚和 16 脚等多种。使用集成电路前，必须认真查对和识别集成电路的引脚。一般来说，集成电路外封装上都有引脚排列顺序的标志，一般有色点、凹槽、管键及封装时压出的圆形符号等来标识。

对于扁平形或双列直插式集成电路的引脚的识别方法是：将集成电路水平放置，引脚向下，标志对着自己身体一边，从右边靠近身体的引脚按逆时针方向数，依次是引脚 1，2，3……

对于圆形管座式，则以管键为参考标志，以键为起点，按逆时针方向数，依次是引脚 1，2，3……

如果集成电路外封装上没有色点和其他标志，那么在识别时，将印有型号的一面朝下从左下角按逆时针方向数，依次是引脚 1，2，3……

4.5.3 集成电路故障检测

当集成电路接入电路出现故障时,如果是插接面包板电路或焊接集成电路插座的电路,最方便的检测办法是用同型号的集成电路进行替换,如果故障排除,说明是集成电路本身的故障。但是如果是直接焊接电路,拆焊比较麻烦,可采用下面三种办法。一是用万用表欧姆挡测量集成电路各引脚对地电阻,然后与标准值比较,从中发现问题。二是用万用表在线测量各引脚对地电压,当集成电路供电电压符合规定的情况下,如有不符合标准电压值的引脚,查其外围器件,若无损坏和失效,可认为是集成电路的问题。三是用示波器将其波形与标准波形进行比较,从而发现故障。

4.5.4 集成运放电路

集成电路运算放大电路(以下简称集成运放)是模拟集成电路中应用最广泛的,它实质上是一个高增益、高输入电阻和低输出电阻的直接混合多级放大电路,主要由差分输入级、电压放大级、输出级和偏置电路等基本单元组成。

差分输入级一般是由 BJT、JEFT 或 MOSFET 组成的差分式放大电路,利用它的对称性可以提高整个电路的共模抑制比和其他方面的性能。电压放大级要求电压增益高,它由一级或多级放大电路组成,集成运放的放大倍数主要由该级提供。除了要有较大的额定输出电压和电流以外,还要求输出电阻小。输出级一般由电压服随器或互补式射极输出器组成,以降低输出电阻,提高带负载能力。偏置电路为各级提供合适的工作电流,实际应用中多采用小电流的恒流源。此外,还有一些辅助环节,如电平移动电路、过载保护电路、调零和高频补偿环节等。

为了正确地挑选和使用集成运放,需要弄清它的参数,现介绍如下。

1)输入失调电压 V_{IO}

在室温(25°C)及标准电源电压下,使输出电压为零时,在输入端加的补偿电压称为失调电压。

2)输入偏置电流 I_{IB}

为了使集成运放的输出电压为零,它是指集成运放输出电压为零时,两个输入端静态电流的平均值。

3)输入失调电流 I_{IO}

它是指当输出电压为零时流入放大器两输入端的静态基极电流之差,即

$$I_{IO} = I_{BP} - I_{BN}$$

4)温度漂移

它是由输入失调电压和输入失调电流随温度的漂移所引起的,包括输入失调电压温漂和输入失调电流温漂。

4.5.5 集成稳压电源

稳压电源是各种电子设备的动力之源。稳压器是稳压电源的核心部分,它属于非隔离式 DC/DC 变换器,利用稳压器可将一种直流电压转换成另一种或几种直流电压。若给稳压器配

上变压器、整流滤波器等电路,即可构成与电网隔离的稳压电源。目前,电源集成电路正向集成化、标准化和小型化的方向发展。介绍通用集成电源常识,供读者设计时使用。

1. 集成稳压器的分类

集成稳压器一般分为线性集成稳压器和开关式集成稳压器,如图 4.13 所示。

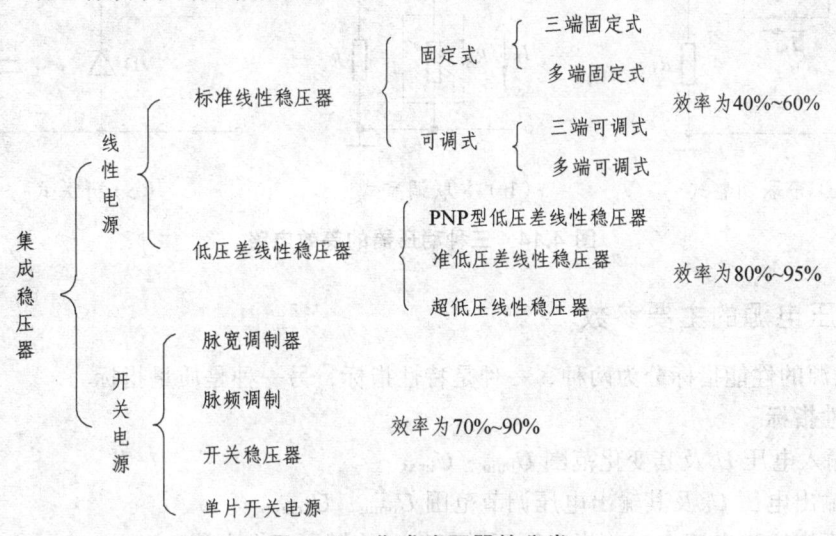

图 4.13 集成稳压器的分类

线性集成稳压器又称做串联调整式集成稳压器。具有稳压性能好、输出纹波电压小、电路简单、成本低廉等优点。但电源效率低,一般为 40%～60%。

线性集成稳压器可分为固定输出式(含三端固定式、多端固定式、低压差固定式),如 7800 系列和 7900 系列;可调输出式(含三端可调式、多端可调式、低压差可调式),如 317、337 系列。

按照输出电压的特点来划分,有正压输出,负压输出,跟踪式正、负压输出共 3 种形式。

开关电源(SPS)被誉为高效节能电源,它代表着稳压电源的发展方向,现已成为稳压电源的主流产品,如意法半导体有限公司(SGS-Tomson)生产的 L4960 和 L4970 系列产品。

它适合制作低压连续可调(5.1～40 V)、大中功率(400 W 以下)、大电流(1.5～10 A)、高效率(可大于 90%)的开关电源。利用降压式电路来代替高频变压器,使用时需配工频变压器。

开关电源内部的关键元器件工作在高频开关状态,本身消耗的能量很低,电源效率可达 80%～95%,比普通线性稳压电源提高近一倍。

开关电源集成电路主要包括脉冲宽度调制(简称脉宽调制 PWM)器、脉冲频率调制(简称脉频调制 PFM)器、单片开关式稳压器和单片开关电源等 4 种。其电路原理如图 4.14 所示。

单片开关电源属于 AC/DC 电源变换器。单片开关电源集成电路自 20 世纪 90 年代中期问世以来便显示出强大的生命力。单片开关电源具有高集成度、高性价比、最简外围电路、最佳性能指标等优点,现已成为开发中、小功率开关电源、精密开关电源及开关电源模块的优选集成电路。

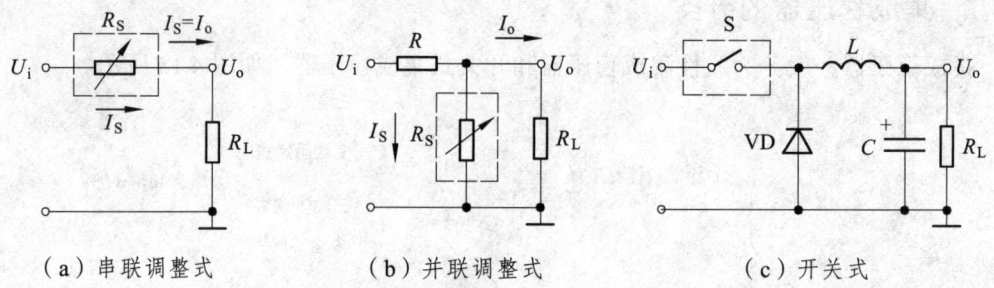

(a)串联调整式　　　　(b)并联调整式　　　　(c)开关式

图 4.14　三种稳压器的等效电路

2. 稳压电源的主要参数

稳压电源的性能指标分为两种,一种是特性指标,另一种是质量指标。

1)特性指标

(1)输入电压 U_i 及其变化范围 $U_{imin} \sim U_{imax}$。

(2)输出电压 U_o 及其输出电压调节范围 $U_{omin} \sim U_{omax}$。

(3)额定输出电流 I_{omax}(指电源正常工作时的最大工作电流)。

2)质量指标

(1)稳压系数 S_r。

指在负载电流、环境温度不变的情况下,输入电压 U_i 变化 ±10% 时引起输出电压 U_o 的相对变化量。

(2)电流调整率 S_I。

当输入电压及环境温度不变时,输出电流 I_o 从零变化到最大时,输出电压的相对变化量称为电流调整率。

(3)输出电阻(也称内阻)R_o。

当输入电压、环境温度一定时,由于负载电流变化引起输出电压变化,把输出电压的变化与输出电流的变化的比,称为输出电阻。其大小反映了稳压电源带负载能力的大小,R_o 值越小,带负载能力越强。

(4)温度系数 S_T。

指输入电压、输出电流下变的情况下,稳压电路在周围环境温度变化时所引起的输出电压的变化。

(5)纹波电压和纹波抑制比。

叠加在输出电压 U_o 上的交流分量称为纹波电压,纹波抑制比定义为稳压电路输入纹波电压峰值 U_{ipp} 与输出纹波电压峰值 U_{opp} 之比,用对数表示:$20\lg(U_{ipp}/U_{opp})$(dB)。纹波抑制比表示稳压电路对其输入端引入的交流纹波电压的抑制能力。

(6)效率 η。

指输入输出为额定值时,其输出功率与输入有效功率之比值。

4.6 数字集成电路

4.6.1 数字集成电路

数字电路实验包括最基本的组合逻辑电路和时序逻辑电路,按其性质和目的可分为基础性实验、综合性实验和设计性实验三大类。数字电路实验和模拟电路实验的不同点在于,模拟电路实验注重的是测量方法、误差的分析,而数字电路实验注重的是时序,是输入、输出信号的逻辑关系。在做数字电路实验前,需先进行电路的设计。数字电路的设计具有灵活多变的特点,这就要求在设计数字电路时开阔思路,选择最简单、最容易实现的方法。数字电路的设计,包括组合逻辑电路的设计和时序逻辑电路的设计。

4.6.2 数字集成电路的分类与特点

数字集成电路有双极型集成电路(TTL、ECL)和单极型集成电路(CMOS)两大类,每类中又包含有不同的系列品种。

1. TTL 数字集成电路

这类集成电路内部输入级和输出级都是晶体管结构,属于双极型数字集成电路。其主要系列有:

1)74 系列

这是早期的产品,现仍在使用,但正逐渐被淘汰。

2)74H 系列

这是 74 系列的改进型,属于高速 TTL 产品。其"与非门"的平均传输时间为 10 ns 左右,但电路的静态功耗较大,目前该系列产品使用越来越少,逐渐被淘汰。

3)74S 系列

这是 TTL 的高速型肖特基系列。在该系列中,采用了抗饱和肖特基二极管,速度较高,但品种较少。

4)74LS 系列

这是当前 TTL 类型中的主要产品系列。品种和生产厂家都非常多。性能价格比较高,目前在中小规模电路中应用非常普遍。

5)74ALS 系列

这是"先进的低功耗肖特基"系列。属于 74LS 系列的后继产品,速度(典型值为 4 ns)、功耗(典型值为 1 mW)等方面都有较大的改进,但价格比较高。

6)74AS 系列

这是 74S 系列的后继产品,尤其速度(典型值为 1.5 ns)有显著的提高,又称"先进超高速肖特基"系列。

2. CMOS 集成电路

CMOS 数字集成电路是利用 NMOS 管和 PMOS 管巧妙组合成的电路，属于一种微功耗的数字集成电路。

1）标准型 4000B/4500B 系列

该系列是以美国 RCA 公司的 CD4000B 系列和 CD4500B 系列为原型制定的，与美国 Motorola 公司的 MC14000B 系列和 MC14500B 系列产品完全兼容。该系列产品的最大特点是工作电源电压范围宽（3～18 V）、功耗最小、速度较低、品种多、价格低廉，是目前 CMOS 集成电路的主要应用产品。

2）74HC 系列

54/74HC 系列是高速 CMOS 标准逻辑电路系列，具有与 74LS 系列同等的工作度和 CMOS 集成电路固有的低功耗及电源电压范围宽等特点。74HC×××是 74LS×××同序号的翻版，型号最后几位数字相同，表示电路的逻辑功能、管脚排列完全兼容，为用 74HC 替代 74LS 提供了方便。

3）74AC 系列

该系列又称"先进的 CMOS 集成电路"，54/74AC 系列具有与 74AS 系列等同的工作速度和与 CMOS 集成电路固有的低功耗及电源电压范围宽等特点。

CMOS 集成电路的主要特点有：

（1）具有非常低的静态功耗。在电源电压 V_{CC} = 5 V 时，中规模集成电路的静态功耗小于 100 mW。

（2）具有非常高的输入阻抗。正常工作的 CMOS 集成电路，其输入保护二极管处于反偏状态，直流输入阻抗大于 100 MΩ。

（3）宽的电源电压范围。CMOS 集成电路标准 4000B/4500B 系列产品的电源电压为 3～18 V。

（4）扇出能力强。在低频工作时，一个输出端可驱动 CMOS 器件 50 个以上输入端。

（5）抗干扰能力强。CMOS 集成电路的电压噪声容限可达电源电压值的 45%，且高电平和低电平的噪声容限值基本相等。

（6）逻辑摆幅大。CMOS 电路在空载时，输出高电平 $V_{oH} \geq V_{CC} - 0.05$ V，输出低电平 $V_{oL} \leq 0.05$ V。

3. 数字集成电路的应用要点

1）仔细认真查阅使用器件型号的资料

对于要使用的集成电路，首先要根据手册查出该型号器件的资料，注意器件的管脚排列图接线，按参数表给出的参数规范使用，在使用中，不得超过最大额定值（如电源电压、环境温度、输出电流等），否则将损坏器件。

2）注意电源电压的稳定性

为了保证电路的稳定性，供电电源的质量一定要好，要稳压。在电源的引线端并联大的滤波电容，以避免由于电源通断的瞬间而产生冲击电压。更注意不要将电源的极性接反，否则将会损坏器件。

3）采用合适的方法焊接集成电路

在需要弯曲管脚引线时，不要靠近根部弯曲。焊接前不允许用刀刮去引线上的镀金层，焊接所用的烙铁功率不应超过 25 W，焊接时间不应过长。焊接时最好选用中性焊剂。焊接后严禁将器件连同印制线路板放入有机溶液中浸泡。

4）注意设计工艺，增强抗干扰措施

在设计印刷线路板时，应避免引线过长，以防止窜扰和对信号传输延迟。此外要把电源线设计的宽些，地线要进行大面积接地，这样可减少接地噪声干扰。

4. TTL 集成电路使用应注意的问题

1）正确选择电源电压

TTL 集成电路的电源电压允许变化范围比较窄，一般在 4.5~5.5 V 之间。在使用时更不能将电源与地颠倒接错，否则将会因为过大电流而造成器件损坏。

2）对输入端的处理

TTL 集成电路的各个输入端不能直接与高于 +5.5 V 和低于 -0.5 V 的低内阻电源连接。对多余的输入端最好不要悬空。虽然悬空相当于高电平，并不影响"与门、与非门"的逻辑关系，但悬空容易接受干扰，有时会造成电路的误动作。因此，多余输入端要根据实际需要作适当处理。例如"与门、与非门"的多余输入端可直接接到电源 V_{CC} 上；也可将不同的输入端共用一个电阻连接到 V_{CC} 上；或将多余的输入端并联使用。对于"或门、或非门"的多余输入端应直接接地。对于触发器等中规模集成电路来说，不使用的输入端不能悬空，应根据逻辑功能接入适当电平。

3）对于输出端的处理

除"三态门、集电极开路门"外，TTL 集成电路的输出端不允许并联使用。如果将几个"集电极开路门"电路的输出端并联，实现线与功能时，应在输出端与电源之间接入一个计算好的上拉电阻。集成门电路的输出更不允许与电源或地短路，否则可能造成器件损坏。

5. CMOS 集成电路使用应注意的问题

1）正确选择电源

由于 CMOS 集成电路的工作电源电压范围比较宽（CD4000B/4500B：3~18 V），选择电源电压时首先考虑要避免超过极限电源电压。其次要注意电源电压的高低将影响电路的工作频率。降低电源电压会引起电路工作频率下降或增加传输延迟时间。例如 CMOS 触发器，当 V_{CC} 由 +15 V 下降到 +3 V 时，其最高频率将从 10 MHz 下降到几十 kHz。

2）防止 CMOS 电路出现可控硅效应的措施

当 CMOS 电路输入端施加的电压过高（大于电源电压）或过低（小于0），或者电源电压突然变化时，电源电流可能会迅速增大，烧坏器件，这种现象称为可控硅效应。预防可控硅效应的措施主要有：

（1）输入端信号幅度不能大于 V_{CC} 和小于 0。

（2）要消除电源上的干扰。

（3）在条件允许的情况下，尽可能降低电源电压。如果电路工作频率比较低，用 +5 V 电源供电最好。

（4）对使用的电源加限流措施，使电源电流被限制在 30 mA 以内。

3）对输入端的处理

在使用 CMOS 电路器件时，对输入端一般要求如下：

（1）应保证输入信号幅值不超过 CMOS 电路的电源电压。即满足 $V_{SS} \leq V_I \leq V_{CC}$，一般 $V_{SS}=0$。

（2）输入脉冲信号的上升和下降时间一般应小于几 ms，否则可能出现电路工作不稳定或损坏器件的情况。

（3）所有不用的输入端不能悬空，应根据实际要求接入适当的电压（V_{CC} 或 0）。由于 CMOS 集成电路输入阻抗极高，一旦输入端悬空，极易受外界噪声影响，从而破坏了电路的正常逻辑关系，也可能感应静电，造成栅极被击穿。

4）对输出端的处理

（1）CMOS 电路的输出端不能直接连到一起。否则导通的 P 沟道 MOS 场效应管和导通的 N 沟道 MOS 场效应管形成低阻通路，造成电源短路。

（2）在 CMOS 逻辑系统设计中，应尽量减少电容负载。电容负载会降低 CMOS 集成电路的工作速度和增加功耗。

（3）CMOS 电路在特定条件下可以并联使用。当同一芯片上 2 个以上同样器件并联使用（例如各种门电路）时，可增大输出灌电流和拉电流负载能力，同样也提高了电路的速度。但器件的输出端并联，输入端也必须并联。

（4）从 CMOS 器件的输出驱动电流大小来看，CMOS 电路的驱动能力比 TTL 电路要差很多，一般 CMOS 器件的输出只能驱动一个 LS-TTL 负载。但从驱动和它本身相同的负载来看，CMOS 的扇出系数比 TTL 电路大的多（CMOS 的扇出系数≥500）。CMOS 电路驱动其他负载，一般要外加一级驱动器接口电路。

4.7 接口电路

接口电路：计算机之间，计算机与外围设备之间，计算机内部部件之间起连接作用的逻辑电路。接口电路是各种 CPU 与外部设备进行信息交互的桥梁，现代智能设备中含有能大量的接口电路。

输入、输出接口电路也称为 I/O 电路（INPUT/Output），即通常所说的适配器、适配卡或接口卡。它是微型计算机与外部设备交换信息的桥梁。

（1）接口电路结构：一般由寄存器组、专用存储器和控制电路几部分组成，当前的控制指令、通信数据、以及外部设备的状态信息等分别存放在专用存储器或寄存器组中。

（2）接口电路的连接：所有外部设备都通过各自的接口电路连接到微型计算机的系统总线上去。

（3）通信方式：分为并行通信和串行通信。并行通信是将数据各位同时传送；串行通信则使数据一位一位地顺序传送。

4.8 专用集成电路 ASIC

ASIC（一种为专门目的而设计的集成电路）全称：Application Specific Integrated Circuit。

目前，在集成电路界 ASIC 被认为是一种为专门目的而设计的集成电路，是指应特定用户要求和特定电子系统的需要而设计、制造的集成电路。ASIC 的特点是面向特定用户的需求，ASIC 在批量生产时与通用集成电路相比具有体积更小、功耗更低、可靠性提高、性能提高、保密性增强、成本降低等优点。

ASIC 分为全定制和半定制。全定制设计需要设计者完成所有电路的设计，因此需要大量人力物力，灵活性好但开发效率低下。如果设计较为理想，全定制能够比半定制的 ASIC 芯片运行速度更快。半定制使用库里的标准逻辑单元(Standard Cell)，设计时可以从标准逻辑单元库中选择 SSI（门电路）、MSI(如加法器、比较器等)、数据通路(如 ALU、存储器、总线等)、存储器甚至系统级模块(如乘法器、微控制器等)和 IP 核，这些逻辑单元已经布局完毕，而且设计得较为可靠，设计者可以较方便地完成系统设计。现代 ASIC 常包含整个 32-bit 处理器，类似 ROM、RAM、EEPROM、Flash 的存储单元和其他模块。这样的 ASIC 常被称为 SoC(片上系统)。

FPGA 是 ASIC 的近亲，一般通过原理图、VHDL 对数字系统建模，运用 EDA 软件仿真、综合，生成基于一些标准库的网络表，配置到芯片即可使用。它与 ASIC 的区别是用户不需要介入芯片的布局布线和工艺问题，而且可以随时改变其逻辑功能，使用灵活。

4.9 组合元件应用基础-口袋实验套件

4.9.1 口袋实验室优势

口袋实验室（顾名思义是指装在口袋里的实验室）是指将传统实验箱及测试仪器设备的核心功能压缩至一块小开发板上，易于扩展，方便携带与调试。它打破了传统实验室的时空限制，使学生可以在任何时间、任何地点实现其任何实验想法，学生和老师、学生和学生之间可以随时交流实验体会和想法，从而能够有效提高学生学习的趣味性，提高动手实践能力、理论与实践结合能力，强化其探索精神与创新意识。其可完成实验包含电路原理、模拟电子技术、数字电子技术、综合性实验、电子设计、电子竞赛、工程开发、各专业课程实验室均可使用，目前能将专业实验室做成口袋实验室的有：单片机、自动控制原理、传感器、信号处理、嵌入式、通信等实验室。

口袋实验室实践教学模式的提出是以集成技术迅猛发展为技术前提，IC 制造商，比如 XILINX 公司宣布已经推出了 16 nm 的高集成度 FPGA 芯片。在这样高集成度的情况下，产生了大量的片上系统芯片（System On Chip，SOC），如 XILINX 公司推出的 Artix-7 FPGA 芯片，片上提供了 33280 个逻辑门，5200 个逻辑区域，1800 kB 的快速 RAM，5 个时钟管理模块以及 90 个 DSP 区，另外还提供了片上模数转换器，使得在该芯片上实现一个完整的系统成为可能。目前口袋实验室理念在国内外多所高校已得到广泛的认可和贯彻，尤其是工科物联网、电子、通信以及计算类、控制类专业中有日趋普及的趋势，如哈尔滨工业大学、东南大学、清华大学、华中科技大学、西安交通大学等都建立了数量、规模各异的口袋实验室。另一方面，国际知名公司也纷纷注意到"口袋实验室"在高校教学中的流行趋势，并积极推出相关产品支持这一实践教学模式。如 ST 公司推出的 NUCLEO-F401RE 用于嵌入式的学习，DIGILENT 公司推出的 Basys3 用于数字电路系统的设计等。

将"口袋实验室"引入实践教学的优点：

（1）提高学生的工程能力，学生工程能力培养是电子类专业培养学生的重要目标。学生可以在"口袋实验室"的基础上建立工程并且验证方案的可行性。

（2）提高学生自主学习能力和创造力，"口袋实验室"把实验的过程从实验室搬到了其他非常方便的场合，这就使得学生在遇到问题的时候不可以随时随地去问老师而去自主地开展，实验的实施方案需要学生自己收集大量的资料，试着自己解决实验过程中遇到的各种问题，而不是完全依靠老师，并需要经过反复提出方案并加以验证才能获得最优的方案。

这样的实验不可能在有限的几个课程时间内完成，而必须使用"口袋实验室"在课外的时间完成，通过这种实践教学方式的逐渐渗透将会提高学生自主学习能力和创造力。

将"口袋实验室"引入实践教学需要注意的问题：

（1）保证实验项目的难度。为了能够充分锻炼学生的自主学习能力和创新意识，就必须防止学生能够轻易地从已完成任务的学生或网上获得项目的设计成果。尽可能使学生有不同的题目进行选择，以保证学生能够根据自己的长处选择对应的题目，减少由于题目难度过高而导致无法完成的可能性。

（2）学生团队的建立。口袋实验将学生从传统的实验室中解放了出来，但同时也使学生离开了老师监管的视线，这样对学生学习自主性的要求就提高了，需要建立学生团队，通过队员间的相互监督防止学生偷懒，这样也可以提高学生的团队合作意识。团队成员的组成尽量是互补的，能够做到共同发展相互促进，而不是互相拖后腿，阻碍集体的进步，这个方面需要老师和辅导员进行交流，了解不同学生的特点，这样才能建立科学合理的团队。

（3）学生互相交流平台的建立。学生的自学能力毕竟是有限的，而基于"口袋实验室"的实践教学模式由于距离老师较远，求助于老师比较麻烦，当出现较为复杂的问题时，可以与其他团队进行交流。建立学生互相交流的平台就是这样的一个目的。

（4）合理的考核制度的建立。基于"口袋实验室"的模式主要的实验时间是在实验室规定时间以外，指导老师不能全程进行参与，所以每个学生的实际对知识的掌握程度对于老师是无法知晓的。这直接影响了老师对学生考核成绩的评定，考核结果是否公平公正就成为了一个需要解决的问题。在这种实践模式下，要求学生在实验开始之前与指导老师共同设计出实验的计划书，按照设定的计划按步骤进行实验。老师在每一个步骤完成时对学生的实验进度跟进，同时对学生的疑惑或者不正确之处进行必要的指导，帮助学生完善实验设计，这个过程可以通过多种渠道完成，例如微信、QQ，或者通过专门的网站进行在线指导。在实验结束的时候，老师可以结合在每一个节点对学生的了解，及在实验结束时对学生实验结果进行考核，确定学生的学习效果，给出相对公正的考核成绩。

4.9.2 口袋实验室模块介绍

口袋实验室正面结构如图 4.15 所示：包含 4 部分及电路连接的面包板区。

图 4.15 口袋实验室正面结构图

两组 −12 V（75 mA）、+12 V（75 mA）、−5 V（100 mA）、+5 V（300 mA）、3.3 V（700 mA）供电电源，一个对外供电开启指示灯，信号源模拟信号。

两组信号输出输入口：模拟信号。

口袋实验室背面、侧面结构如图 4.16 所示。

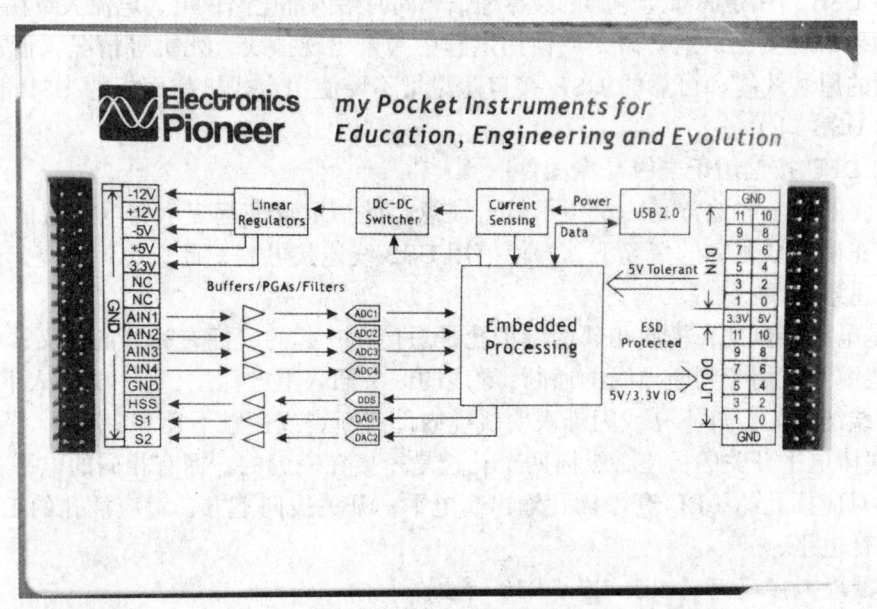

图 4.16　口袋实验室背面、侧面结构

（1）USB 口用于易派与电脑的数据通信，同时给内部电路供电，电流大致在 360 mA；注意：如果出现无法识别易派，或使用过程中频繁出现掉线，死机等情况，请首先检查是否使用的原装线缆和可靠的 USB 接口（尽量不要使用台式机前面板的 USB 口，请使用后置的 USB 口）。

（2）DFU 按键用于升级易派固件。

图中圆圈指示的地方是一个指示灯，注意：此指示灯亮起表示与电脑通信成功，因此在没有正确安装驱动的情况下，即使使用 USB 线连接电脑，此灯也不会亮起。

接口注意事项：

① 是电源接口处，横向相邻的两个孔是短接在一起的，拥有相同的定义；

② 线缆测试用于判断导线的通断，导线的一头插入上方孔位，另一头插入下方孔位，灯亮表面线缆完好，灯不亮或闪烁表明线缆内部有断裂或接触不良。

③ 实体电平开关的插座，纵向两个孔位是短接在一起的，拥有相同的电平；开关拨向上方，对应插孔的 LED 亮，插孔输出高电平；开关拨向下方，对应插孔的 LED 灭，插孔输出低电平；

对易派模拟接口定义如表 4.7～4.10 所示。

表 4.7 对外供电接口定义

对外供电接口	指标和用途	备注
−12 V	±12 V 对外供电,额定最大输出电流±75 mA,	电源默认无输出,需要在电源功能中开启对外供电才会使能电源输出;所有电源带有短路保护和过流关断功能
+12 V	或 12 V 单路输出 120 mA	
−5 V	±5 V 对外供电,额定最大输出电流±100 mA,	
+5 V	或 5V 单路输出 300 mA	
3.3 V	3.3 V 对外供电,额定最大输出电流 200 mA	

表 4.8 模拟信号输出接口定义

模拟输出(信号源)接口	指标和用途
HSS	高速信号源,输出正弦波−1 dB 带宽>10 MHz,输出阻抗 50 Ω,可用于信号源、扫频仪
S1、S2	信号源输出通道 1 和 2,双通道同步 12 位直接数字频率合成(DDS),输出正弦波−1 dB 带宽>60 kHz,输出阻抗 50 Ω,输出信号幅度 5 mV_{pp}~10V_{pp},步进 5 mV;可用于信号源
GND	16 个 GND,电路接地。使用时对应信号或者电源就近

表 4.9 模拟信号示波器输入接口定义

模拟输入(示波器)接口	指标和用途
AIN1,AIN2,AIN3,AIN4	模拟输入通道 1,2,3,4;4 通道 12 位 5MSPS 同步采样,输入阻抗 1 MΩ,最大输入信号±25 V,输入−3 dB 带宽>1 MHz;可用于示波器,频谱图和扫频仪

表 4.10 数字接口定义

PI2ALL 接口	指标和用途
GND	4 个 GND,电路地,就近接地
3.3 V,5.0 V	3.3 V 和 5 V 对外供电
DIN0–DIN11	12 位并行数字输入 DIN0–DIN11,可接受 5 V 电平输入,最高采样率 200 kSPS;可用于逻辑信号分析仪
DOUT0–DOUT15	12 位并行逻辑输出 DOUT0-DOUT11,输出电平 3.3 V 和 5 V 可选,最高刷新率 20 kSPS;可用于脉冲信号发生器

4.9.3 口袋实验室基本应用

利用面包板孔进行扩展,组成系统设计。可以做我们大多数实验了。如电路原理、模拟电子技术、数字电子技术、综合性实验、电子设计、电子竞赛、工程开发等电子系统实验。

可以在面包板上随意地布局。不过还是要按照规则操作，具体请参见各厂家提供的使用手册。

1. 数码管工作模式选择

00（均拨向下方）：译码模式，D1-A1 的 0000-1111 被译码成 0-F 显示在数码管 1 上，D2-A2 的 0000-1111 被译码成 0-F 显示在数码管 2 上，以此类推；此时点亮数码管应参照丝印。

01（1 下 2 上）：4 位数码管原生模式，由 1~4 位选和 A-G 段选来控制 4 个数码管；此时点亮数码管应参考丝印看丝印。

10（1 上 2 下）：UART 单线模式，外部单片机通过 9600 波特率的写入 8 位数据来控制数码管，其中高 4 位从 0000 到 0011，表示数码管 1-4 中某一位被选中，低 4 位的 0000-1111 对应将显示在被选中的数码管上的 0-F 数值；此时看丝印 RX。

2. 实 例

用触发器构成 4 分频计数器（图 4.17）。

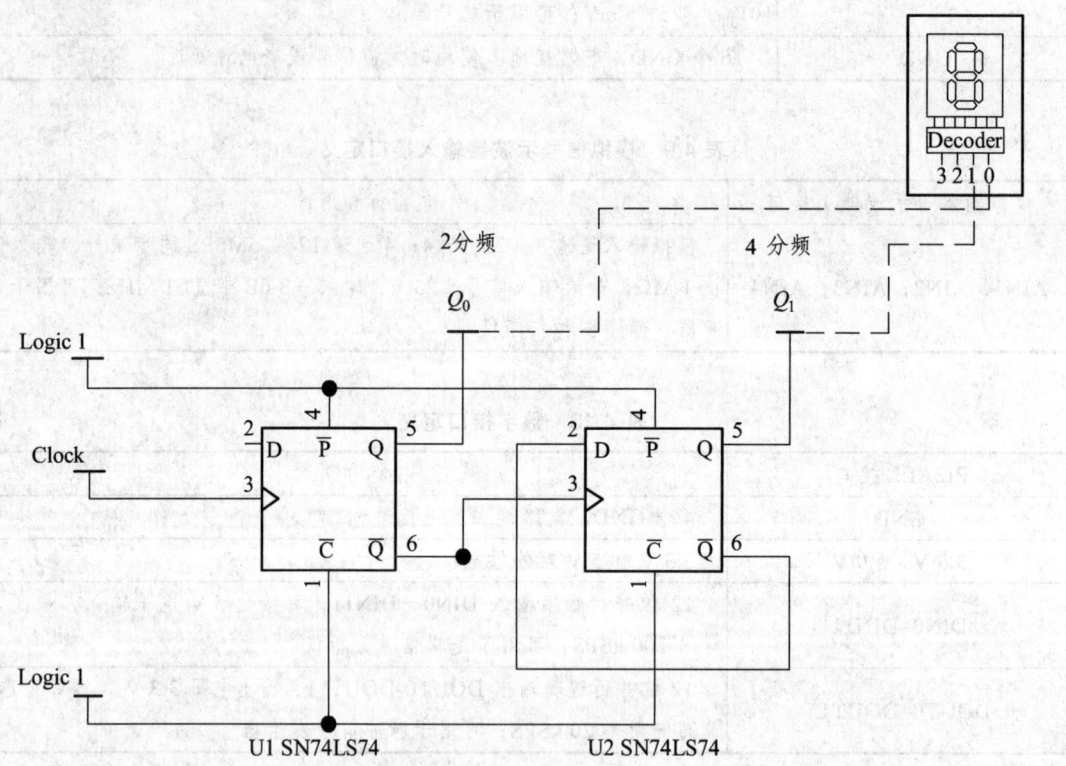

图 4.17 千分频计数器

双 D 触发器 SN74LS74 构成的异步计数器电路，一个 D 触发器是两分频，将两个 D 触发器串联就可以实现 4 分频，由于时钟是串联关系，这个分频器是异步分频器。

① SN74LS74 的电源由对外供电的 5 V 提供，GND 与易派的 GND 共地。
② Clock 由 StaOUT 的时钟输出提供。
③ Clock，Q_0 和 Q_1 的关系可由多种手段来测量。

3. 其他实验

为了锻炼同学们的自学能力，请按照说明书及教材规范自行完成。
无论你用的哪个厂家的口袋实验室，都请参照厂家提供的资料。

第 5 章 常用电路仿真设计实验方法简介

仿真实验（现代实验方法）是将实验室搬入电脑的实验方法，它具有现有实验方法无法比拟的很多优点，但不能完全达到现实元器件具体参数和环境。

电子设计自动化 EDA(Electronic Design Automatlon)技术是在电子 CAD 技术基础上发展起来的通用软件系统，是指以计算机为工作平台，融合了应用电子技术、计算机技术、信息处理及智能化技术的最新成果，进行电子产品的自动设计系统。

EDA 技术已有 30 年的发展历程，大致可分为三个阶段：① 20 世纪 70 年代为计算机辅助设计(CAD)阶段，人们开始用计算机取代手工操作进行 IC 版图编辑、PCB 布局布线；② 20 世纪 80 年代为计算机辅助工程(CAE)阶段，与 CAD 相比，CAE 除了有纯粹的图形绘制功能外，又增加了电路功能分析和结构设计，并且通过电气连接网络表将两者结合在一起，实现了工程设计；③ 20 世纪 90 年代为电子系统设计自动化(EDA)阶段，"同时又出现了计算机辅助工艺(CAPP)、计算机辅助制造(CAM)等。

现代电子设计技术的核心就是 EDA 技术。EDA 技术应用广泛，在机械、电子、通信、航空航天、化工、矿产、生物、医学、军事等各个领域都有 EDA 的应用。

在产品设计与制造方面，EDA 技术可实现前期的计算机仿真、系统级模拟及测试环境的仿真、PCB 的制作、电路板的焊接、ASIC 的设计等。

在教学方面，我国高校从 20 世纪 90 年代中期开始 EDA 教育，现在几乎所有理工科类高校都开设了 EDA 课程。这些课程主要是让学生了解 EDA 的基本概念和原理，使用 EDA 软件进行电子电路课程的实验及从事简单系统的设计。

目前，进入我国并具有广泛影响的 EDA 软件有 EWB（ELECTRONICS WORKBENCH EDA）、PSpice、Protel（https://www.altium.com.cn/）、Proteus（https://www.labcenter.com/）、MATLAB（Matrix Laboratory）、OrCAD（一套在个人电脑的电子设计自动化套装软件）等。这些软件都有较强的功能，除了进行电路的仿真外，许多软件同时还可以进行 PCB 自动布局布线，或输出多种网表文件与第三方软件接口等。本章主要对 5 种常用 EDA 软件进行简单介绍。为同学们在后续课程学习提供方向。

电子信息工程、自动化、测控技术与仪器等弱电专业除了课程培养计划规定的内容外，软件开发用的 VS（Microsoft Visual Studio），逻辑用的 Quartus 和 Altera。

电气工程及其自动化等强电专业，有志于电气工程设计的同学，需要学习天正软件的天正电气(http://www.tangent.com.cn/download/personal/1070.html)和 Autodesk 公司的 AutoCAD（ https://www.autodesk.com.cn/products/autocad/overview)。

5.1 电路仿真软件 EWB 简介

EWB 是一种电子电路计算机仿真软件,它被称为电子设计工作平台或虚拟电子实验室,英文全称为 Electronics Work Bench,由加拿大的 Interactive Image Technologies 公司于 1988 年开发。EWB 以 SPICE3F5 为软件核心,增强了其在数字及模拟混合信号方面的仿真功能。SPICE3F5 是 SPICE 的最新版本,SPICE 自 1972 年使用以来,已经成为模拟集成电路设计的标准软件。EWB 建立在 SPICE 基础上,它具有以下突出的特点:

(1)采用直观的图形界面创建电路。在计算机屏幕上模仿真实实验室的工作台,绘制电路图需要的元器件、电路仿真需要的测试仪器均可直接从屏幕上选取。

(2)软件仪器的控制面板外形和操作方式都与实物相似,可以实时显示测量结果。

(3)EWB 软件带有丰富的电路元件库,提供多种电路分析方法。

(4)作为设计工具,它可以同其他流行的电路分析、设计和制板软件交换数据。

(5)EWB 还是一个优秀的电子技术训练工具,利用它提供的虚拟仪器可以用比实验室中更灵活的方式进行电路实验,仿真电路的实际运行情况,熟悉常用电子仪器测量方法。

下载地址:http://www.electronicsworkbench.com,国内使用教程网站较多,同学们自行下载。

5.2 模拟电路仿真软件 PSPICE 简介

5.2.1 PSPICE 的起源与发展

用于模拟电路仿真的 SPICE(Simulation Program with Integrated Circuit Emphasis)软件于 1972 年由美国加州大学伯克利分校的计算机辅助设计小组利用 FORTRAN 语言开发而成,主要用于大规模集成电路的计算机辅助设计。SPICE 的正式版 SPICE2G 在 1975 年正式推出,但是该程序的运行环境至少为小型机。1985 年,加州大学伯克利分校用 C 语言对 SPICE 软件进行了改写,并由 Microsim 公司推出。1988 年 SPICE 被定为美国国家工业标准。与此同时,各种以 SPICE 为核心的商用模拟电路仿真软件,在 SPICE 的基础上做了大量实用化工作,从而使 SPICE 成为最为流行的电子电路仿真软件。

PSPICE 采用自由格式语言的 5.0 版本自 80 年代以来在我国得到广泛应用,并且从 6.0 版本开始引入图形界面。1998 年著名的 EDA 商业软件开发商 ORCAD 公司与 Microsim 公司正式合并,自此 Microsim 公司的 PSPICE 产品正式并入 ORCAD 公司的商业 EDA 系统中。不久之后,ORCAD 公司已正式推出了 ORCAD PSPICE Release10.5,与传统的 SPICE 软件相比,PSPICE10.5 在三大方面实现了重大变革:第一,在对模拟电路进行直流、交流和瞬态等基本电路特性分析的基础上,实现了蒙特卡罗分析、最坏情况分析以及优化设计等较为复杂的电路特性分析;第二,不但能够对模拟电路进行,而且能够对数字电路、数/模混合电路进行仿真;第三,集成度大大提高,电路图绘制完成后可直接进行电路仿真,并且可以随时分析观察仿真结果。PSPICE 软件的使用已经非常流行。在大学里，它是工科类学生必会的分析与设计电路工具；在公司里，它是产品从设计、实验到定型过程中不可缺少的设计工具。

5.2.2 PSPICE 仿真软件的优越性

PSPICE 软件具有强大的电路图绘制功能、电路模拟仿真功能、图形后处理功能和元器件符号制作功能，以图形方式输入，自动进行电路检查，生成图表，模拟和计算电路。它的用途非常广泛，不仅可以用于电路分析和优化设计，还可用于电子线路、电路和信号与系统等课程的计算机辅助教学。与印制版设计软件配合使用，还可实现电子设计自动化。被公认是通用电路模拟程序中最优秀的软件，具有广阔的应用前景。这些特点使得 PSPICE 受到广大电子设计工作者、科研人员和高校师生的热烈欢迎，国内许多高校已将其列入电子类本科生和硕士生的辅修课程。

电路设计软件有很多，它们各有特色。如 Protel 和 Tango，它对单层/双层电路板的原理图及 PCB 图的开发设计很适合，而对于布线复杂，元件较多的四层及六层板来说 ORCAD 更有优势。但在电路系统仿真方面，PSPICE 可以说独具特色，是其他软件无法比拟的，它是一个多功能的电路模拟试验平台，PSPICE 软件由于收敛性好，适于做系统及电路级仿真，具有快速、准确的仿真能力。

1. 图形界面友好，易学易用，操作简单

由 DOS 版本的 PSPICE 到 Windows 版本的 PSPICE，使得该软件由原来单一的文本输入方式而更新升级为输入原理图方式，使电路设计更加直观形象。PSPICE6.0 以上版本全部采用菜单式结构，只要熟悉 Windows 操作系统就很容易学，利用鼠标和热键一起操作，既提高了工作效率，又缩短了设计周期。即使没有参考书，用户只要具备一定的英语基础就可以通过实际操作很快掌握该软件。

2. 实用性强，仿真效果好

在 PSPICE 中，对元件参数的修改很容易，它只需存一次盘、创建一次连接表，就可以实现一个复杂电路的仿真。如果用 Protel 等软件进行参数修改仿真，则过程十分烦琐。在改变一个参数时，哪怕是一个电阻阻值的大小都需要重新建立网络表的连接，设置其他参数更为复杂。

3. 功能强大，集成度高

在 PSPICE 内集成了许多仿真功能，如直流分析、交流分析、噪声分析、温度分析等，用户只需在所要观察的节点放置电压（电流）探针，就可以在仿真结果图中观察到其"电压（或电流）-时间"图。而且该软件还集成了诸多数学运算，不仅为用户提供了加、减、乘、除等基本的数学运算，还提供了正弦、余弦、绝对值、对数、指数等基本的函数运算，这些都是其他软件所无法比拟的。

另外，用户还可以对仿真结果窗，这些功能都给用户提供了制作所需图形的一种快捷、简便的方法。因此，Windows 窗口进行编辑，如添加窗口、修改坐标、叠加图形等，还具有保存和打印图形的功能版本的 PSPICE 更优于 DOS 版本的 PSPICE，它不但可以输入原理图方式，而且也可以输入文本方式。无疑是广大电子电路设计师的好帮手。

下载地址：https://www.orcad.com/products/orcad-pspice-designer/overview，中文使用教程国内各大电子设计网站具有。同学们自行下载学习。

5.3 电子设计软件 PROTEL 简介

Protel 是 portel 公司在 80 年代末推出的 EDA 软件，在电子行业的 CAD 软件中，它当之无愧地排在众多 EDA 软件的前面，是电子设计者的首选软件，它较早就在国内开始使用，在国内的普及率也最高，有些高校的电子专业还专门开设了课程来学习它，几乎所有的电子公司都要用到它，许多大公司在招聘电子设计人才时在其条件栏上常会写着要求会使用 Protel。早期的 Protel 主要作为印制板自动布线工具使用，运行在 DOS 环境，对硬件的要求很低，在无硬盘 286 机的 1M 内存下就能运行，但它的功能也较少，只有电原理图绘制与印制板设计功能，其印制板自动布线的布通率也低。

2005 年年底，Protel 软件的原厂商 Altium 公司推出了 Protel 系列的最新高端版本 Altium Designer6.0。Altium Designer6.0 是完全一体化电子产品开发系统的一个新版本，也是业界第一款也是唯一一种完整的板级设计解决方案。Altium Designer 是业界首例将设计流程、集成化 PCB 设计、可编程器件（如 FPGA）设计和基于处理器设计的嵌入式软件开发功能整合在一起的产品，一种同时进行 PCB 和 FPGA 设计以及嵌入式设计的解决方案，具有将设计方案从概念转变为最终成品所需的全部功能。

Altium Designer 6.0 除了全面继承包括 Prote 99SE、Protel 2004 在内的先前一系列版本的功能和优点以外，还增加了许多改进和很多高端功能。Altium Designer6.0 拓宽了板级设计的传统界限，全面集成了 FPGA 设计功能和 SOPC 设计实现功能，从而允许工程师能将系统设计中的 FPGA 与 PCB 设计以及嵌入式设计集成在一起。

首先，在 PCB 部分，除了 Protel2004 中的多通道复制，实时的、阻抗控制布线以及 SitusTM 自动布线器等新功能以外，Altium Designer 6.0 还着重在差分对布线、FPGA 器件差分对管脚的动态分配、PCB 和 FPGA 之间的全面集成功能，从而实现了自动引脚优化和非凡的布线效果。还有 PCB 文件切片、PCB 多个器件集体操作、在 PCB 文件中支持多国语言（中文、英文、德文、法文、日文）、任意字体和大小的汉字字符输入、光标跟随在线信息显示功能、光标点可选器件列表以及复杂 BGA 器件的多层自动扇出，提供了对高密度封装（如 BGA）的交互布线功能、总线布线功能、器件精确移动和快速铺铜等功能。

交互式编辑、出错查询、布线和可视化功能，从而能更快地实现电路板布局，支持高速电路设计，具有成熟的布线后信号完整性分析工具。Altium Designer 6.0 对差分信号提供系统范围内的支持，可对高速内连的差分信号对进行充分定义、管理和交互式布线。支持包括对在 FPGA 项目内部定义的 LVDS 信号的物理设计进行自动映射。LVDS 是差分信号最通用的标准，广泛应用于可编程器件。Altium Designer 可充分利用当今 FPGA 器件上的扩展 I/O 管脚。

其次，在原理图部分，新增加"灵巧粘贴"可以将一些不同的对象拷贝到原理图当中，比如一些网络标号，一页图纸的 BOM 表，都可以拷贝粘贴到原理图当中。原理图文件切片、多个器件集体操作、文本筐的直接编辑、箭头的添加、器件精确移动、总线走线和自动网标选择等，强大的前端将多层次、多通道的原理图输入、VHDL 开发和功能仿真、布线前后的信号完整性分析功能。在信号仿真部分，提供完善的混合信号仿真，在对 XSPICE 标准的支持之外，还支持对 Pspice 模型和电路的仿真。对 FPGA 设计提供了丰富的 IP 内核，包括各种处理器、存储器、外设、接口、以及虚拟仪器。

第三，在嵌入式设计部分，增强了 JTAG[Joint Test Action Group（联合测试行为组织），也是一种国际标准测试协议（IEEE 1149.1 兼容），主要用于芯片内部测试]器件的实时显示功能，增强型基于 FPGA 的逻辑分析仪，可以支持 32 位或 64 位的信号输入。除了现有的多种处理器内核外，还增强了对更多的 32 位微处理器的支持，可以使嵌入式软件设计在软处理器，FPGA 内部嵌入的硬处理器，分立处理器之间无缝的迁移。使用了 Wishbone 开放总线连接器允许在 FPGA 上实现的逻辑模块可以透明的连接到各种处理器上。Altium Designer 6.0 支持 XilinxMicroBlaze、TSK3000 等 32 位软处理器，Power PC405 硬核，并且支持 AMCC405 和 Sharp Blue Streak ARM7 系列分立的处理器。对每一种处理器都提供完备的开发调试工具。

引入了以 FPGA 为目标的虚拟仪器，当其与 Live Design-enabled 硬件平台 Nano Board 结合时，用户可以快速、交互地实现和调试基于 FPGA 的设计，可以更换各种 FPGA 子板，支持更多的 FPGA 器件，例如 Cyclone II、Stratix II、Pro ASIC3、Virtex-4、MAX II 等系列器件，提供了各个厂家近百种类型的 FPGA 子板，包括几十款 FPGA + MCU(CPU) + RAM + SDRAM 的子板。在器件库方面支持基于 ODBC 和 ADO 的数据库，可以使用 orCAD 的器件库。完全兼容 Protel98/Protel99/Protel99se/Protel DXP，并提供对 Protel99se 下创建的 DDB 和库文件导入功能，还增加了 P-CAD，orCAD，PADSPCB 等软件的设计文件和库的导入，Auto CAD 和其他软件的文件导入和导出功能。完整的 ODB + +/Gerber CAM-系统使得用户可以重新设计原有的设计,弥补设计和制造之间的差异。Altium Designer 6.0 以强大的设计输入功能为特点，在 FPGA 和板级设计中，同时支持原理图输入和 HDL 硬件描述输入模式；基于 VHDL 的设计仿真，混合信号电路仿真、布局前/后信号完整性分析。Altium Designer 6.0 的布局布线采用完全规则驱动模式，并且在 PCB 布线中采用了无网格的 SitusTM 拓扑逻辑自动布线功能，同时，将完整的 CAM 输出功能的编辑结合在一起。

Altium Designer 6.0 是两年之内的第六次更新，极大地增强了对高密板设计的支持，可用于高速数字信号设计，提供大量新功能和改进，改善了对复杂多层板卡的管理和导航，可将器件放置在 PCB 板的正反两面，处理高密度封装技术，如高密度引脚数量的球型网格阵列（BGAs）。

Altium Designer 6.0 中的 Board Insight™ 系统把设计师的鼠标变成了交互式的数据挖掘工具。Board Insight 集成了"警示"显示功能，可毫不费力地浏览和编辑设计中叠放的对象。工程师可以专注于其目前的编辑任务，也可以完全进入目标区域内的任何其他对象，这增加了在密集、多层设计环境中的编辑速度。

Altium Designer 6.0 引入了强大的"逃逸布线"引擎，尝试将每个定义的焊盘通过布线刚好引到 BGA 边界，这令对密集 BGA 类型封装的布线变的非常简单。显著的节省了设计时间，设计师无需手动就可以完成在一大堆焊盘间将线连接这些器件的内部管脚。

Altium Designer 6.0 极大减少了带有大量管脚的器件封装在高密度板卡上设计的时间,简化了复杂板卡的设计导航功能,设计师可以有效处理高速差分信号,尤其对大规模可编程器件上的大量 LVDS 资源。

Altium Designer 6.0 充分利用可得到的板卡空间和现代封装技术,以更有效的设计流程和更低的制造成本缩短上市时间。

软件下载地址:https://www.altium.com/altium-trial-flow。

学习教程网站:http://www.pp51.com/EDA/PORTEL/m.htm。

5.4 电子电路仿真软件 Multisim 使用简介

Multisim 是加拿大图像交互技术公司(Interactive Image Technoligics,IIT)推出的以 Windows 为基础的仿真工具,适用于板级的模拟/数字电路板的设计工作。它包含了电路原理图的图形输入、电路硬件描述语言输入方式,具有丰富的仿真分析能力。

工程师们可以使用 Multisim 交互式地搭建电路原理图,并对电路行为进行仿真。Multisim 提炼了 SPICE 仿真的复杂内容,这样工程师无需懂得深入的 SPICE 技术就可以很快地进行捕获、仿真和分析新的设计,这也使其更适合电子学教育。通过 Multisim 和虚拟仪器技术,PCB 设计工程师和电子学教育工作者可以完成从理论到原理图捕获与仿真再到原型设计和测试这样一个完整的综合设计流程。

Multisim 发展简介:

加拿大 EWB(ElectricalWork Bench)EWB4.0、EWB5.0、EWB6.0、Multisim2001、Multisim7、Multisim8、NI 公司 Multisim9、Multisim10

目前在各高校教学中普遍使用 Multisim2001,网上最为普遍的是 Multisim9,NI 于 2007 年 08 月 26 日发行 NI 系列电子电路设计软件,NI Multisim10 作为其中一个组成部分包含于其中。

EDA 在发达国家的应用状况:

EDA 就是"Electronic Design Automation"的缩写技术已经在电子设计领域得到广泛应用。发达国家目前已经基本上不存在电子产品的手工设计。一台电子产品的设计过程,从概念的确立,到包括电路原理、PCB 版图、单片机程序、机内结构、FPGA 的构建及仿真、外观界面、热稳定分析、电磁兼容分析在内的物理级设计,再到 PCB 钻孔图、自动贴片、焊膏漏印、元器件清单、总装配图等生产所需资料等全部在计算机上完成。EDA 技术借助计算机存储量大、运行速度快的特点,可对设计方案进行人工难以完成的模拟评估、设计检验、设计优化和数据处理等工作。EDA 已经成为集成电路、印制电路板、电子整机系统设计的主要技术手段。美国 NI 公司(美国国家仪器公司)的 Multisim 9 软件就是这方面很好的一个工具。而且 Multisim 9 计算机仿真与虚拟仪器技术(LABVIEW 8)(也是美国 NI 公司的)可以很好的解决理论教学与实际动手实验相脱节的这一老大难问题。学员可以很好地、很方便地把刚刚学到的理论知识用计算机仿真真实地再现出来。并且可以用虚拟仪器技术创造出真正属于自己的仪表。极大地提高了学员的学习热情和积极性。真正的做到了变被动学习为主动学习。这些在教学活动中已经得到了很好的体现。还有很重要的一点就是：计算机仿真与虚拟仪器对教员的教学也是一个很好的提高和促进。

软件下载地址：http://www.ni.com/multisim/zhs/

学习教程：http://www.elecfans.com/soft/22/

5.5 单片机仿真软件 Proteus 简介

Proteus（海神）的 ISIS 是一款 Labcenter 出品的电路分析实物仿真系统，可仿真各种电路和 IC，并支持单片机，元件库齐全，使用方便，是不可多得的专业的单片机软件仿真系统。

该软件的特点：

① 全部满足我们提出的单片机软件仿真系统的标准，并在同类产品中具有明显的优势。

② 具有模拟电路仿真、数字电路仿真、单片机及其外围电路组成的系统的仿真、RS-232 动态仿真、1C 调试器、SPI 调试器、键盘和 LCD 系统仿真的功能；有各种虚拟仪器，如示波器、逻辑分析仪、信号发生器等。

③ 目前支持的单片机类型有：68000 系列、8051 系列、AVR 系列、PIC12 系列、PIC16 系列、PIC18 系列、Z80 系列、HC11 系列以及各种外围芯片。

④ 支持大量的存储器和外围芯片。总之该软件是一款集单片机和 SPICE 分析于一身的仿真软件，功能极其强大，可仿真 51、AVR、PIC。

软件下载地址：http://www.labcenter.com/，中文网站：http://www.windway.cn/

学习教程：http://www.elecfans.com/soft/22/

5.6 组合元件应用-口袋实验室所需软件简介

在现代智能社会，各种智能设备层出不穷，各种智能实验设备也是不断涌现。为了克服公共实验室的弱点，充分发挥个人主观能动性，把实验室随身携带，随时随地，只要有一台笔记本电脑（已成学生标配工具）或者平板电脑甚至手机（更是人人必配了），均可完成实验。各种适用各种设备的应用软件也应运而生。在众多的口袋实验室套件中，我们以 EPI-m104 口袋实验室为例，简要说明其基本使用方法及注意事项。至于其他口袋实验室，请认真参照使用说明书及实验指导（随配软件或者生产厂家官网有可下载资料），完成实验。

使用口袋实验室套件，首先电脑上需安装驱动程序及相关软件，或者在移动设备上安装应用程序。

这里以 EPI-m104 为例，安装好驱动程序和上位机软件后，连接口袋实验室硬件设备。

硬件：小巧便携的 USB 数据采集和控制设备，12.5cm×8cm×1.5cm，适合装在口袋里携带。

软件：Labview 编写的虚拟仪器界面，兼容 Windows 操作系统，移动设备应用程序。

功能：双/四通道示波器、双/三通道信号源、电源（±12 V，±5 V，3.3 V）、扫频仪、频谱分析仪、逻辑分析仪、脉冲信号发生仪、多功能数字 IO。

5.6.1 安装驱动软件

（1）在桌面快捷方式、开始菜单-所有应用中可以找到"Electronics Pioneer"的程序快捷方式。

（2）点击程序图片，可以启动主界面。

（3）上位机软件会识别到插入的设备型号和其固件号，此时你可以选用你所需的仪器如图 5.1 所示。如果没有识别到设备和固件，一般是由于驱动程序没有安装成功。

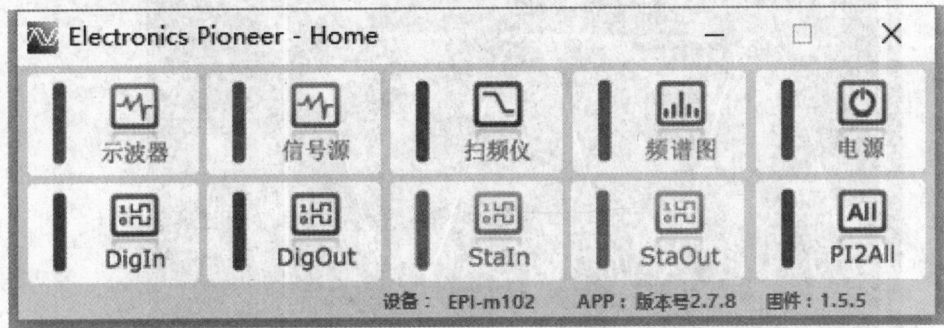

图 5.1　仪器选择界面

5.6.2 虚拟仪器的使用

虚拟示波器的界面如图 5.2 所示。

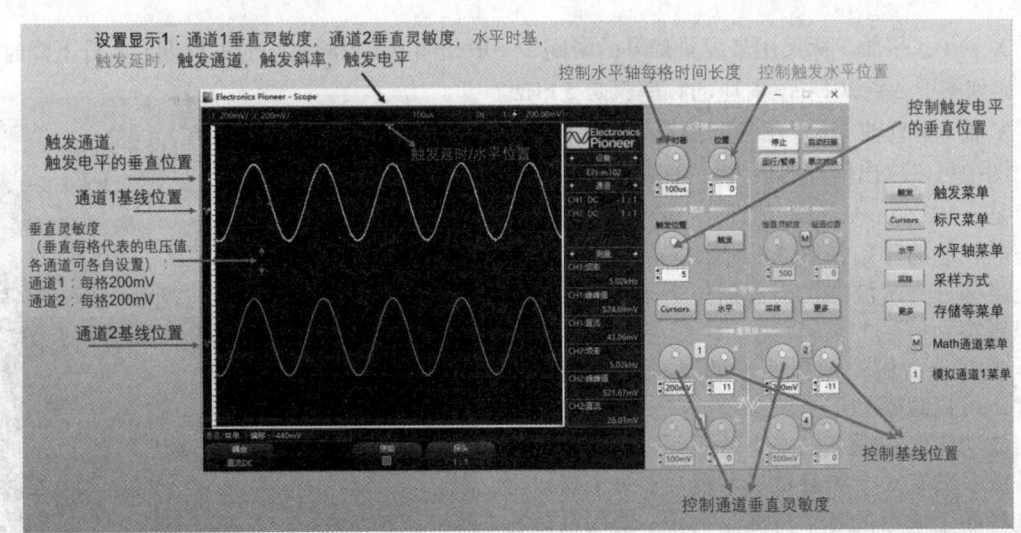

图 5.2　虚拟示波器的界面

（1）示波器是时域测量工具，关注信号的时域特征。

（2）示波器界面分为两大部分：显示和二级菜单区域、操作区域。

（3）在操作区域通过按钮操作，显示区域会有对应的变化。

（4）在自己对信号有大致了解的基础上，示波器能发挥最大的作用。

（5）示波器本质上不是一种用于精确测量的工具；为了获得尽可能准确的测量结果，使用时需要正确设置示波器的垂直/水平档位、触发、AC/DC耦合等。

Cursors 标尺菜单

按下标尺菜单按键后，在显示界面上将绘出四条标尺，用来测量某一通道的水平轴上的某一点，垂直轴上某一点的值，或某几点的值的差（Δ），如图5.3所示。

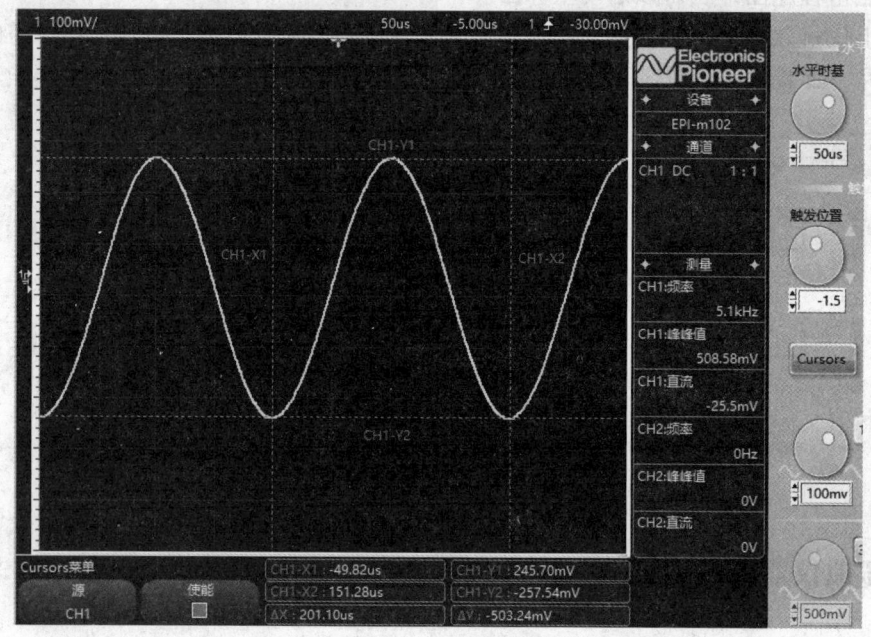

图 5.3 示波器测量

X轴（水平轴）标尺用来度量信号的时间，一般是用 ΔX 来测量信号的周期，上升下降时间等，比如图中 $\Delta X=201$ μs，对应的频率就是 5 kHz。

Y轴（垂直轴）标尺用来度量信号的幅值，比如上图中可以读出信号的最大值是 245.7 mV，最小值是 −257.54 mV，峰峰值即是 $\Delta Y = 503.24$ mV。

缩放功能的作用如图5.4所示。

上半部分为示波器在当前挡位下采得的信号，可以观察到信号的全局。

下半部分为用户选择信号的某一个区间进行放大，可以观察到信号的细节。

缩放功能仅在标准模式下适用。

易派一共有6个测量量显示窗口，每个窗口可以选择各个通道的各个待测量的值：使用鼠标右键点击各个测量窗口，会弹出供选的值（通道可

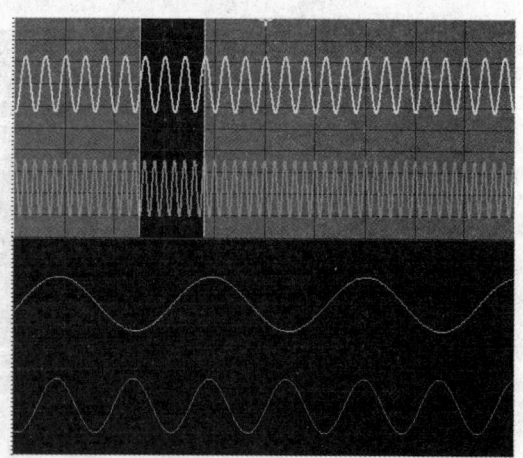

图 5.4 缩放功能

选，待测量也可选）。

电压相关的测量如图 5.5 所示。

时间相关的测量如图 5.6 所示。

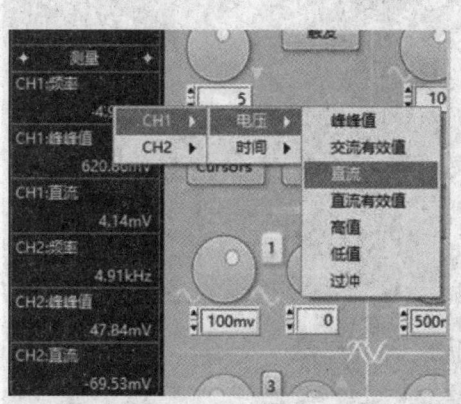

图 5.5 电压相关的测量

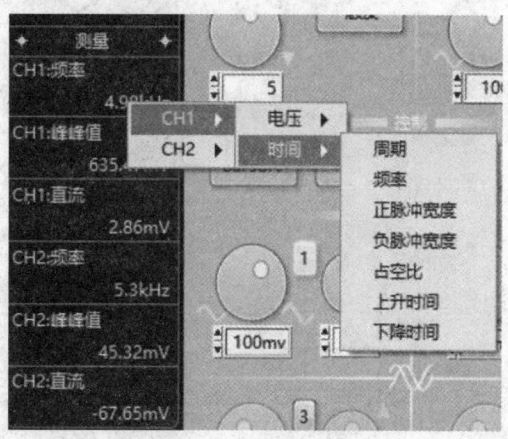

图 5.6 时间相关的测量

5.6.3 信号源的使用

1. 硬件连接

硬件连接如图 5.7 所示。

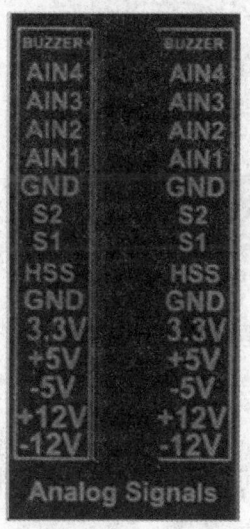

HSS：高速信号源通道

S1：信号源输出通道 1

S2：信号源输出通道 2

图 5.7 硬件连接

2. 虚拟信号源

信号源上需要设定的主要参数：信号类型、信号频率、信号峰峰值、信号直流分量和双通道信号的相对相位，如图 5.8 所示。

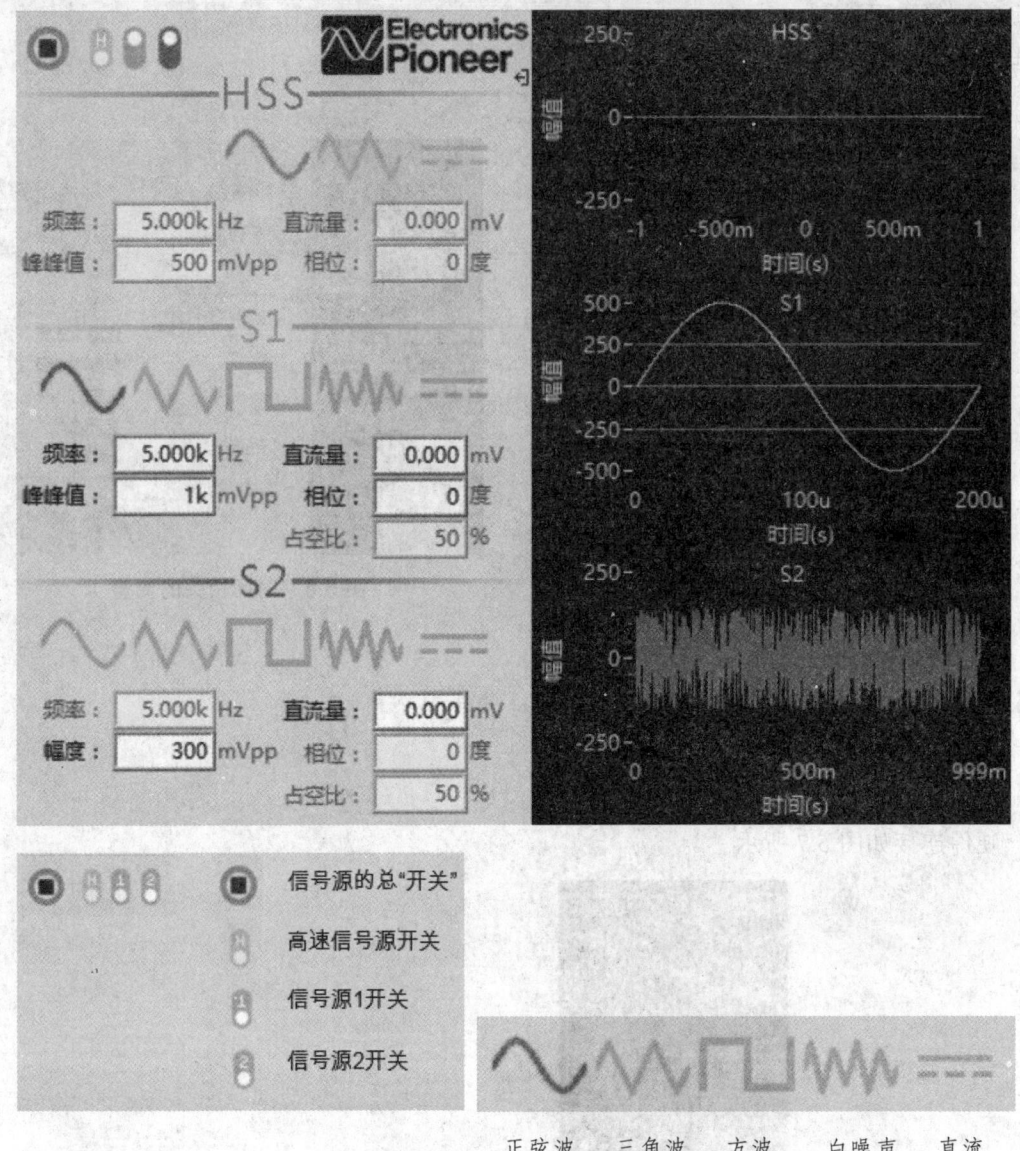

图 5.8 虚拟信号源

注：
① 相位是指两通道信号之间的相对相位关系
② 所有的数据框，除了手动输入数据外，还可以用鼠标中键滚轮来改变数值，根据鼠标光标所在的位置进行数值的递增或递减。

5.6.3 口袋实验室使用注意事项

所有虚拟设备及面包板在实验过程中都必须遵循通用的使用原则：先了解设备，后检查清洁元器件；先直流，后交流，连线要横平竖直，颜色分明；先入后出，先上后下，先正后负；先检查验收无误，后通电测试。

注意：

① 如果是 Win10 系统，不需要安装驱动。

② Ghost 版本的 WinXP 可能会出现驱动安装失败，请在驱动安装里找解决方法。

③ 安装过程中请关闭杀毒软件，例如金山毒霸、360 等，或者选择信任，如果杀毒软件或 Windows 提示未知发布商等信息；接受 NI 的许可证文件。

④ 如果上位机程序有新版本发布，需要升级，请在"程序与功能"中找到 Electronics Pioneer，先卸载旧版本文件，然后安装新版本；注意不需要卸载 NI Labview 相关软件。

⑤ 使用口袋实验室要注意电路设计时要考虑电源电流的限制，以保证实验的顺利开展。

⑥ 实验的成败关键在于硬件电路的链接正确与否。

第二篇　基础训练实验

实验要求

（1）实验前，要求认真预习，完成指定预习任务。
① 认真阅读实验指导书，分析、掌握实验电路的工作原理、目的，并进行必要的估算。
② 完成各实验"预习要求"中指定内容。
③ 熟悉实验任务。
④ 复习实验中所用各仪器设备的使用方法及注意事项。
（2）使用仪器和设备前，必须了解其性能、操作方法及注意事项，使用时应严格遵守。
（3）实验时要认真接线，仔细检查，确定无误后才能接通电源，初次操作或没有把握时应经指导教师审查同意后再接通电源。
（4）模拟电路实验注意事项：
① 在进行小信号放大实验时，由于所用信号发生器及连接电缆的缘故，往往在进入放大器前就出现噪声或不稳定，有些信号源调不到毫伏以下，实验时可采用在放大器输入端加衰减器的方法。一般可用实验箱中的电阻组成衰减器，这样使连接电缆上的信号电平较高，不易受干扰。
② 做放大器实验时如发现波形削顶失真甚至变成方波，应检查静态工作点设置是否合适，或检查输入信号幅值是否过大。
③ 实验时应注意观察，若发现有破坏性异常现象，例如有元件冒烟、发烫或有异味时，应立即关断电源，保持现场，报告指导教师。找出原因，排除故障，经指导教师同意后再继续实验。
④ 实验过程中需改接线路时，应切断电源后才能拆、接线。
（5）数字电路实验注意事项：
① 为了保证数字集成电路正常工作不受损坏，在使用中要遵守以下规定。对于 TTL 集成电路，要注意的有：
　　a. 电源电压为 $+5V\pm0.5V$。过高会使电路损坏，过低会使电路工作不正常。
　　b. 输入端悬空等效于高电平，但悬空时干扰易串入，引起电路误动作。因此集成电路的多余输入端不允许悬空，应根据电路的逻辑要求，接入逻辑高低电平。
　　c. 输出端不允许直接接地或接 $+5V$ 电源。推拉式输出结构的集成电路的输出端之间不允许并接，否则会烧坏电路。

② CMOS 电路在使用上和 TTL 电路相比有两个特点：一是它对电源电压值的范围比较宽，可以从 +5～+18 V；二是它的输入阻抗极高，最怕干扰和静电感应。因此其在使用时除与 TTL 电路注意事项相同外，在调试和使用中还要注意：

a. 为避免损坏电路，电路的输入端禁止悬空，应按其功能接"1"或"0"。

b. 为避免瞬态电压损坏器件，禁止通电下拆装电路。

c. 为防止静电感应，焊接烙铁、测量仪器等必须良好接地。

d. 开机时应该先通电源后加信号，关机时应该先撤信号后断电源。

（6）实验过程中应仔细观察实验现象，认真记录实验结果（数据、波形、现象）。所记录的实验结果需经指导教师审阅签字后再拆除实验线路。

（7）实验结束后，必须切断电源，并将仪器、设备、工具、导线等按规定位置放置。

（8）实验后每个学生必须按要求独立完成实验报告。每个实验结束后，必须及时撰写实验报告。报告内容应包括实验名称、实验目的、实验仪器（注明实验桌号、仪器名称、型号）、实验电路、实验内容和步骤、实验结果及分析、思考题解答以及实验指导书中规定的其他要求，每份实验报告上还要写上实验日期并附有原始记录数据。实验报告要求书写工整，文字通顺，图表和曲线整洁。

第 6 章　基础实验

6.1　模拟电子技术基础实验

实验一　常用电子仪器的使用

一、实验目的

（1）学习电子电路实验中常用的电子仪器——示波器（模拟、虚拟 PC-Oscilloscope、数字、存储）、函数信号发生器（模拟、DDS）、直流稳压电源、频率计（也有和信号发生器集成在一起的）等的主要技术指标、性能及正确使用方法。

（2）通过实际操作初步掌握用示波器观测正弦信号并读取波形参数的方法。

（3）学会使用万用表检测元器件，包括电容、电感、电阻、二极管、三极管、导线等。

（4）学习 Multisim（或其他仿真软件）中与本实验相关器件、虚拟仪器的使用方法。

（5）学会用个人实验设备（口袋实验室）独立完成实验内容。

二、实验指导

根据工作原理及波形图→确定需测试的参数（直流电压、纹波电压或者纹波电压的峰峰值、频率或者周期、上升沿时间、下降沿时间、相位差）→选择器材（电阻、电容、二极管、三极管、示波器、万用表、信号发生器）→确定器材规格参数→连接实验电路→简易检测器材好坏→连接线路→检查线路→测试数据→处理数据→回答问题→编写完成报告。

可以选择公共实验室、仿真实验、口袋实验室进行实验。

三、实验设备

装有 Multisim（或其他仿真软件）电脑。
电工电子三合一综合实验台。
双踪示波器[虚拟示波器（PC-Oscilloscope）、数字存储示波器]。
交流毫伏表（数字万用表）。
直流稳压电源。
口袋实验室、个人电脑、平板、手机。

四、预习要求

（1）熟悉理论知识。
（2）阅读实验附录中有关示波器部分内容。
（3）弄清要测试的数据及相应的测量仪器设备。
（4）已知 $C = 0.01~\mu F$、$R = 10~k\Omega$，计算图 6.2 所示 RC 移相网络的阻抗角 θ。

五、实验原理

在模拟电子电路实验中，经常使用的电子仪器有示波器、函数信号发生器、直流稳压电源、交流毫伏表及频率计等。它们和万用电表一起，可以完成对模拟电子电路的静态和动态工作情况的测试。

实验中要对各种电子仪器进行综合使用，可按照信号流向，以连线简捷、调节顺手、观察与读数方便等原则进行合理布局，各仪器与被测实验装置之间的布局与连接如图 6.1 所示。接线时

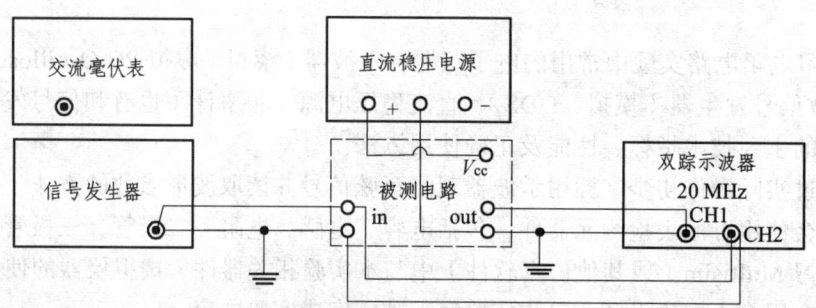

图 6.1 模拟电子电路中常用电子仪器布局图

应注意，为防止外界干扰，各仪器的公共接地端应连接在一起，称共地。信号源和交流毫伏表的引线通常用屏蔽线或专用电缆线，示波器接线使用专用电缆线，直流电源的接线用普通导线。

1. 示波器

示波器是一种用途很广的电子测量仪器，它既能直接显示电信号的波形，又能对电信号进行各种参数（周期、频率、相位差、幅度）的测量。

（1）寻找扫描光迹。将示波器 Y 轴显示方式置"Y1 or CH1"或"Y2 or CH2"，输入耦合方式置"GND"，开机预热后，若在显示屏上不出现光点和扫描基线，可按下列操作去找到扫描线：

① 适当调节亮度旋钮。

② 触发方式开关置"自动"。

③ 适当调节垂直（vertical）、水平（Horizontal）"位移（position）"旋钮，使扫描光迹位于屏幕中央（若示波器设有"寻迹"按键，可按下"寻迹"按键，判断光迹偏移基线的方向）。

（2）双踪示波器一般有五种显示方式，即"Y1 or CH1"、"Y2 or CH2"、"Y1 or CH1 + Y2 or CH2"三种单踪显示方式和"交替 Alternate"、"断续 or chopping"两种双踪显示方式。"交替"显示一般适宜于输入信号频率较高时使用，"断续"显示一般适宜于输入信号频率较底时使用。

（3）为了显示稳定的被测信号波形，"触发源选择"开关一般选为"内"触发，使扫描触发信号取自示波器内部的 Y 通道。

（4）触发（TRIG）方式开关通常先置于"自动 or auto"调出波形后，若被显示的波形不稳定，可置触发方式开关于"常态"，通过调节"触发电平"旋钮找到合适的触发电压，使被测试的波形稳定地显示在示波器屏幕上。

有时，由于选择了较慢的扫描速率，显示屏上将会出现闪烁的光迹，但被测信号的波形不在 X 轴方向左右移动，这样的现象仍属于稳定显示。

（5）适当调节"扫描速率（SWEEP TIME/DIV）"开关及"Y 轴灵敏度（VLOTS/DIV）"开关使屏幕上显示 1~2 个周期的被测信号波形。在测量幅值时，应注意将"Y 轴灵敏度微调"旋钮置于"校准"位置，即顺时针旋到底，且听到关的轻微声音。在测量周期时，应注意将"X 轴扫速度微调"旋钮置于"校准 or CAL"位置，即顺（逆）时针旋到底，且听到关的声音。还要注意"扩展"旋钮的位置。

根据被测波形在屏幕坐标刻度上垂直方向所占的格数（div 或 cm）与"Y 轴灵敏度"开关指示值（v/div）的乘积，即可算得信号幅值的实测值。

根据被测信号波形一个周期在屏幕坐标刻度水平方向所占的格数（div 或 cm）与"扫速"开关指示值（t/div）的乘积，即可算得信号频率的实测值。

根据实验室提供的示波器来使用，可以是普通示波器、虚拟示波器、数字示波器、口袋实验室中的示波器等。

2. 函数信号发生器

函数信号发生器按需要输出正弦波、方波、三角波三种基础信号波形，还可输出其他类型的波形（视不同型号的信号发生器而定）。输出电压最大可达 $20V_{p-p}$。通过输出衰减开关和输出幅度调节旋钮，可使输出电压在毫伏级到伏特级范围内连续调节。函数信号发生器的输出信号频率可以通过频率分挡开关进行调节。

函数信号发生器作为信号源，它的输出端不允许短路。

3. 交流毫伏表

交流毫伏表只能在其工作频率范围之内，用来测量正弦交流电压的有效值。为了防止过载而损坏，测量前一般先把量程开关置于量程较大位置上，然后在测量中逐挡减小量程。

六、实验内容

1. 检查器材

需保证实验用的各种仪器状态良好。

2. 测量并记录

用交流毫伏表（数字万用表）测三极管，并将数据记入表 6.1 中。

表 6.1 数字万用表检测三极管

编号	型号	引脚示意图	挡位	V_{12}	V_{13}	V_{21}	V_{23}	V_{31}	V_{32}	引脚判断			材料	类型	好坏
										1	2	3			
1															
2															
3															

3. 示波器使用

1）测试"校正信号"波形的幅度、频率

将示波器的"校正信号"通过专用电缆线引入选定的 Y 通道（Y1 或 Y2），将 Y 轴输入耦合方式开关置于"AC"或"DC"，触发源选择开关置"内"，内触发源选择开关置"Y1"或"Y2"。调节 X 轴"扫描速率"开关（t/div or sec/div）和 Y 轴"输入灵敏度"开关（V/div），使示波器显示屏上显示出一个或数个周期稳定的方波波形。

（1）校准"校正信号"幅度。

将"Y 轴灵敏度微调"旋钮置"校准"位置，"Y 轴灵敏度"开关置适当位置，读取校正信号幅度，记入表 6.2 中。

表 6.2　校准信号参数的测量

项　目		标称值	实测值
校准信号	幅　度		
	频　率		
	上升沿时间		
	下降沿时间		

注：不同型号示波器标准值有所不同，请按所使用示波器将标准值填入表格中。

（2）校准"校准信号"频率。

将"扫速微调"旋钮置"校准"位置，"扫速"开关置适当位置，读取校正信号周期，记入表 6.2 中。

（3）测量"校准信号"的上升时间和下降时间。

调节"Y 轴灵敏度"开关及微调旋钮，并移动波形，使方波波形在垂直方向上正好居于中心轴，且上、下对称，便于阅读。通过扫速开关逐级提高扫描速度，使波形在 X 轴方向扩展（必要时可以利用"扫速扩展"开关将波形再扩展 10 倍），并同时调节触发电平旋钮，从显示屏上清楚的读出上升时间和下降时间，记入表 6.2 中。

2）用双踪示波器显示测量两波形间的相位关系

（1）按图 6.2 所示连接实验电路。将多功能信号发生器的音频信号输出调节为：频率 $f = 1\,\text{kHz}$，电压幅值 $u_A = 2\,\text{V}$，经 RC（接自 TX083302）移相网络，将此音频信号移相变成频率，电压幅值相同，相位不同的两路信号 u_A 和 u_B 分别接至示波器的 Y_A 和 Y_B 输入端。

（2）将显示方式开关置"交替"挡位，将 CH1 和 CH2 输入耦合方式开关置"⊥"挡位，调节 CH1 和 CH2 的"↑↓"移位旋钮，使两条扫描基线重合，再将 CH1 和 CH2 输入耦合方式开关置"AC"挡位，调节扫描速度开关及 CH1 和 CH2 灵敏度开关的位置，同时将内触发源选择开关拉出，此时在荧光屏上将显示出 u_A 和 u_R 两个相位不同的正弦波，如图 6.3 所示。

$$\theta = \frac{X(\text{div})}{X_T(\text{div})} \times 360°$$

式中：X_T——一周期所占格数；

X——两波形在 X 轴方向差距格数。

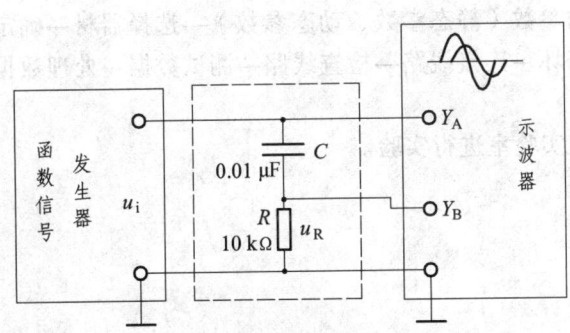

图 6.2　两波形间相位差测量电路

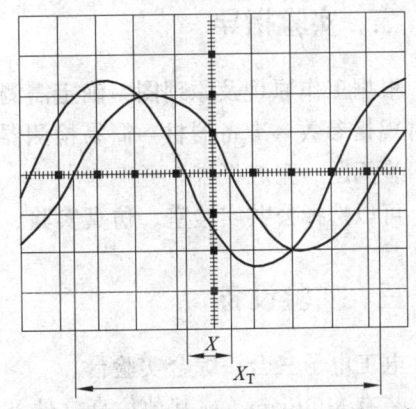

图 6.3　双踪示波器显示两相位不同的正弦波

记录两波形相位差于表 6.3 中。

表 6.3　相位差的测量

X_T	X	θ 实测值	θ 计算值	误差（%）

七、思考题

（1）函数信号发生器有哪几种输出波形？它的输出端能否短接，如用屏蔽线作为输出引线，则屏蔽层一端应该接在哪个接线柱上？

（2）交流毫伏表用于测量正弦波电压还是非正弦波电压？它的表头指示值是被测信号的什么数值？它是否可以用来测量直流电压的大小？

八、实验报告

按要求完成实验报告并进行数据处理。

实验二　晶体管共射极单管放大器

一、实验目的

（1）学会放大器静态工作点的调试方法，分析静态工作点对放大器性能的影响。
（2）掌握放大器电压放大倍数、输入电阻、输出电阻及最大不失真输出电压的测试方法。
（3）分析静态工作点对放大器性能的影响。
（4）熟悉常用电子仪器及模拟电路实验设备的使用。
（5）学习 Multisim（或其他仿真软件）中与本实验相关器件、虚拟仪器的使用方法。
（6）学会用个人实验设备（口袋实验室）独立完成实验内容。

二、实验指导

根据工作原理及原理图→确定需测试的参数（静态参数、动态参数）→选择器材→确定器材规格参数→准备器材→简易检测器材好坏→连接线路→检查线路→测试数据→处理数据→回答问题→完成报告。

可以选择公共实验室、仿真实验、口袋实验室进行实验。

三、实验设备

电工电子三合一综合实验台。
装有 Multisim（或其他仿真软件）电脑。

双踪示波器（虚拟示波器（PC-Oscilloscope）、数字存储示波器）。
交流毫伏表（数字万用表）。
函数信号发生器。
单管/负反馈两级放大器实验板（电子学综合实验板Ⅱ）。
直流稳压电源。
口袋实验室、个人电脑、平板、手机。

四、预习要求

（1）阅读教材中有关单管放大电路的内容并估算实验电路的性能指标。

（2）能否用直流电压表直接测量晶体管的 U_{BE}？为什么实验中要采用测 U_B、U_E，再间接算出 U_{BE} 的方法？

（3）怎样测量 R_{B2} 阻值？

（4）当调节偏置电阻 R_{B2}，使放大器输出波形出现饱和或截止失真时，晶体管的管压降 U_{CE} 怎样变化？

（5）改变静态工作点对放大器的输入电阻 R_i 有否影响？改变外接电阻 R_L 对输出电阻 R_o 有否影响？

（6）在测试 A_V、R_i 和 R_o 时怎样选择输入信号的大小和频率？为什么信号频率一般选 1 kHz，而不选 100 kHz 或更高？

（7）测试中，如果将函数信号发生器、交流毫伏表、示波器中任一仪器的两个测试端子接线换位（即各仪器的接地端不再连在一起），将会出现什么问题？

（8）讨论静态工作点变化对放大器输出波形的影响。

五、实验原理

图 6.4 所示为电阻分压式工作点稳定单管放大器实验电路图。它的偏置电路采用 R_{B1} 和

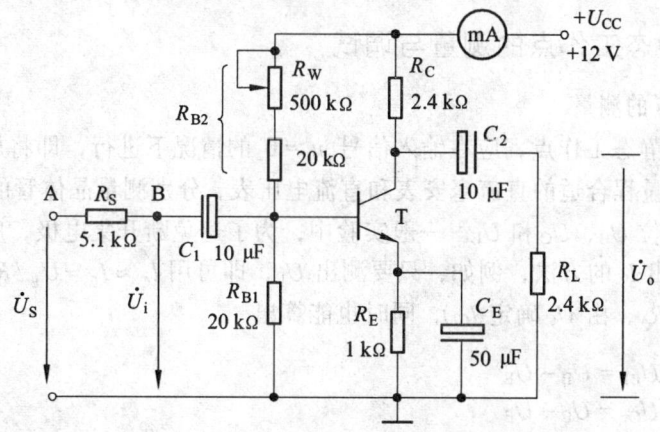

图 6.4 共射极单管放大器实验电路

R_{B2} 组成的分压电路,并在发射极中接有电阻 R_E,以稳定放大器的静态工作点。当在放大器的输入端加入输入信号 u_i 后,在放大器的输出端便可得到一个与 u_i 相位相反,幅值被放大了的输出信号 u_o,从而实现了电压放大。

在图 6.4 所示电路中,当流过偏置电阻 R_{B1} 和 R_{B2} 的电流远大于晶体管 T 的基极电流 I_B 时(一般大 5~10 倍),则它的静态工作点可用下式估算,即

$$U_B \approx \frac{R_{B1}}{R_{B1}+R_{B2}} U_{CC}$$

$$I_E \approx \frac{U_B - U_{BE}}{R_E} \approx I_C$$

$$U_{CE} = U_{CC} - I_C(R_C + R_E)$$

电压放大倍数

$$A_V = -\beta \frac{R_C // R_L}{r_{be}}$$

输入电阻

$$R_i = R_{B1} // R_{B2} // r_{be}$$

输出电阻

$$R_o \approx R_C$$

由于电子器件性能的分散性比较大,因此在设计和制作晶体管放大电路时,离不开测量和调试技术。在设计前应测量所用元器件的参数,为电路设计提供必要的依据;在完成设计和装配以后,还必须测量和调试放大器的静态工作点和各项性能指标。一个优质放大器,必定是理论设计与实验调整相结合的产物。因此,除了学习放大器的理论知识和设计方法外,还必须掌握必要的测量和调试技术。

放大器的测量和调试一般包括:放大器静态工作点的测量与调试,消除干扰与自激振荡及放大器各项动态参数的测量与调试等。

1. 放大器静态工作点的测量与调试

1)静态工作点的测量

测量放大器的静态工作点,应在输入信号 $u_i = 0$ 的情况下进行,即将放大器输入端与地端短接,然后选用量程合适的直流毫安表和直流电压表,分别测量晶体管的集电极电流 I_C 以及各电极对地的电位 U_B、U_C 和 U_E。一般实验中,为了避免断开集电极,所以采用测量电压 U_E 或 U_C,然后算出 I_C 的方法,例如,只要测出 U_E,即可用 $I_C \approx I_E = U_E / R_E$ 算出 I_C(也可根据 $I_C = (U_{CC} - U_C)/R_C$,由 U_C 确定 I_C),同时也能算出

$$U_{BE} = U_B - U_E$$
$$U_{CE} = U_C - U_E$$

为了减小误差,提高测量精度,应选用内阻较高的直流电压表。

2）静态工作点的调试

放大器静态工作点的调试是指对三极管集电极电流 I_C（或 U_{CE}）的调整与测试。静态工作点是否合适，对放大器的性能和输出波形都有很大影响。如工作点偏高，放大器在加入交流信号以后易产生饱和失真，此时 u_o 的负半周将被削底，如图 6.5（a）所示；如工作点偏低则易产生截止失真，即 u_o 的正半周被缩顶（一般截止失真不如饱和失真明显），如图 6.5（b）所示。这些情况都不符合不失真放大的要求。所以在选定工作点以后还必须进行动态调试，即在放大器的输入端加入一定的输入电压 u_i，检查输出电压 u_o 的大小和波形是否满足要求。如不满足，则应调节静态工作点的位置。

改变电路参数 U_{CC}、R_C、R_B（R_{B1}、R_{B2}）都会引起静态工作点的变化，如图 6.6 所示。但通常多采用调节偏置电阻 R_{B2} 的方法来改变静态工作点，如减小 R_{B2}，则可使静态工作点提高等。

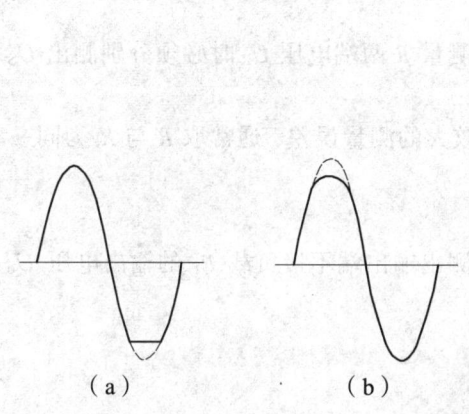
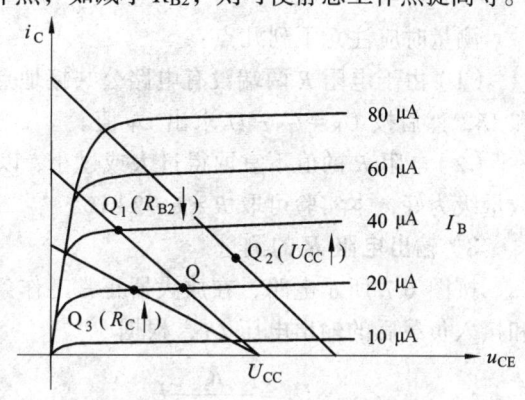

图 6.5 静态工作点对 u_o 波形失真的影响　　　图 6.6 电路参数对静态工作点的影响

最后还要说明的是，上面所说的工作点"偏高"或"偏低"不是绝对的，应该是相对信号的幅度而言，如输入信号幅度很小，即使工作点较高或较低也不一定会出现失真。所以确切地说，产生波形失真是信号幅度与静态工作点设置配合不当所致。如需满足较大信号幅度的要求，静态工作点最好尽量靠近交流负载线的中点。

2. 放大器动态指标测试

放大器动态指标包括电压放大倍数 A_V、增益 G_V、输入电阻 R_i、输出电阻 R_o、最大不失真输出电压（动态范围）U_m 和通频带 f_{BW} 等。

1）电压放大倍数 A_V 及增益 G_V 的测量

调整放大器到合适的静态工作点，然后加入输入电压 u_i，在输出电压 u_o 不失真的情况下，用交流毫伏表测出 u_i 和 u_o 的有效值 U_i 和 U_o（也可用示波器测出的峰峰值代替），则

$$A_V = \frac{U_o}{U_i}, \quad G_V = 20\lg|A_V|$$

2）输入电阻 R_i 的测量

为了测量放大器的输入电阻，按图 6.7 所示电路在被测放大器的输入端与信号源之间串入一已知电阻 R，在放大器正常工作的情况下，用交流毫伏表测出 U_S 和 U_i，则根据输入电阻的定义可得

$$R_\text{i} = \frac{U_\text{i}}{I_\text{i}} = \frac{U_\text{i}}{U_\text{R}/R} = \frac{U_\text{i}}{U_\text{S} - U_\text{i}} R$$

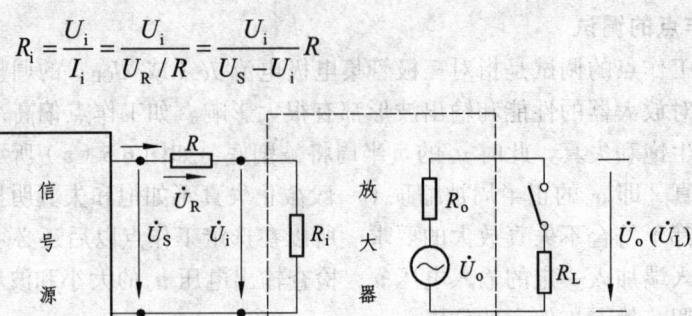

图 6.7　输入、输出电阻测量电路

测量时应注意下列几点：

（1）由于电阻 R 两端没有电路公共接地点，所以测量 R 两端电压 U_R 时必须分别测出 U_S 和 U_i，然后按 $U_\text{R} = U_\text{S} - U_\text{i}$ 求出 U_R 值。

（2）电阻 R 的值不宜取得过大或过小，以免产生较大的测量误差，通常取 R 与 R_i 为同一数量级为好，本实验可取 $R = 1 \sim 2\ \text{k}\Omega$。

3）输出电阻 R_o 的测量

按图 6.7 所示电路，在放大器正常工作条件下，测出输出端不接负载 R_L 的输出电压 U_o 和接入负载后的输出电压 U_L，根据

$$U_\text{L} = \frac{R_\text{s}}{R_\text{o} + R_\text{L}} U_\text{o}$$

即可求出

$$R_\text{o} = \left(\frac{U_\text{o}}{U_\text{L}} - 1\right) R_\text{L}$$

在测试中应注意，必须保持 R_L 接入前后输入信号的大小不变。

4）最大不失真输出电压 U_opp 的测量（最大动态范围）

如上所述，为了得到最大动态范围，应将静态工作点调在交流负载线的中点。为此在放大器正常工作情况下，逐步增大输入信号的幅度，并同时调节 R_W（改变静态工作点），用示波器观察 u_o，当输出波形同时出现削底和缩顶现象（见图 6.8）时，说明静态工作点已调在交流负载线的中点。然后反复调整输入信号，使波形输出幅度最大，且无明显失真时，用交流毫表测出 U_o（有效值），则动态范围等于 $2\sqrt{2}U_\text{o}$，或用示波器直接读出 U_opp。

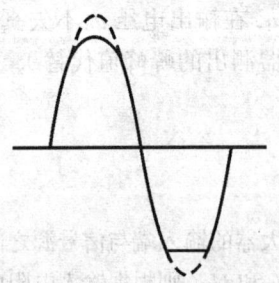

图 6.8　静态工作点正常，输入信号太大引起的失真

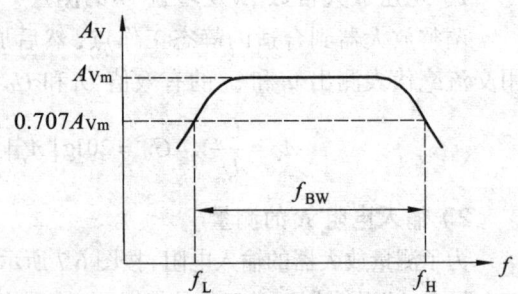

图 6.9　幅频特性曲线图

5）放大器幅频特性的测量

放大器的幅频特性是指放大器的电压放大倍数 A_V 与输入信号频率 f 之间的关系曲线。单管阻容耦合放大电路的幅频特性曲线如图 6.9 所示，A_{Vm} 为中频电压放大倍数，通常规定电压放大倍数随频率变化下降到中频放大倍数的倍，即 $0.707 A_{Vm}$ 所对应的频率分别称为下限频率 f_L 和上限频率 f_H，则通频带

$$f_{BW} = f_H - f_L$$

放大器的幅率特性就是测量不同频率信号时的电压放大倍数 A_V。为此，可采用前述测 A_V 的方法，每改变一个信号频率，测量其相应的电压放大倍数，测量时应注意取点要恰当，在低频段与高频段应多测几点，在中频段可以少测几点。此外，在改变频率时，要保持输入信号的幅度不变，且输出波形不得失真。

6）干扰和自激振荡的消除

（1）选用低噪声的元器件。

选用噪声小的场效应管、双极型超β对管、集成运算器、低漏感电容和金属膜电阻。另外，可加入低噪声前置差动放大器电路。

晶体三极管管脚排列见图 6.10。

（2）合理布线。

放大器输入回路的导线和输出回路、交流电源的导线彼此要分开，不要平行铺设或捆扎在一起，以免相互感应。

（3）屏蔽。

小信号的输入线可以采用具有金属丝外套的屏蔽线，而且外套接地；或者整个输入级用单独金属盒罩起来，外罩接地；电源变压器的初、次级之间加屏蔽层；电源变压器要远离放大器的前级，必要时可以把变压器也用金属盒罩起来，以利隔离。

3DG9011（NPN）
3CG9012（PNP）
3CG9013（NPN）
括号内为三极管的类型

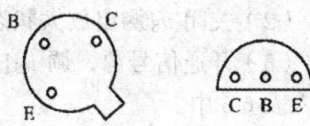

图 6.10 晶体三极管管脚排列

（4）滤波。

为防止电源串入噪声信号，可以在交（直）流电源线的进线处加滤波电路。

（5）选择合理的接地点。

在多级放大器电路中，如果接地处安排不当，也会造成严重的噪声。

六、实验内容

1. 检测元器件

按图 6.4 所示连接电路，先连接直流部分后连接交流部分。这里需要注意的是：为防止干扰，各仪器的公共端必须连在一起。

2. 测量静态工作点

接通电源前，先将 R_W 调到最大，将直流电流表按所示极性串接好，接通 +5 V 电源，调节 R_W，使 $I_C \approx 1$ mA（电流值可从所串接的直流电流表读出）；用直流电压表测量 V_B、V_E、V_C，用万用表测量 R_B 的值，记入表 6.4。

表 6.4　实验数据记录表

状态	V_{CCQ}	V_{CQ}	V_{BQ}	V_{EQ}	I_{BQ}	I_{EQ}	I_{CQ}	V_{CEQ}	条件
饱和									J_e、J_c 正偏
截止									J_e、J_c 反偏
放大									J_e 正偏 J_c 反偏

3. 动态参数的测量

（1）$u_S\uparrow \to u_o\uparrow$ 并失真 → 调 R_{B2} 使 u_o 不失真 → $u_S\uparrow \to u_o\uparrow$ 并失真 → 反复多次直到 R_{B2} 不能再调为止。此时应换 R_{B2}，重复上述过程直到 u_{omaxpp} 不失真。在示波器上测出 u_{omaxpp}、u_{ipp}、u_{Spp} 记入表 6.5 中。（$u_{Spp}=10\sim 30$ mV，$f=1$ kHz）

表 6.5　实验数据记录表

R_S/kΩ	u_{omaxpp}/V	u_{ipp}/V	U_{Spp}/V	A_V	R_i/kΩ

（2）关闭 u_S 测出放大状态下 Q 点。

（3）开通信号源，调 $u_S\downarrow \to$ 使 $u_o\downarrow$，断开 R_L 测出 $u_{o\infty pp}$ 记入表 6.6 中；接通 R_L 测出 u_{oRLpp} 记入表 6.6 中。

表 6.6　实验数据记录表

R_L/kΩ	$u_{o\infty pp}$/V	u_{oRLpp}/V	R_o/kΩ

4. 观察 Q 点对 A_V 及波形失真的影响

七、思考题

（1）电路处于正常放大状态的必要条件有哪些？如何才能实现三极管处于截止或者饱和状态？通过调整哪些元件的参数可以实现？

（2）列表整理测量结果，并把实测的静态工作点、电压放大倍数、输入电阻、输出电阻之值与理论计算值比较（取一组数据进行比较），分析产生误差原因。

（3）总结 R_C、R_L 及静态工作点对放大器电压放大倍数、输入电阻、输出电阻的影响。

（4）分析讨论在调试过程中出现的问题。

（5）为何不能用万用表测量 u_s、u_i 和 u_o 的有效值？

八、实验报告

按要求完成实验报告并进行数据处理。

九、附仿真实验过程

（1）启动 Multisim 软件。
（2）电路操作界面的设置。

如果是初次使用 Multisim10 软件，需要将电气元件的符号设置为 DIN 标准。电路窗口的大小，采用默认值即可。

（3）编辑原理图。

这是电路仿真中非常重要的步骤。基本原则：左入（绿）右出（兰），上正（红）下负（黑），横平竖直，颜色分明。只要对元器件库熟悉，才能准确、快速地找到所需的电路元件，特别说明在软件中电容的微法单位为 μF（实际中对应于 μF）。在晶体管共射极单管放大器电路中，所需要的器件有：直流电源 + 12 V、交流信号源、电解电容、电阻、三极管、示波器、波特表、探针等。

在元件库中找到需要的元器件，编辑电路图，如图 6.11 所示。

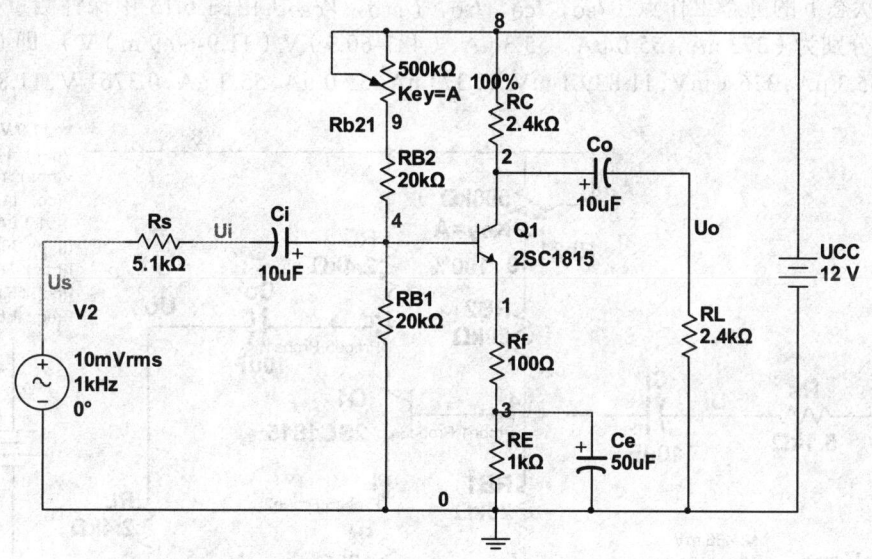

图 6.11 晶体三极管放大器电路图

（4）电路仿真。

用测量探针测量所需电压、电流等参数，示波器观察输入电压和输出电压的波形，用波特表观察频率特性。

① 测三态（饱和、放大、截止）静态工作点。

饱和状态下的静态工作点（I_{BQ}，I_{CQ}，I_{EQ}，U_{BEQ}，V_{CEQ}）由图 6.12 中探针测量数据中的 dc 值读出分别为（164 μA，3.35 mA，3.51 mA，(4.36-3.86) V，(3.96-3.86) V），即（164 μA，

3.35 mA，3.51 mA，0.50 V，0.10 V）。

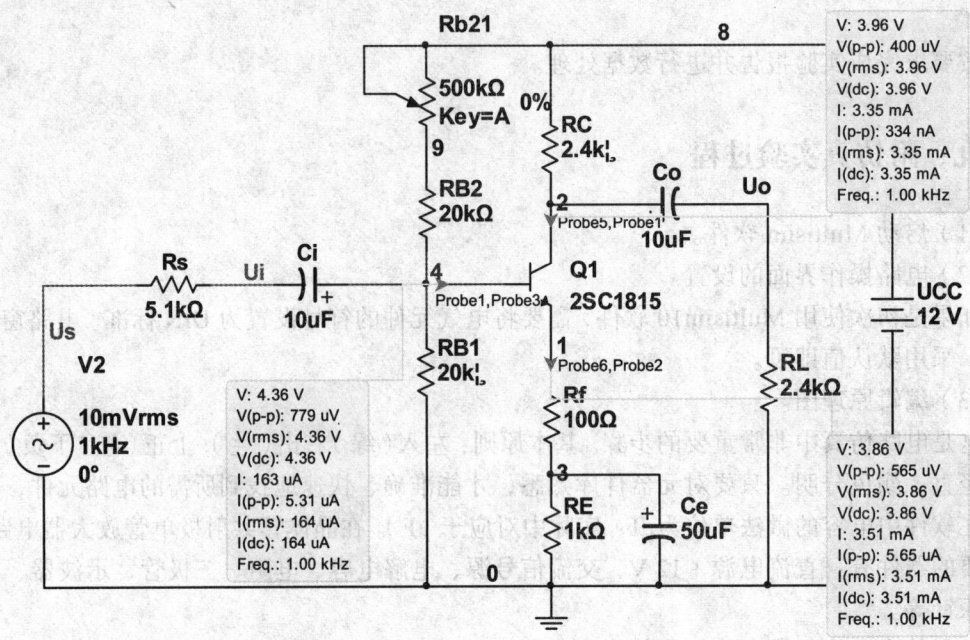

图 6.12　晶体三极管放大器饱和状态下探针测试结果

截止状态下的静态工作点（I_{BQ}，I_{CQ}，I_{EQ}，U_{BEQ}，V_{CEQ}）由图 6.13 中探针测量数据中的 dc 值读出分别为（373 nA，55.0 μA，55.3 μA，(437-60.9) V，(11.9-60.9 m) V），即（373 nA，55.0 μA，55.3 μA，376.1 mV，11 839.1 mV），(373 nA，55.0 μA，55.3 μA，0.376 1 V，11.839 1 V）。

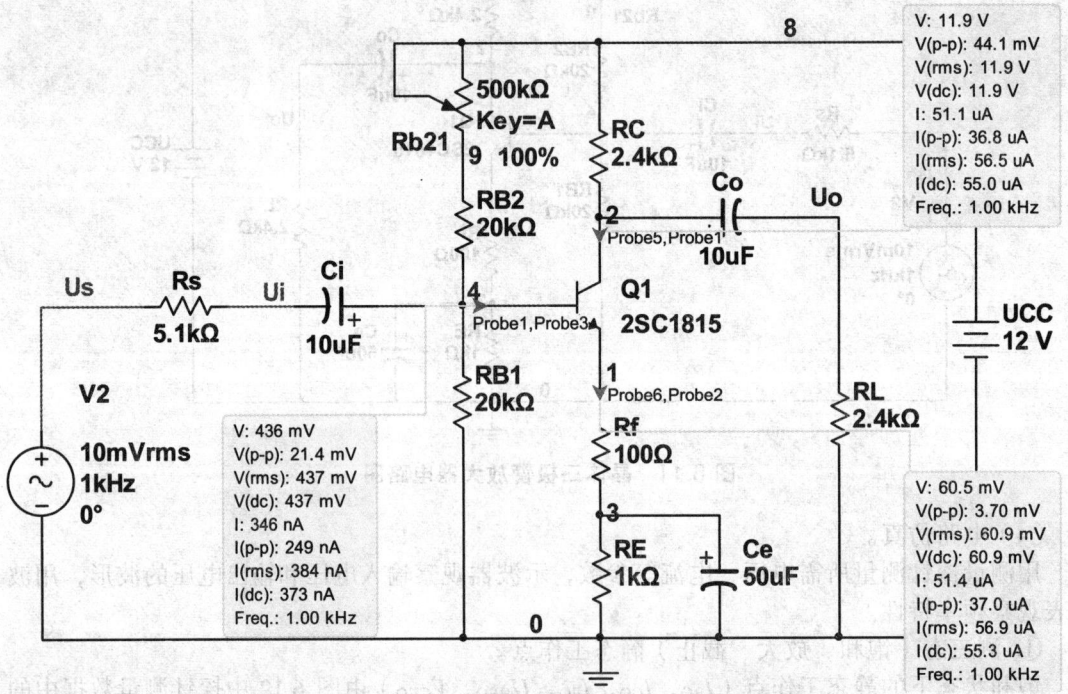

图 6.13　晶体三极管放大器截止状态下探针测试结果

放大状态下的静态工作点（I_{BQ}，I_{CQ}，I_{EQ}，U_{BEQ}，V_{CEQ}）由图 6.14 中探针测量数据中的 dc 值读出分别为（13.2 μA，1.67 mA，1.68 mA，(2.32−1.85) V，(8.00−1.85) V），即（13.2 μA，1.67 mA，1.68 mA，0.47 V，6.15 V）。

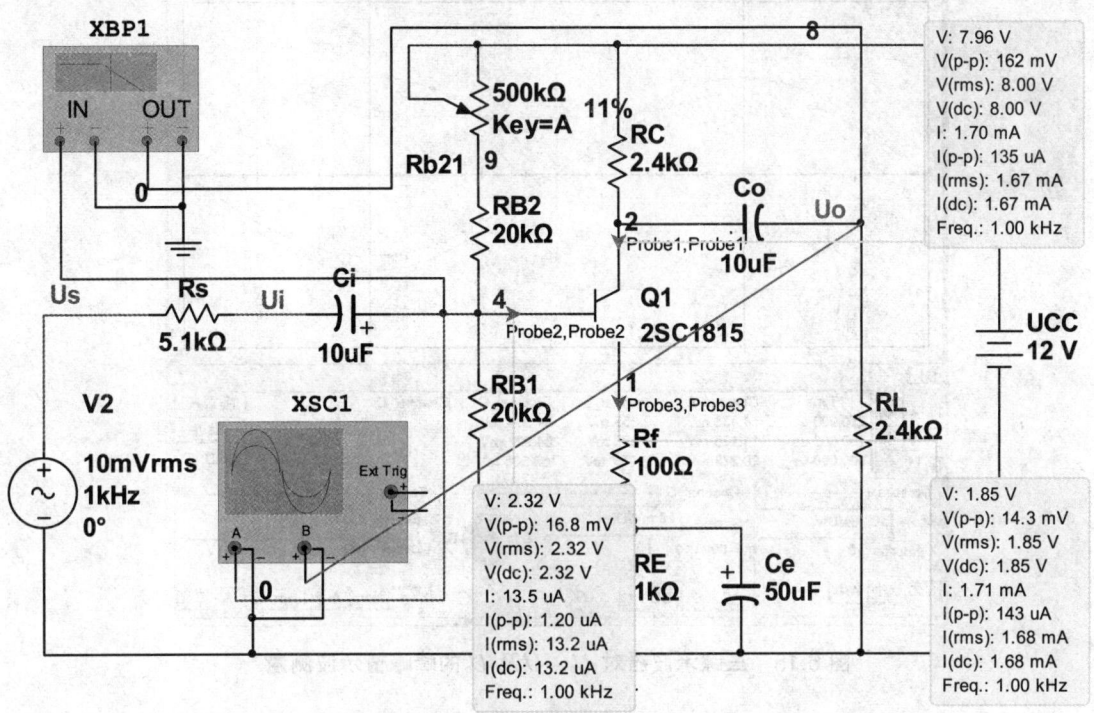

图 6.14　晶体三极管放大器放大状态探针测试结果

② 放大状态交流参数的测量。

通过仿真三极管工作在放大区，可测出放大状态下的交流参数。

直流参数如下：

U_C=8.00 V，U_B=2.32 V，U_E=1.85 V；满足 $U_C > U_B > U_E$，三极管工作在放大状态。

U_{CEQ}=8.00 − 1.85=6.15 V，U_{BEQ}=2.32 − 1.85=0.47 V，$I_E \approx I_C$ = 1.68 mA

动态参数如下：见图 6.17 中 U_s、U_i 及 U_o 的探针测量。

$R_i = U_i / I_i = U_{ipp}/I_{ipp}$

=16.7 mV/2.27 μA=7.356 828 194 kΩ（探针 Probe2 测量）

=16.7×5.1 kΩ/(28.3 − 16.7)=7.342 241 379 kΩ（探针 Probe2 测量）

=16.757×5.1/(28.273 − 16.757) kΩ=7.421 040 292 kΩ（示波测量）

根据回路电压定律，对于输出回路，在负载为 2.4 kΩ 和 1.2 kΩ 情况下测得两组电流电压值，通过数学推导，得出输出阻抗为：

$R_o = (U_{RL1} − U_{RL2})/(I_{RL2} − I_{RL1}) = (U_{RL1pp} − U_{RL2pp})/(I_{RL2pp} − I_{RL1pp})$

=(170−114) mV/(95.0 − 70.8) μA=2.314 049 587 kΩ（探针法测量）

$R_o = (U_{RL1} − U_{RL2})/(U_{RL2}/R_{L2} − U_{RL1}/R_{L1}) = (U_{RL1pp} − U_{RL2pp})/(U_{RL2pp}/R_{L2} − U_{RL1pp}/R_{L1})$

=(169.905 − 114.08)/(114.008/1.2 − 169.905/2.4)=2.305 587 582 kΩ 示波法测量。

两种测量方法误差源于什么？请同学们考虑。

三踪示波器对 U_s、U_i 及 U_o 的峰峰值示波测量见图 6.15 和图 6.16。

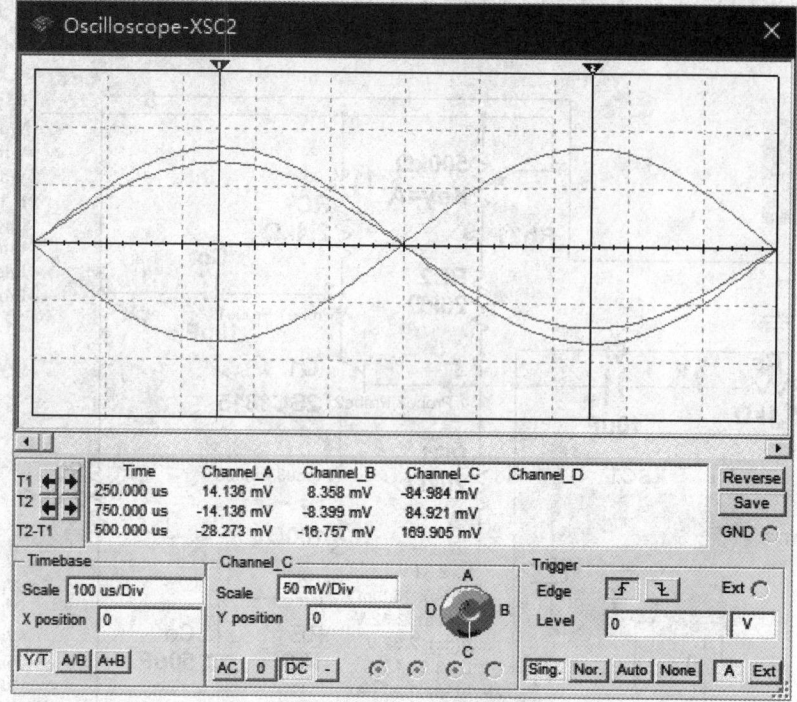

图 6.15　三踪示波器对 U_s、U_i 及 U_o 的峰峰值示波测量

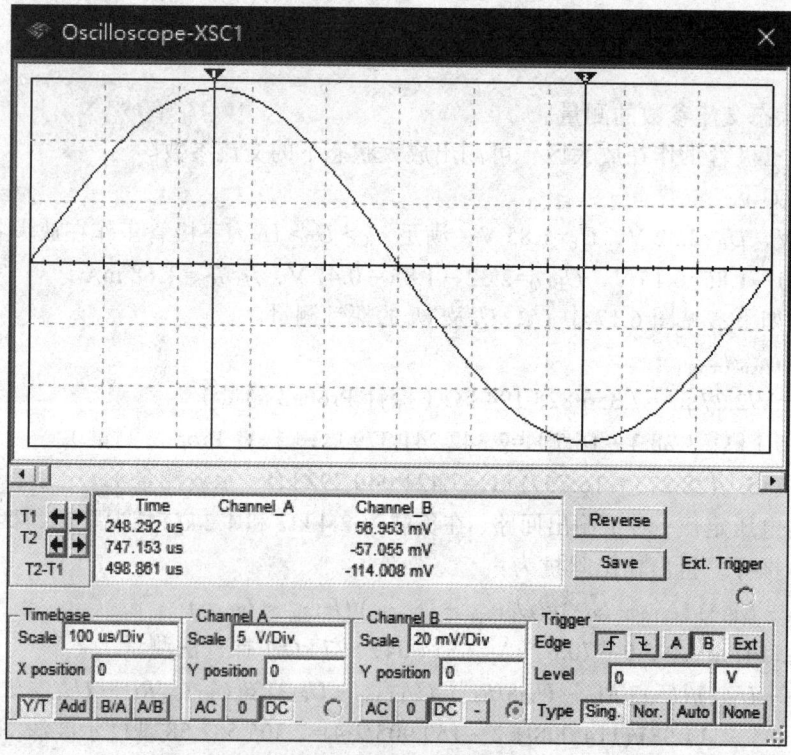

图 6.16　如何测峰峰值

A 通道接的 U_s 信号，B 通道接的 U_s 信号 U_i，C 通道接的 U_o 信号。

从图 6.17 中可以看出探针 Probe3、Probe1、Probe2 分别测 U_s、U_i、U_o 信号。

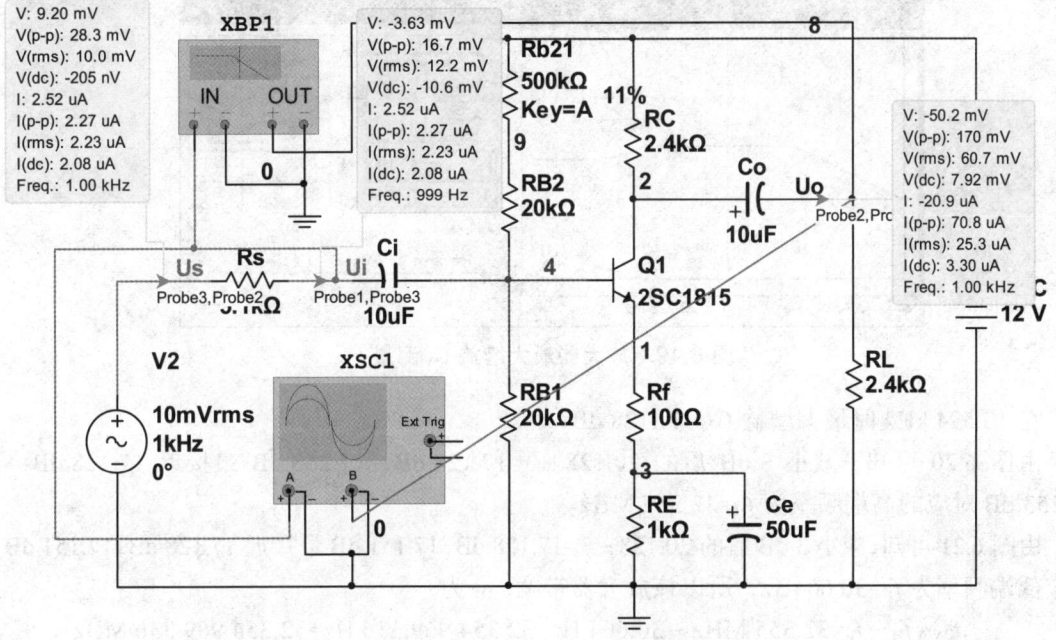

图 6.17　U_s、U_i 及 U_o 的探针测量

由图 6.18 可知，电压放大倍数 $A_V = U_o/U_i = -85.010/8.374 = -10.1516599$ 倍

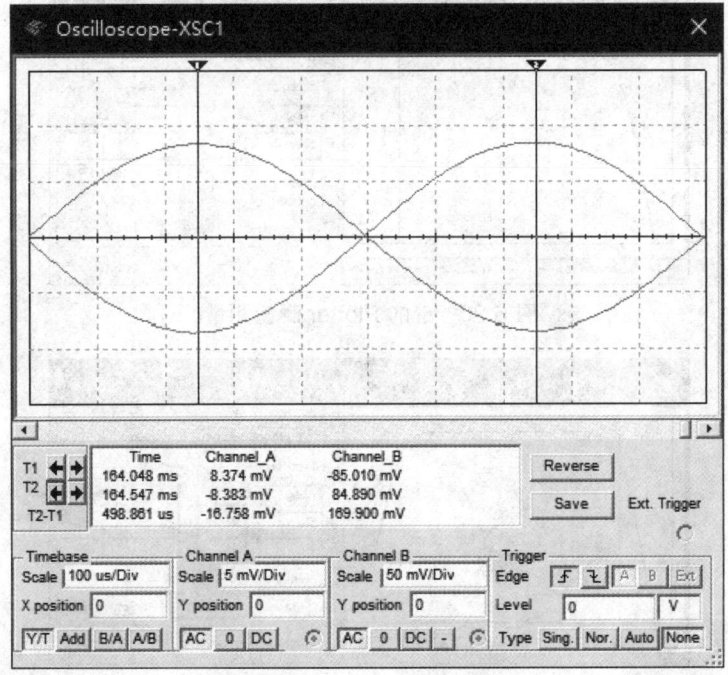

图 6.18　A_V 的示波测量

由图 6.19 可知电压增益 G_V=20.130 7 dB。

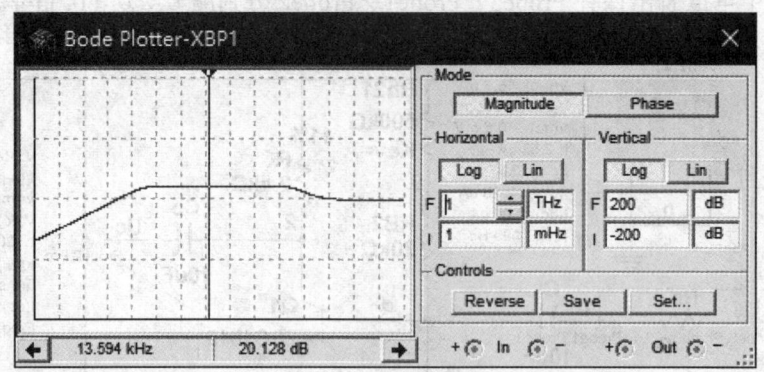

图 6.19　放大器最大增益 G_V 测量

在 13.594 kHz 时最大增益 G_V=20.128 dB

由图 6.20 可知，减小 3 dB 后的 20.128 − 3=17.128 dB，17.253 dB 最接近 17.128 dB，17.253 dB 对应的高端频率为 f_H=32.355 MHz。

由图 6.21 可知，减小 3 dB 后的 20.128 − 3=17.128 dB，17.151 dB 最接近 17.128 dB，17.151 dB 对应低端频率为 f_L=30.664 Hz，所以该放大器带宽 f_{BW} 为：

f_{BW}=f_H − f_L=32.355 MHz − 30.664 Hz=32 354 969.336 Hz=32.354 969 336 MHz

如何调整带宽？可否在 CB 之间接一个反馈电容。通过调节容量大小，从而调整放大器的带宽？为何不能用万用表测量输入输出信号的有效值？

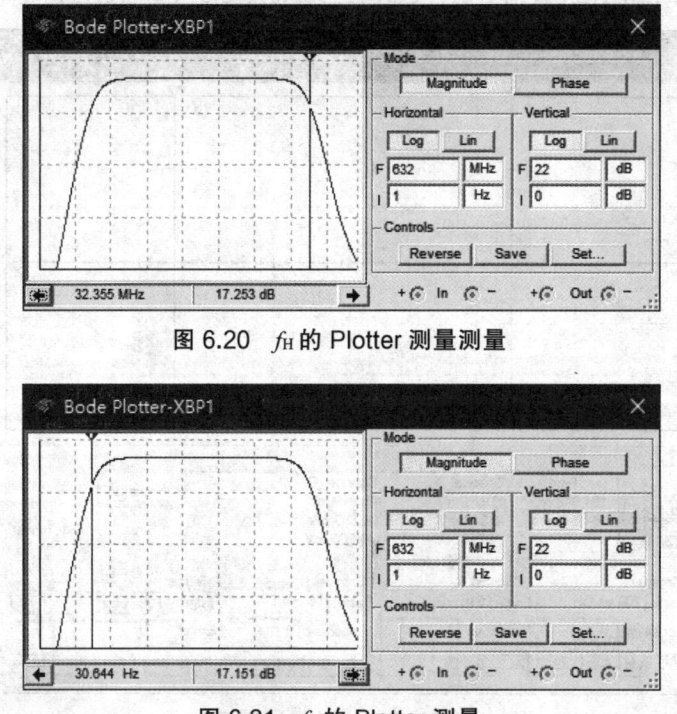

图 6.20　f_H 的 Plotter 测量测量

图 6.21　f_L 的 Plotter 测量

实验三　场效应管共源放大电路

一、实验目的

（1）了解结型场效应管的性能、特点及主要参数。
（2）进一步熟悉放大器动态参数的测试方法。
（3）学习 Multisim（或其他仿真软件）中与本实验相关器件、虚拟仪器的使用方法。
（4）学会用个人实验设备（口袋实验室）独立完成实验内容。

二、实验指导

根据工作原理及接线图→确定需测试的参数（静态参数、动态参数）→选择器材→确定器材规格参数→准备器材→简易检测器材好坏→连接线路→检查线路→测试数据→处理数据→回答问题→完成报告。

可以选择公共实验室、仿真实验、口袋实验室进行实验。

三、实验设备

电工电子三合一综合实验台。
双踪示波器（虚拟示波器（PC-Oscilloscope）、数字存储示波器）。
多功能信号发生器。
交流毫伏表（数字万用表）。
直流稳压电源。
电子学综合实验板Ⅱ。
装有 Multisim（或其他仿真软件）电脑。
口袋实验室、个人电脑、平板、手机。

四、预习要求

（1）复习有关场效应管的部分内容，并分别用图解法与计算法估算管子的静态工作点（根据实验电路参数），求出工作点处的跨导 g_m。
（2）场效应管放大器输入回路的电容 C_1 为什么可以取得小一些（可以取 $C_1 = 0.1\ \mu\text{F}$）？
（3）在测量场效应管静态工作电压 U_{GS} 时，能否用直流电压表直接并在 G、S 两端测量？为什么？
（4）为什么测量场效应管输入电阻时要用测量输出电压的方法？

五、实验原理

场效应管是一种电压控制型器件。按结构可分为结型和绝缘栅型两种类型。由于场效应管栅源之间处于绝缘或反向偏置,所以输入电阻很高(一般可达上百兆欧)又由于场效应管是一种多数载流子控制器件,因此热稳定性好、抗辐射能力强、噪声系数小,加之制造工艺较简单,便于大规模集成,因此得到越来越广泛的应用。

1. 结型场效应管的特性和参数

场效应管的特性主要有输出特性和转移特性。图 6.22 所示为 N 沟道结型场效应管 3DJ6F 的输出特性和转移特性曲线。其直流参数主要有饱和漏极电流 I_{DSS},夹断电压 U_P 等;交流参数主要有低频跨导,即

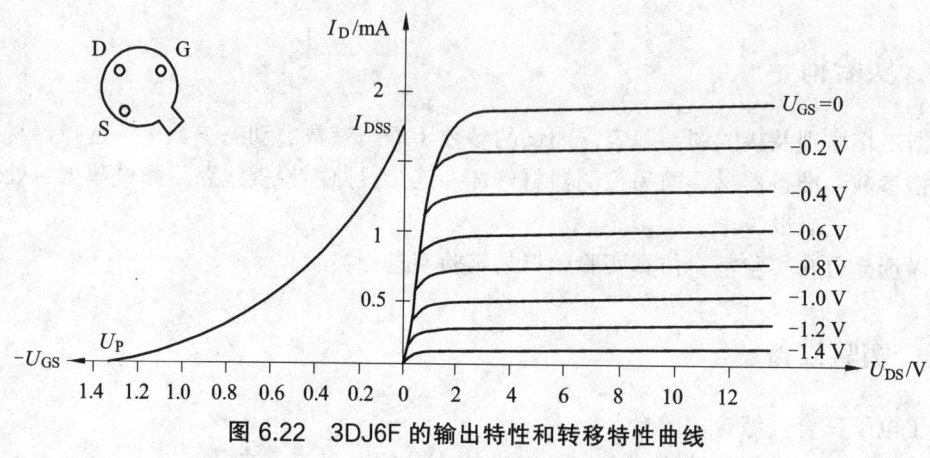

图 6.22 3DJ6F 的输出特性和转移特性曲线

$$g_m = \frac{\Delta I_D}{\Delta U_{GS}}\bigg|_{U_{DS}} = 常数$$

表 6.7 列出了 3DJ6F 的典型参数值及测试条件。

表 6.7 3DJ6F 的典型参数值及测试条件

参数名称	饱和漏极电流 I_{DSS}/mA	夹断电压 U_P/V	跨导 g_m/(μA/V)
测试条件	U_{DS} = 10 V U_{GS} = 0 V	U_{DS} = 10 V I_{DS} = 50 μA	U_{DS} = 10 V I_{DS} = 3 mA f = 1 kHz
参数值	1~3.5	<|−9|	>100

2. 场效应管放大器性能分析

图 6.23 所示为结型场效应管组成的共源级放大电路。其静态工作点

$$U_{GS} = U_G - U_S = \frac{R_{g1}}{R_{g1} + R_{g2}} U_{DD}$$

$$I_D = I_{DSS}\left(1 - \frac{U_{GS}}{U_P}\right)^2$$

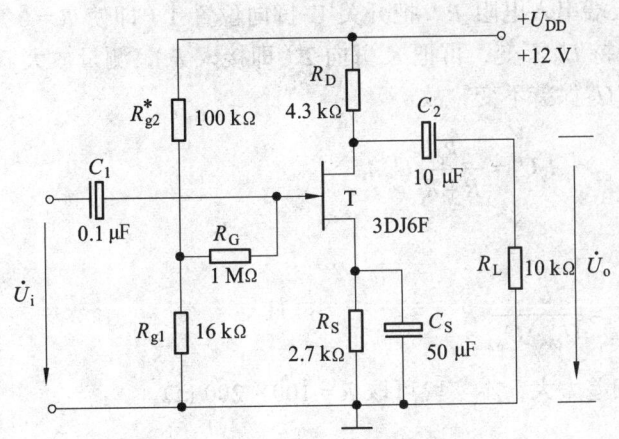

图 6.23　结型场效应管共源级放大器

中频电压放大倍数

$$A_V = -g_m R'_L = -g_m R_D /\!/ R_L$$

输入电阻

$$R_i = U_o/U_i = R_G + R_{g1} /\!/ R_{g2}$$

输出电阻

$$R_o \approx R_D$$

跨导 g_m 可由特性曲线用作图法求得，或用公式计算，即

$$g_m = -\frac{2I_{DSS}}{U_P}\left(1-\frac{U_{GS}}{U_P}\right)$$

但要注意的是，计算时 U_{GS} 要用静态工作点处的数值。

3. 输入电阻的测量方法

场效应管放大器的静态工作点、电压放大倍数和输出电阻的测量方法，与实验二中晶体管放大器的测量方法相同。其输入电阻的测量，从原理上讲，也可采用实验二中所述方法，但由于场效应管的 R_i 比较大，如直接测输入电压 U_S 和 U_i，则限于测量仪器的输入电阻有限，必然会带来较大的误差。因此，为了减小误差，常利用被测放大器的隔离作用，通过测量输出电压 U_o 来计算输入电阻。测量电路如图 6.24 所示。

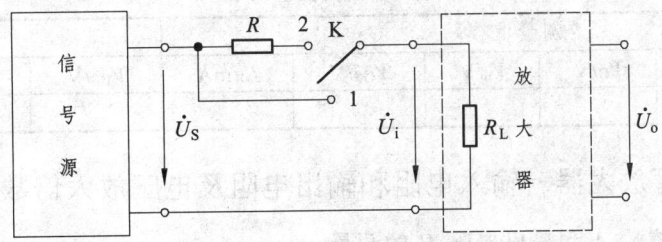

图 6.24　输入电阻测量电路

在放大器的输入端串入电阻 R，把开关 K 掷向位置 1（即使 $R=0$），测量放大器的输出电压 $U_{o1}=A_V U_S$；保持 U_S 不变，再把 K 掷向 2（即接入 R），测量放大器的输出电压 U_{o2}。由于两次测量中 A_V 和 U_S 保持不变，故

$$U_{o2}=A_V U_i=\frac{R_i}{R+R_i}U_S A_V$$

由此可以求出

$$R_i=\frac{U_{o2}}{U_{o1}-U_{o2}}R$$

式中：R 和 R_i 不应相差太大，本实验可取 $R=100\sim 200\ \mathrm{k\Omega}$。

六、实验内容

1. 检查器材

需保证实验用的各种仪器状态良好。

2. 静态工作点的测量和调整

（1）按表 6.8 所列出的结型场效应管 3DJ6F 的典型参数值及测试条件、用图示仪测量实验中所使用的结型场效应管的特性曲线及参数，并记录下来备用。

表 6.8　3DJ6F 典型参数

参数名称	I_{DSS}/mA	U_P/V	$G_m/(\mu\mathrm{A/V})$
测试条件	$V_{DS}=10\ \mathrm{V}$ $V_{GS}=0\ \mathrm{V}$	$V_{DS}=10\ \mathrm{V}$ $I_{DS}=50\ \mathrm{A}$	$V_{DS}=10\ \mathrm{V}$ $I_{DS}=3\ \mathrm{mA}$ $f=1\ \mathrm{kHz}$
参数值	$1\sim 3.5$	$<\|-9\|$	>100

（2）按图 6.23 所示电路连接好此单结场效应管放大器。

（3）接通 +5 V 直流电源，仔细调整 R_W，对照前面用图示仪所测并记录下来的 3DJ6F 特性曲线，检查静态工作点是否在特性曲线放大区的中间部分，通过细调 R_W 来确定适当的静态工作点。然后将此时的一系列静态直流参数记入表 6.9。

表 6.9　实验记录表

测量值							计算值		
V_G/V	V_S/V	V_D/V	V_o/V	V_{GS}/V	I_D/mA		V_{DS}/V	V_{GS}/V	I_D/mA

3. 场效应管放大器、输入电阻和输出电阻及电压放大倍数的测量

1）电压放大倍数 A_V 和输出电阻 R_o 的测量

用信号源在放大器 A 点输入 $f=1\ \mathrm{kHz}$，$V_i=10\sim 100\ \mathrm{mV}$ 的正弦信号，用示波器监测输出

电压 V_o 的波形。在输出电压 V_o 不失真的条件下,用交流毫伏表分别测量 $R_L = \infty$（即输出端没有接负载）和 $R_L = 2.7\ \text{k}\Omega$（即输出端加上 $R = 2.7\ \text{k}\Omega$ 负载）时的 V_o 值,将其记入表 6.10。

表 6.10　实验记录表

	测量值				计算值		V_i、V_o 的波形
	V_i/V	V_o/V	A_V	$R_o/\text{k}\Omega$	A_V	$R_o/\text{k}\Omega$	
$R_L = \infty$							
$R_L = 2.7\ \text{k}\Omega$							

注：① 这里输出电阻 R_o 及电压放大倍数 A_V 都是通过测量 V_i、V_o、V_L,将其代入公式计算出来的。

② $R_o = \left(\dfrac{V_o}{V_L} - 1 \right) R_L$,$V_o$ 是 $R_L = \infty$ 时的测量值,V_L 是 $R_L = 2.7\ \text{k}\Omega$ 时的测量值。

③ $A_V = \dfrac{V_L}{V_i}$。

注意：在做这种测量时,应保证 V_o 不失真,V_i 值不变。

用示波器同时观察 V_i 和 V_o 的波形,特别注意一下它们的幅值大小及相位关系,将其描绘及记录在表 6.10 中。

2）输入电阻 R_i 的测量

（1）由于场效应管的输入电阻 R_i 很大,如直接用交流毫伏表测输入电压 V_S 和 V_i,限于交流毫伏表的输入阻抗不是很高,它有可能小于场效应管放大器的输入电阻 R_i,这样必然带来较大的误差。故一般利用被测放大器的隔离作用,通过测量 V_o 来计算 R_i。测量电路如图 6.12 所示,这里 R 值选取不要与 R_i 相差太大,一般取 $R = 100 \sim 200\ \text{k}\Omega$。

（2）如图 6.12 所示,选择适当大小的输入电压 V_S（约 $50 \sim 100\ \text{mV}$）,先将开关 K 拨向 "1" 的位置,用交流毫伏表测得 V_{o1},然后再将开关 K 拨向 "2" 的位置,测得 V_{o2},将测得的数据计算的结果一并记入表 6.11。

表 6.11　实验数据记录表

测量值			计算值
V_{o1}/V	V_{o2}/V	$R_i/\text{k}\Omega$	$R_i/\text{k}\Omega$

注：R_i 测量的原理是这样的,首先应该说明它是一种间接的测量方法,最后通过计算来算出 R_i 值。

如图 6.24 所示,当 K 拨向 1 时,R 未接入,$V_i = V_S$,$V_{o1} = A_r V_S$；保持 V_S 值不变。当 K 拨向 2 时,有

$$V_{o2} = A_V \cdot V_i = A_V \cdot \frac{V_S}{R + R_i} \cdot R_i = A_r \cdot V_S \cdot \frac{R_i}{R + R_i}$$

$$V_{o1} = A_V \cdot V_S \tag{6.1}$$

$$V_{o2} = A_V \cdot V_S \cdot \frac{R_i}{R + R_i} \tag{6.2}$$

将式（6.1）代入式（6.2），得

$$R_i = \frac{V_{o2}}{V_{o1} - V_{o2}} \cdot R$$

式中：V_{o1}、V_{o2} 均是通过交流毫伏表测量得到的值，而 R 又是已知的电阻值，这样 R_i 就通过测量和计算间接求出。

七、思考题

（1）整理实验数据，将测得的 A_V、R_i、R_o 和理论计算值进行比较。
（2）把场效应管放大器与晶体管放大器进行比较，总结场效应管放大器的特点。
（3）分析测试中的问题，总结实验收获。

八、实验报告

按要求完成实验报告并进行数据处理。

实验四　负反馈放大器

一、实验目的

（1）加深理解放大电路中引入负反馈的方法和负反馈对放大器各项性能指标的影响。
（2）学习 Multisim（或其他仿真软件）中与本实验相关器件、虚拟仪器的使用方法。
（3）学会用个人实验设备（口袋实验室）独立完成实验内容。

二、实验指导

根据工作原理及波形图→确定需测试的参数（静态参数、动态参数、通频带、上限频率、下限频率）→选择器材→确定器材规格参数→准备器材→简易检测器材好坏→连接线路→检查线路→测试数据→处理数据→回答问题→完成报告。

可以选择公共实验室、仿真实验、口袋实验室进行实验。

三、实验设备

电工电子三合一综合实验台。

双踪示波器(虚拟示波器(PC-Oscilloscope)、数字存储示波器)。
多功能信号发生器。
交流毫伏表(数字万用表)。
直流稳压电源。
单管/负反馈两级放大器实验板。
装有 Multisim(或其他仿真软件)电脑。
口袋实验室、个人电脑、平板、手机。

四、预习要求

(1)复习教材中有关负反馈放大器的内容。
(2)按图 6.25 所示实验电路估算放大器的静态工作点(取 $\beta_1 = \beta_2 = 100$)。
(3)怎样把负反馈放大器改接成基本放大器?为什么要把 R_f 并接在输入和输出端?
(4)估算基本放大器的 A_V、R_i 和 R_o;估算负反馈放大器的 A_{Vf}、R_{if} 和 R_{of},并验算它们之间的关系。

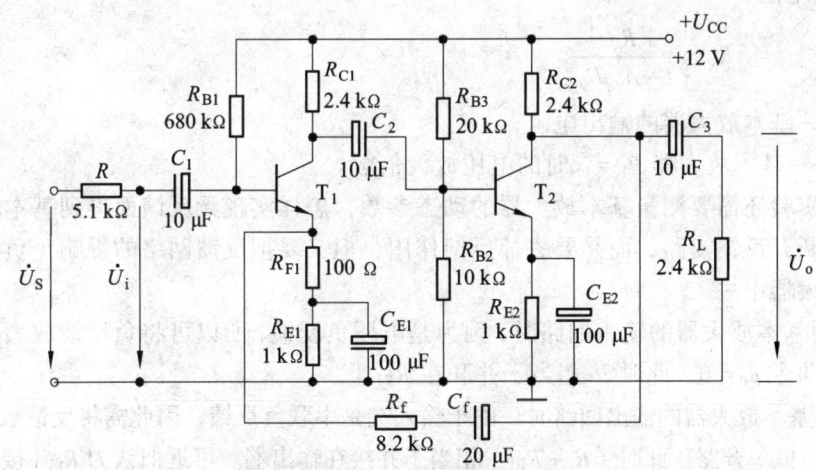

图 6.25 带有电压串联负反馈的两级阻容耦合放大器

(5)如按深负反馈估算,则闭环电压放大倍数 A_{Vf} 的计算值和测量值是否一致?为什么?
(6)如输入信号存在失真,能否用负反馈来改善?
(7)怎样判断放大器是否存在自激振荡?如何进行消振?

五、实验原理

负反馈在电子电路中有着非常广泛的应用,虽然它使放大器的放大倍数降低,但能在多方面改善放大器的动态指标,如稳定放大倍数,改变输入、输出电阻,减小非线性失真和展宽通频带等。因此,几乎所有的实用放大器都带有负反馈。

负反馈放大器有四种组态,即电压串联、电压并联、电流串联和电流并联。本实验以电压串联负反馈为例,分析负反馈对放大器各项性能指标的影响。

（1）图 6.25 所示为带有负反馈的两级阻容耦合放大电路，在电路中通过 R_f 把输出电压 u_o 引回到输入端，加在晶体管 T_1 的发射极上，在发射极电阻 R_{F1} 上形成反馈电压 u_f。根据反馈的判断法可知，它属于电压串联负反馈。

① 闭环电压放大倍数

$$A_{Vf} = \frac{A_V}{1 + A_V F_V}$$

式中：$A_V = U_o/U_i$——基本放大器（无反馈）的电压放大倍数，即开环电压放大倍数；

$1 + A_V F_V$——反馈深度，它的大小决定了负反馈对放大器性能改善的程度。

反馈系数

$$F_V = \frac{R_{F1}}{R_f + R_{F1}}$$

② 输入电阻

$$R_{if} = (1 + A_V F_V) R_i$$

式中：R_i——基本放大器的输入电阻。

③ 输出电阻

$$R_{of} = \frac{R_o}{1 + A_{Vo} F_V}$$

式中：R_o——基本放大器的输出电阻；

A_{Vo}——基本放大器 $R_L = \infty$ 时的电压放大倍数。

（2）本实验还需要测量基本放大器的动态参数，怎样实现无反馈而得到基本放大器呢？不能简单地断开反馈支路，而是要去掉反馈作用，但又要把反馈网络的影响（负载效应）考虑到基本放大器中去。

① 在画基本放大器的输入回路时，因为是电压负反馈，所以可将负反馈放大器的输出端交流短路，即令 $u_o = 0$，此时 R_f 相当于并联在 R_{F1} 上。

② 在画基本放大器的输出回路时，由于输入端是串联负反馈，因此需将反馈放大器的输入端（T_1 管的射极）开路，此时（$R_f + R_{F1}$）相当于并接在输出端。可近似认为 R_f 并接在输出端。

根据上述规律，就可得到所要求的如图 6.26 所示的基本放大器。

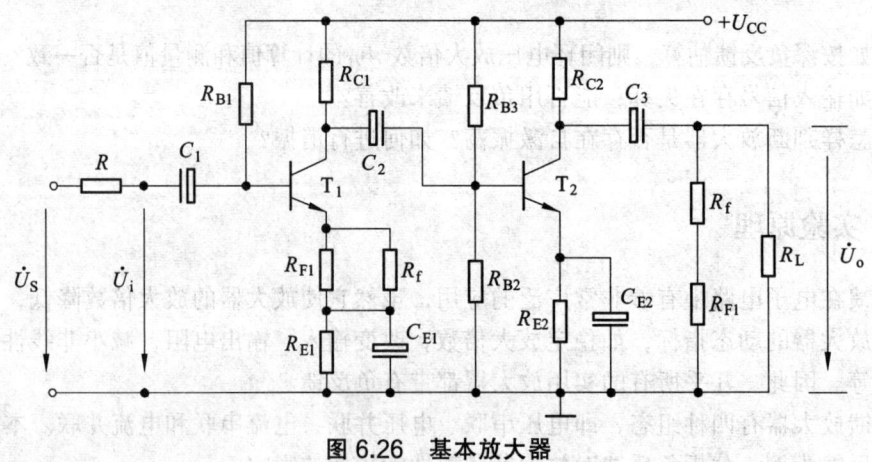

图 6.26 基本放大器

六、实验内容

1. 检查器材

需保证实验用的各种仪器状态良好。

2. 测量静态工作点

按图 6.25 所示连接实验电路，取 $U_{CC} = +12$ V，$U_i = 0$，用直流电压表分别测量第一级、第二级的静态工作点，并记入表 6.12。

表 6.12 实验记录表

测量位置	U_B/V	U_E/V	U_C/V	I_C/mA
第一级				
第二级				

3. 测试基本放大器的各项性能指标

将实验电路按图 6.26 改接，即把 R_f 断开后分别并在 R_{F1} 和 R_L 上，其他连线不动。

1）测量中频电压放大倍数 A_V，输入电阻 R_i 和输出电阻 R_o

（1）以 $f = 1$ kHz，U_S 约 5 mV 的正弦信号输入放大器，用示波器监视输出波形 u_o，在 u_o 不失真的情况下，用交流毫伏表测量 U_S、U_i、U_L，记入表 6.13。

表 6.13 实验记录表

	U_S/mV	U_i/mV	U_L/V	U_o/V	A_V	R_i/kΩ	R_o/kΩ
基本放大器							
负反馈放大器	U_S/mV	U_i/mV	U_L/V	U_o/V	A_{Vf}	R_{if}/kΩ	R_{of}/kΩ

（2）保持 U_S 不变，断开负载电阻 R_L（注意 R_f 不要断开），测量空载时的输出电压 U_o，记入表 6.13。

2）测量通频带

接上 R_L，保持 U_S 不变，然后增加和减小输入信号的频率，找出上、下限频率 f_H 和 f_L，记入表 6.14。

表 6.14 实验记录表

	f_L/kHz	f_H/kHz	Δf/kHz
基本放大器			
负反馈放大器	f_{Lf}/kHz	f_{Hf}/kHz	Δf_f/kHz

4. 测试负反馈放大器的各项性能指标

将实验电路恢复为图 6.25 所示的负反馈放大电路。适当加大 U_S（约 10 mV），在输出波形不失真的条件下，测量负反馈放大器的 A_{vf}、R_{if} 和 R_{of}，记入表 6.13；测量 f_{Hf} 和 f_{Lf}，记入表 6.14。

5. 观察负反馈对非线性失真的改善

（1）实验电路改接成基本放大器形式，在输入端加入 $f=1\ \text{kHz}$ 的正弦信号，输出端接示波器，逐渐增大输入信号的幅度，使输出波形开始出现失真，记下此时的波形和输出电压的幅度。

（2）再将实验电路改接成负反馈放大器形式，增大输入信号幅度，使输出电压幅度的大小与（1）中相同，比较有负反馈时，输出波形的变化。

七、思考题

（1）将基本放大器和负反馈放大器动态参数的实测值和理论估算值列表进行比较。
（2）根据实验结果，总结电压串联负反馈对放大器性能的影响。

八、实验报告

按要求完成实验报告并进行数据处理。

实验五　射极跟随器

一、实验目的

（1）掌握三极管射极跟随器的特性及测试方法。
（2）进一步学习放大器各项参数的测试方法。
（3）学习 Multisim（或其他仿真软件）中与本实验相关器件、虚拟仪器的使用方法。
（4）学会用个人实验设备（口袋实验室）独立完成实验内容。

二、实验指导

根据工作原理及波形图→确定需测试的参数（静态参数、动态参数）→选择器材→确定器材规格参数→准备器材→简易检测器材好坏→连接线路→检查线路→测试数据→处理数据→回答问题→完成报告。

可以选择公共实验室、仿真实验、口袋实验室进行实验。

三、实验设备

电工电子三合一综合实验台。
双踪示波器（虚拟示波器（PC-Oscilloscope）、数字存储示波器）。
多功能信号发生器。
交流毫伏表（数字万用表）。
直流稳压电源。
射极跟随器实验板。
装有 Multisim（或其他仿真软件）电脑。
口袋实验室、个人电脑、平板、手机。

四、预习要求

（1）复习射极跟随器的工作原理。
（2）根据图 6.28 所示的元件参数值估算静态工作点，并画出交、直流负载线。

五、实验原理

射极跟随器的原理图如图 6.27 所示。它是一个电压串联负反馈放大电路，它具有输入电阻高，输出电阻低，电压放大倍数接近于 1，输出电压能够在较大范围内跟随输入电压作线性变化以及输入、输出信号同相等特点。

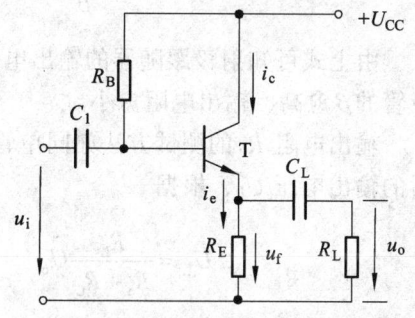

图 6.27 射极跟随器（射极跟随器的输出取自发射极，故称其为射极输出器）

1. 输入电阻 R_i

由图 6.28 所示电路得

$$R_i = r_{be} + (1 + \beta)R_E$$

如考虑偏置电阻 R_B 和负载 R_L 的影响，则

$$R_i = R_B // [r_{be} + (1 + \beta)(R_E // R_L)]$$

由上式可知，射极跟随器的输入电阻 R_i 比共射极单管放大器的输入电阻 $R_i = R_B // r_{be}$ 要高得多，但由于偏置电阻 R_B 的分流作用，输入电阻难以进一步提高。

输入电阻的测试方法同单管放大器，实验线路如图 6.28 所示。即只要测得 A、B 两点的对地电位即可计算出 R_i。

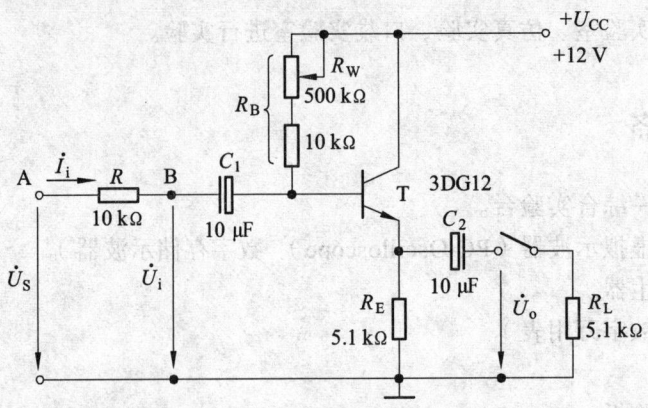

图 6.28 射极跟随器实验电路

2. 输出电阻 R_o

由图 6.27 所示电路得

$$R_o = \frac{r_{be}}{\beta} // R_E \approx \frac{r_{be}}{\beta}$$

如考虑信号源内阻 R_S，则

$$R_o = \frac{r_{be} + (R_S // R_B)}{\beta} // R_E \approx \frac{r_{be} + (R_S // R_B)}{\beta}$$

由上式可知射极跟随器的输出电阻 R_o 比共射极单管放大器的输出电阻 $R_o \approx R_C$ 低得多。三极管的 β 愈高，输出电阻愈小。

输出电阻 R_o 的测试方法亦同单管放大器，即先测出空载输出电压 U_o，再测接入负载 R_L 后的输出电压 U_L，根据

$$U_L = \frac{R_L}{R_o + R_L} U_o$$

即可求出 R_o，有

$$R_o = \left(\frac{U_o}{U_L} - 1\right) R_L$$

3. 电压放大倍数

$$A_V = \frac{(1+\beta)(R_E // R_L)}{r_{be} + (1+\beta)(R_E // R_L)} \leqslant 1$$

上式说明射极跟随器的电压放大倍数小于近于 1，且为正值，这是深度电压负反馈的结果。但它的射极电流仍比基流大（$1+\beta$）倍，所以它具有一定的电流和功率放大作用。

4. 电压跟随范围

电压跟随范围是指射极跟随器输出电压 u_o 跟随输入电压 u_i 作线性变化的区域。当 u_i 超过

一定范围时，u_o 便不能跟随 u_i 作线性变化，即 u_o 波形产生了失真。为了使输出电压 u_o 正、负半周对称，并充分利用电压跟随范围，静态工作点应选在交流负载线中点，测量时可直接用示波器读取 u_o 的峰-峰值，即电压跟随范围；或用交流毫伏表读取 u_o 的有效值，则电压跟随范围

$$U_{op\text{-}p} = 2\sqrt{2}U_o$$

六、实验内容

1. 检查器材

按图 6.28 所示电路连接好一个三极管射极跟随器电路。

2. 三极管射极跟随器直流工作点的调整

接通 +5 V[旧 +15 V]直流电源，用信号源在 B 点加入 $f=1$ kHz 正弦波信号 u_i，用示波器观测三极管发射极的电压波形，反复调整 R_W（1 MΩ）及信号源的输出幅度，在调整过程中，在示波器上获得一个最大而又不失真的波形，然后置 $u_i = 0$。用直流电压表测量三极管 9013 各电极对地电位（即 u_E、u_B、u_C），将其数值记入表 6.15。

表 6.15 实验数据记录

u_E/V	u_B/V	u_C/V	$I_C \approx U_E/R_e$/mA	V_{CEQ}/V

注：在后面的各项测试及实验过程中，应始终保持 R_W 不变，即 I_B 不变，也即保证该三极管射极跟随器的直流工作点不变。

3. 测量电压放大倍数 A_V

将开关 K 合上，加上该放大器负载 $R_L = 2.7$ kΩ，用信号源在 B 点加入 $f = 1$ kHz 的正弦波信号 u_i，不断调节输入信号 u_i 的电压幅度，用示波器观测 u_{Lo}，在 u_{Lo} 最大且不失真情况下，用交流毫伏表测 u_i、u_L 值，并将其记入表 6.16。

表 6.16 实验数据记录表

u_{ipp}/V	u_{Lopp}/V	$A_V = u_o/u_i$

4. 测量输出电阻 R_o

将开关 K 合上或打开，使该放大器分别处于有载和空载两个状态（负载 $R_L = 1$ kΩ），用信号源在 B 点加入 $f = 1$ kHz，$u_i = (0.1 \sim 0.5)$ V 的正弦波信号，用示波器监测输出波形，用交流毫伏表分别测出有载和空载两个状态下的 u_L 与 u_o 值。并将其代入输出电阻计算公式，算出 R_o 值，一并记入表 6.17（空载为 u_o，有载为 u_L）。

表 6.17　实验数据记录表

u_{opp}/V	u_{RLpp}/V	$R_o = \left(\dfrac{u_{opp}}{u_{RLpp}} - 1\right) R_L$/kΩ

5. 测量输入电阻 R_i

使用信号源从 A 点送入 $f = 1$ kHz 的正弦波信号 u_S，用示波器监测输出波形，用交流毫伏表分别测出 A、B 点对地的电位 u_S、u_i，记入表 6.18。

表 6.18　实验数据记录表

U_{Spp}/V	u_{ipp}/V	$R_i = \dfrac{u_{ipp}}{u_{Spp} - u_{ipp}} \cdot R_i$/kΩ

6. 测试跟随特性

将开关 K 合上，加上该放大器负载 $R_L = 1$ kΩ，用信号源在 B 点加入 $f = 1$ kHz 正弦波信号 u_i，保持 f 不变，逐渐增大 u_i 幅度，用示波器监视输出波形，在输出最大且不失真的情况下，用交流毫伏表测量对应的 u_i、u_L 值，将其记入表 6.19。

表 6.19　实验数据记录表 $R_L = 1$ kΩ，$f = 1$ kHz

u_{ipp}/V						
u_{opp}/V						

注：表 6.19 中为逐渐增大 u_i 幅度而记下的 6 个 u_i 数值及所对应的 6 个 u_L 数值。

7. 测试该三极管射极跟随器的频率响应特性

用信号源输入信号 $u_i = (0.1 \sim 0.2)$ V，并保持 u_i 幅度不变，改变输入信号频率，注意选择频率点，达到测出幅频特性曲线的目的，至少要选取 10 个以上频率点，输出电压 $u_L = U_{omax}$，用示波器监视输出波形，在输出波形不失真的情况下，用交流毫伏表测量不同频率下所对应的输出电压 u_L 值，并将其记入 6.20 表幅频特性测量记录表。

表 6.20　表幅频特性测量记录表

u_i/V									
f/kHz									
u_L/V									
A_V									
$G_V = 20\lg A_V$									

七、思考题

(1) 为什么射极跟随器有时叫共集电极放大器,也叫阻抗变器?
(2) 如果输入阻抗还不够高,有什么办法进一步提高?
(3) 负载电阻 R_L 的大小对射极输出器的跟随范围和放大器的输入电阻有何影响?
(4) 如何测量频率特性?画出频率特性曲线图。

八、实验报告

按要求完成实验报告并进行数据处理。

实验六　差分放大电路

一、实验目的

(1) 熟知差动放大器的性能及特点。
(2) 学习差动放大器主要性能指标的测试方法。
(3) 学习 Multisim(或其他仿真软件)中与本实验相关器件、虚拟仪器的使用方法。
(4) 学会用个人实验设备(口袋实验室)独立完成实验内容。

二、实验指导

根据工作原理及波形图→确定需测试的参数(静态参数、动态参数)→选择器材→确定器材规格参数→准备器材→简易检测器材好坏→连接线路→检查线路→测试数据→处理数据→回答问题→完成报告。

可以选择公共实验室、仿真实验、口袋实验室进行实验。

三、实验设备

电工电子三合一综合实验台。
双踪示波器(虚拟示波器(PC-Oscilloscope)、数字存储示波器)。
多功能信号发生器。
交流毫伏表(数字万用表)。
直流稳压电源。

差分放大器实验板。

装有 Multisim（或其他仿真软件）电脑。

口袋实验室、个人电脑、平板、手机。

四、预习要求

（1）根据实验电路参数，估算典型差动放大器和具有恒流源的差动放大器的静态工作点及差模电压放大倍数（取 $\beta_1 = \beta_2 = 100$）。

（2）测量静态工作点时，放大器输入端 A、B 与地应如何连接？

（3）实验中怎样获得双端和单端输入差模信号？怎样获得共模信号？画出 A、B 端与信号源之间的连接图。

（4）怎样进行静态调零点？用什么仪表测 U_o？

（5）怎样用交流毫伏表测双端输出电压 U_o？

五、实验原理

图 6.29 所示是差动放大器的基本结构。它由两个元件参数相同的基本共射放大电路组成。当开关 K 拨向左边时，构成典型的差动放大器。调零电位器 R_p 用来调节 T_1、T_2 管的静态工作点，使得输入信号 $U_i = 0$ 时，双端输出电压 $U_o = 0$。R_E 为两管共用的发射极电阻，它对差模信号无负反馈作用，因而不影响差模电压放大倍数；但对共模信号有较强的负反馈作用，故可以有效地抑制零漂，稳定静态工作点。

当开关 K 拨向右边时，构成具有恒流源的差动放大器。它用晶体管恒流源代替发射极电阻 R_E，可以进一步提高差动放大器抑制共模信号的能力。

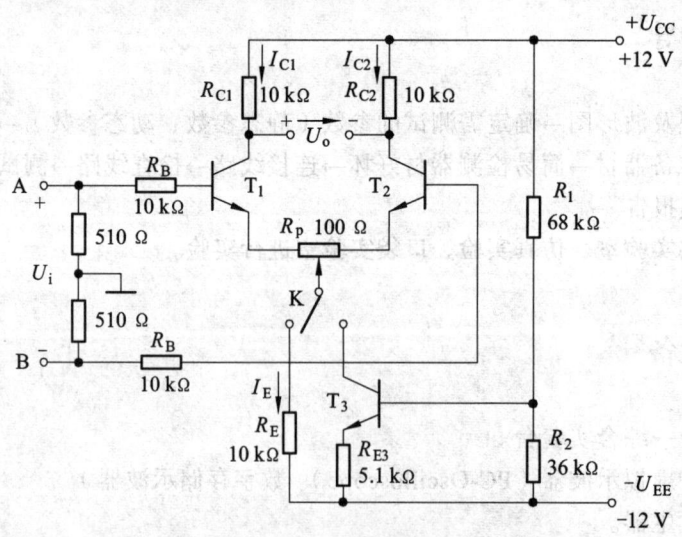

图 6.29　差动放大器实验电路

1. 静态工作点的估算

典型电路

$$I_E \approx \frac{|U_{EE}| - U_{BE}}{R_E} \quad (\text{认为 } U_{B1} = U_{B2} \approx 0)$$

$$I_{C1} = I_{C2} = \frac{1}{2} I_E$$

恒流源电路

$$I_{C3} \approx I_{E3} \approx \frac{\dfrac{R_2}{R_1 + R_2}(U_{CC} + |U_{EE}|) - U_{BE}}{R_{E3}}$$

$$I_{C1} = I_{C1} = \frac{1}{2} I_{C3}$$

$$I_{C1} = I_{C1} = \frac{1}{2} I_{C3}$$

2. 差模电压放大倍数和共模电压放大倍数

当差动放大器的射极电阻 R_E 足够大，或采用恒流源电路时，差模电压放大倍数 A_d 由输出端方式决定，而与输入方式无关。

双端输出：$R_E = \infty$，R_p 在中心位置时，有

$$A_d = \frac{\Delta U_o}{\Delta U_i} = -\frac{\beta R_C}{R_B + r_{be} + \frac{1}{2}(1+\beta)R_p}$$

单端输出

$$A_{d1} = \frac{\Delta U_{C1}}{\Delta U_i} = \frac{1}{2} A_d$$

$$A_{d2} = \frac{\Delta U_{C2}}{\Delta U_i} = -\frac{1}{2} A_d$$

当输入共模信号时，若为单端输出，则有

$$A_{c1} = A_{c2} = \frac{\Delta U_{c1}}{\Delta U_i} = \frac{-\beta R_C}{R_B + r_{be} + (1+\beta)\left(\dfrac{1}{2}R_p + 2R_E\right)} \approx -\frac{R_C}{2R_E}$$

$$A_{c1} = A_{c2} = \frac{\Delta U_{c1}}{\Delta U_i} = \frac{-\beta R_C}{R_B + r_{be} + (1+\beta)\left(\dfrac{1}{2}R_p + 2R_E\right)} \approx -\frac{R_C}{2R_E}$$

若为双端输出,在理想情况下有

$$A_c = \frac{\Delta U_o}{\Delta U_i} = 0$$

实际上由于元件不可能完全对称,因此 A_c 也不会绝对等于零。

3. 共模抑制比 CMRR

为了表征差动放大器对有用信号(差模信号)的放大作用和对共模信号的抑制能力,通常用一个综合指标来衡量,即共模抑制比,有

$$CMRR = \left|\frac{A_d}{A_c}\right| \text{ 或 } CMRR = 20\lg\left|\frac{A_d}{A_c}\right| dB$$

差动放大器的输入信号可采用直流信号也可采用交流信号。本实验由函数信号发生器提供频率 $f = 1$ kHz 的正弦信号作为输入信号。

六、实验内容

1. 检查器材

按图 6.29 所示电路连接实验电路。

2. 典型差动放大器性能测试

1)测量静态工作点

(1) 调节放大器零点。

按图 6.29 所示电路接好一个典型的差动放大器。

K 拨向 1 端,将 A、B 端短接,而后接通 ±15 V 直流电源,用直流电压表监测输出电压 V_o,调节 R_W 使 $V_o = 0$ V。注意:调节 R_W 应仔细,力求准确($V_0 = V_{C1} - V_{C2}$)。

(2) 测量静态工作点。

用直流电压表测三极管 T_1、T_2 各极电位及 R_e 两端电压 V_{Re},将其记入表 6.21。

表 6.21 实验数据记录表

	V_{C1}/V	V_{b1}/V	V_{e1}/V	V_{C2}/V	V_{b2}/V	V_{e2}/V
测量值						
计算值	I_C/mA			I_e/mA		V_{Re}/V

2）测量差模电压放大倍数

（1）先断开±15 V 直流电源，采用差动输入（即双端输入）方式，调节多功能信号源，使 $f=1$ kHz，信号源输出幅度为零，用示波器监视差动放大器输出端，即 T_1、T_2 的集电极 C_1、C_2 与地之间（这里指的是单端输出）。

（2）接通±15 V 直流电源，逐渐增大信号源输出幅度，使 V_i 约为 100 mV，在输出波形无失真的情况下，用交流毫伏表测 V_i、V_{C1}、V_{C2}，并记入表 6.22 中。注意观察 V_i、V_{C1}、V_{C2} 之间的相位关系及 V_{Re} 随 V_i 改变而变化的情况。

表 6.22 实验数据记录表

	典型差动放大电路		具有恒流源差动放大电路	
	双端输入	共模输入	双端输入	共模输入
V_i	100 mV	1 V	100 mV	1 V
V_{C1}/V				
V_{C2}/V				
$A_D = V_C/V_i$		/		/
$A_C = V_o/V_i$	/		/	
CMRR = A_d/A_c				

注：当用毫伏表或示波器在观测 V_i 时，如出现一些干扰，那是由于输入浮地造成，可分别测 A、B 两点对地间的电压，两者之差即为 V_i。

3）测量共模电压放大倍数

（1）将 A、B 短接，使信号源直接接在短接点与地之间，构成共模输入方式。

（2）调节输出信号，使其 $f=1$ kHz，$V_i=1$ V，将此信号送入差动放大器。

（3）用示波器观测输出电压，在无失真的情况下，用交流毫伏表测 V_{C1}、V_{C2} 的值，将其记入表 6.22，并观察 V_i、V_{C1}、V_{C2} 之间的相位关系以及 V_{Re} 随 V_i 变化而变化的情况。

3. 具有恒流源的差动放大电路性能测试

（1）按图 6.29 所示，将 K 拨向右边，使该差动放大器成为一个具有恒流源的差动放大器。

（2）重复实验内容 1 的各项实验要求，并将实验把结果记入表 6.21 和表 6.22。

七、思考题

（1）整理实验数据，列表比较实验结果和理论估算值，分析误差原因。

① 静态工作点和差模电压放大倍数。
② 典型差动放大电路单端输出时的 CMRR 实测值与理论值比较。
③ 典型差动放大电路单端输出时 CMRR 的实测值与具有恒流源的差动放大器 CMRR 实测值比较。
（2）比较 u_i、u_{C1} 和 u_{C2} 之间的相位关系。
（3）根据实验结果，总结电阻 R_E 和恒流源的作用。

八、实验报告

按要求完成实验报告并进行数据处理。

实验七　集成运算放大器的基本应用——模拟运算电路

一、实验目的

（1）熟悉由集成运算放大器组成的比例、加法、减法和积分等基本运算电路。
（2）了解运算放大器在实际应用时应考虑的一些问题。
（3）学习 Multisim（或其他仿真软件）中与本实验相关器件、虚拟仪器的使用方法。
（4）学会用个人实验设备（口袋实验室）独立完成实验内容。

二、实验指导

根据工作原理及波形图→确定需测试的参数（输入电压、输出电压、放大倍数）→选择器材→确定器材规格参数→准备器材→简易检测器材好坏→连接线路→检查线路→测试数据→处理数据→回答问题→完成报告。

可以选择公共实验室、仿真实验、口袋实验室进行实验。

三、实验设备

电工电子三合一综合实验台。
双踪示波器（虚拟示波器（PC-Oscilloscope）、数字存储示波器）。
多功能信号发生器。
交流毫伏表（数字万用表）。
直流稳压电源。
运算放大器实验板。
装有 Multisim（或其他仿真软件）电脑。
口袋实验室、个人电脑、平板、手机。

四、预习要求

（1）复习集成运放线性应用部分内容，并根据实验电路参数计算各电路输出电压的理论值。

（2）在反相加法器中，如 U_{i1} 和 U_{i2} 均采用直流信号，并选定 $U_{i2} = -1\,\text{V}$，当考虑到运算放大器的最大输出幅度（±12 V）时，$|U_{i1}|$ 的大小不应超过多少伏？

（3）在积分电路中，如 $R_1 = 100\,\text{k}\Omega$，$C = 4.7\,\mu\text{F}$，求时间常数。假设 $U_i = 0.5\,\text{V}$，$u_C(0) = 0$，问要使输出电压 U_o 达到 5 V，需多长时间？

（4）为了不损坏集成块，实验中应注意什么问题？

五、实验原理

集成运算放大器是一种具有高电压放大倍数的直接耦合多级放大电路。当外部接入不同的线性或非线性元器件组成输入和负反馈电路时，可以灵活地实现各种特定的函数关系。在线性应用方面，可组成比例、加法、减法、积分、微分、对数等模拟运算电路。

1. 理想运算放大器特性

在大多数情况下，将运放视为理想运放，就是将运放的各项技术指标理想化，满足下列条件的运算放大器称为理想运放。

开环电压增益 $A_{Vd} = \infty$；

输入阻抗 $r_i = \infty$；

输出阻抗 $r_o = 0$；

带宽 $f_{BW} = \infty$；

失调与漂移均为零等。

理想运放在线性应用时的两个重要特性：

（1）输出电压 U_o 与输入电压之间满足关系式

$$U_o = A_{Vd}(U_+ - U_-)$$

由于 $A_{Vd} = \infty$，而 U_o 为有限值，因此，$U_+ - U_- \approx 0$。即 $U_+ \approx U_-$，称为"虚短"。

（2）由于 $r_i = \infty$，故流进运放两个输入端的电流可视为零，即 $I_{IB} = 0$，称为"虚断"。这说明运放对其前级吸取电流极小。

上述两个特性是分析理想运放应用电路的基本原则，可简化运放电路的计算。

2. 基本运算电路

1）反相比例运算电路

电路如图 6.30 所示。对于理想运放，该电路的输出电压与输入电压之间的关系为

$$U_o = -\frac{R_F}{R_1}U_i$$

为了减小输入级偏置电流引起的运算误差，在同相输入端应接入平衡电阻 $R_2 = R_1 /\!/ R_F$。

2）反相加法电路

电路如图 6.31 所示，输出电压与输入电压之间的关系为

$$U_o = -\left(\frac{R_F}{R_1}U_{i1} + \frac{R_F}{R_2}U_{i2}\right), \quad R_3 = R_1 /\!/ R_2 /\!/ R_F$$

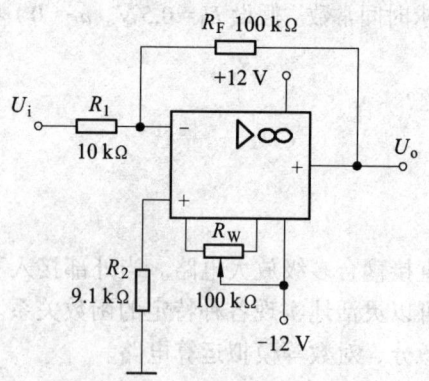

图 6.30 反相比例运算电路

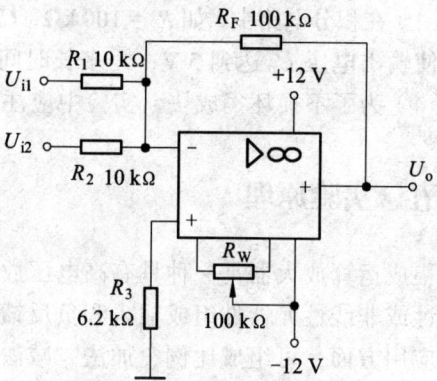

图 6.31 反相加法运算电路

3）同相比例运算电路

图 6.32 所示是同相比例运算电路，它的输出电压与输入电压之间的关系为

$$U_o = \left(1 + \frac{R_F}{R_1}\right)U_i, \quad R_2 = R_1 /\!/ R_F$$

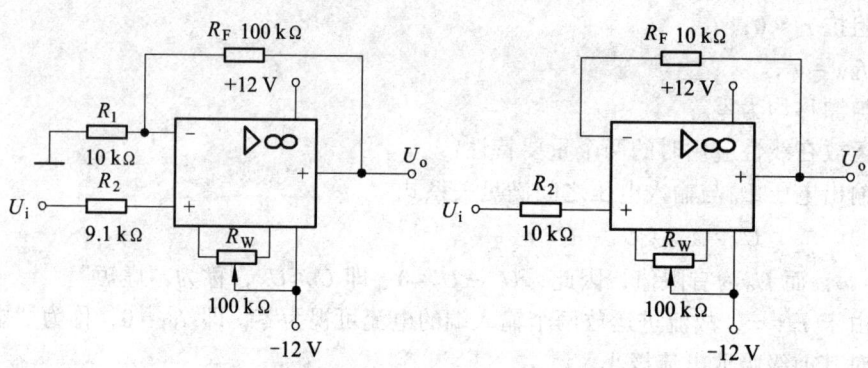

图 6.33 同相比例运算电路　　　　图 6.33 电压跟随器

当 $R_1 \to \infty$ 时，$U_o = U_i$，即得到如图 6.33 所示的电压跟随器。图中 $R_2 = R_F$，用以减小漂移和起保护作用。一般 R_F 取 10 kΩ，R_F 太小起不到保护作用，太大则影响跟随性。

4）差动放大电路（减法器）

对于图 6.34 所示的减法运算电路，当 $R_1 = R_2$，$R_3 = R_F$ 时，有

$$U_o = \frac{R_F}{R_1}(U_{i2} - U_{i1})$$

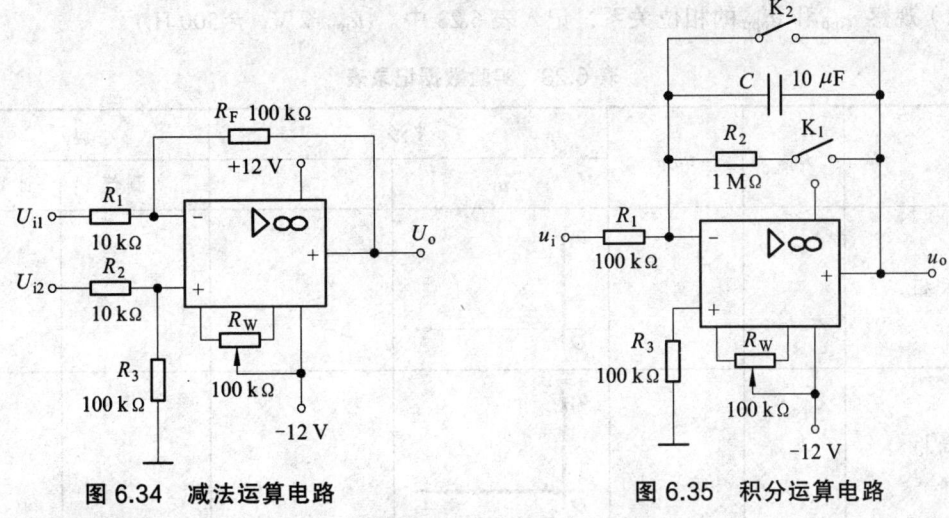

图 6.34　减法运算电路　　　　　图 6.35　积分运算电路

5）积分运算电路

反相积分电路如图 6.35 所示。在理想化条件下，输出电压 u_o 等于

$$u_o(t) = -\frac{1}{R_1 C}\int_0^t u_i \mathrm{d}t + u_C(0)$$

$$u_o(t) = -\frac{1}{R_1 C}\int_0^t u_i \mathrm{d}t + u_C(0)$$

式中：$u_C(0)$ 是 $t=0$ 时刻电容 C 两端的电压值，即初始值。

如果 $u_i(t)$ 是幅值为 E 的阶跃电压，并设 $u_C(0)=0$，则

$$u_o(t) = -\frac{1}{R_1 C}\int_0^t E\mathrm{d}t = -\frac{E}{R_1 C}t$$

$$u_o(t) = -\frac{1}{R_1 C}\int_0^t E\mathrm{d}t = -\frac{E}{R_1 C}t$$

即输出电压 $u_o(t)$ 随时间增长而线性下降。显然 RC 的数值越大，达到给定的 U_o 值所需的时间就越长。积分输出电压所能达到的最大值受到集成运放最大输出范围的限制。

在进行积分运算之前，首先应对运放调零。为了便于调节，将图中 K_1 闭合，即通过电阻 R_2 的负反馈作用帮助实现调零。但在完成调零后，应将 K_1 打开，以免因 R_2 的接入造成积分误差。K_2 的设置一方面为积分电容放电提供通路，同时可实现积分电容初始电压 $u_C(0)=0$，另一方面，可控制积分起始点，即在加入信号 u_i 后，只要 K_2 一打开，电容就将被恒流充电，电路也就开始进行积分运算。

六、实验内容

（1）检查器材，按图 6.30、图 6.32、图 6.33 所示连接实验电路。（R_W 可不接）

（2）观察 u_{ipp} 和 u_{opp} 的相位关系，记入表 6.23 中。(u_{ipp}=2 V，f=500 Hz)

表 6.23　实验数据记录表

	u_{ipp}	u_{opp}	波形		A_V	
			u_i	u_o	实测值	计算值
反相			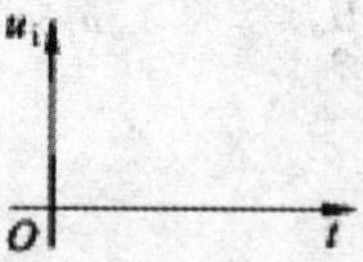			
同相						
跟随						

（3）按图 6.31～图 6.33 连接实验电路，记录三组 V_{i1} 和 V_{i2} 的数据，记入表 6.24 中。

表 6.24　实验数据记录表

		加法			减法		
V_{i1}/V							
V_{i2}/V							
V_o/V	实测值						
	计算值						

七、思考题

（1）整理实验数据，画出波形图（注意波形间的相位关系）。
（2）将理论计算结果和实测数据相比较，分析产生误差的原因。
（3）分析讨论实验中出现的现象和问题。

八、实验报告

按要求完成实验报告并进行数据处理。

实验八　集成运算放大器的基本应用——电压比较器

一、实验目的

（1）熟练掌握用运算放大器构成比较器电路的特点。
（2）学会测试比较器的方法。
（3）学习 Multisim（或其他仿真软件）中与本实验相关器件、虚拟仪器的使用方法。
（4）学会用个人实验设备（口袋实验室）独立完成实验内容。

二、实验指导

根据工作原理及波形图→确定需测试的参数（直流电压、纹波电压或者纹波电压的峰峰值、电源频率或者周期、滤波电容与纹波电压的关系、脉动系数 S、负载特性）→选择器材（变压器、整流二极管、滤波电容、负载电阻；直流电压表、有效值电压表或者示波器（峰值电压表），）→确定器材规格参数→设计合适的实验电路→准备器材→简易检测器材好坏→连接线路→检查线路→测试数据→处理数据→回答问题→完成报告。

可以选择公共实验室、仿真实验、口袋实验室进行实验。

三、实验设备

电工电子三合一综合实验台。
双踪示波器（虚拟示波器（PC-Oscilloscope）、数字存储示波器）。
多功能信号发生器。
交流毫伏表（数字万用表）。
直流稳压电源。
运算放大器实验板。
装有 Multisim（或其他仿真软件）电脑。
口袋实验室、个人电脑、平板、手机。

四、预习要求

（1）复习教材有关比较器的内容
（2）画出各类比较器的传输特性曲线。
（3）若要将图 6.39 所示窗口比较器的电压传输曲线高、低电平对调，应如何改动比较器电路。

五、实验原理

电压比较器是集成运放非线性应用电路，它将一个模拟量电压信号和一个参考电压相比较，在二者幅度相等的附近，输出电压将产生跃变，相应输出高电平或低电平。比较器可以组成非正弦波形变换电路及应用于模拟与数字信号转换等领域。

图 6.36 所示为一最简单的电压比较器，U_R 作为参考电压加在运放的同相输入端，输入电压 u_i 加在反相输入端。

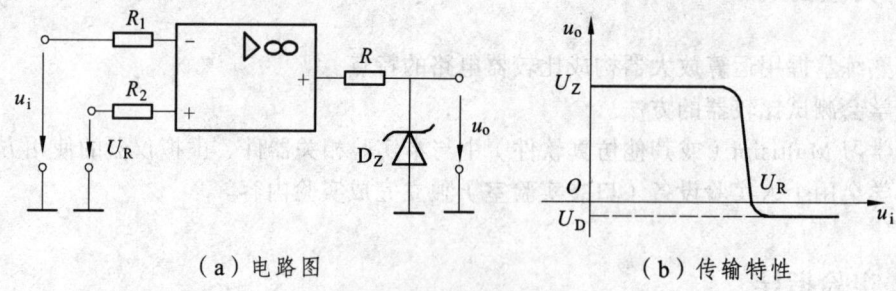

(a) 电路图　　　　　　　　　　(b) 传输特性

图 6.36　电压比较器

当 $u_i < U_R$ 时，运放输出高电平，稳压管 D_Z 反向稳压工作。输出端电位被其箝位在稳压管的稳定电压 U_Z，即 $u_o = U_Z$。

当 $u_i > U_R$ 时，运放输出低电平，D_Z 正向导通，输出电压等于稳压管的正向压降 U_D，即 $u_o = -U_D$。

因此，以 U_R 为界，当输入电压 u_i 变化时，输出端反映出两种状态，即高电位和低电位。表示输出电压与输入电压之间关系的特性曲线，称为传输特性。图 6.36(b) 为图 6.36(a) 所示比较器的传输特性。

常用的电压比较器有过零比较器、具有滞回特性的过零比较器、双限比较器（又称窗口比较器）等。

1. 过零比较器

电路如图 6.37 所示为加限幅电路的过零比较器，D_Z 为限幅稳压管。信号从运放的反相输入端输入，参考电压为零，从同相端输入。当 $U_i > 0$ 时，输出 $U_o = -(U_Z + U_D)$，当 $U_i < 0$ 时，$U_o = +(U_Z + U_D)$。其电压传输特性如图 6.37(b) 所示。

过零比较器结构简单，灵敏度高，但抗干扰能力差。

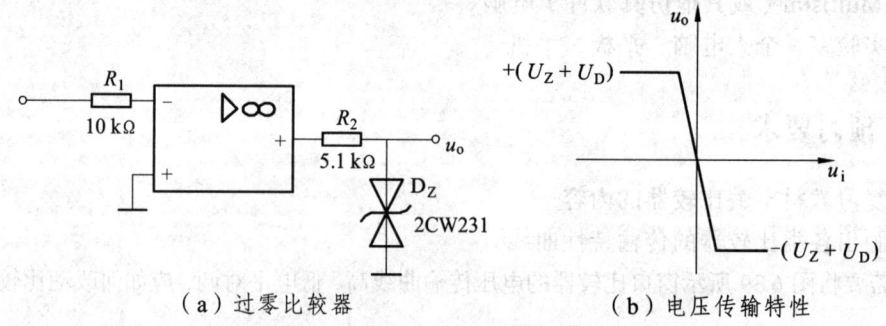

(a) 过零比较器　　　　　　　　(b) 电压传输特性

图 6.37　过零比较器

2. 滞回比较器

图 6.38 所示为具有滞回特性的过零比较器。

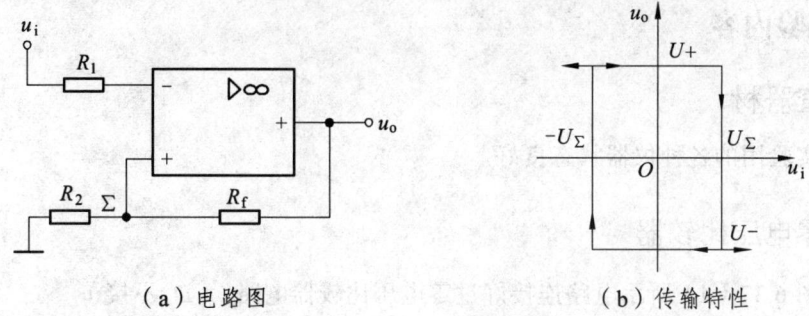

(a)电路图　　　　　　　(b)传输特性

图 6.38　滞回比较器

过零比较器在实际工作时，如果 u_i 恰好在过零值附近，则由于零点漂移的存在，u_o 将不断由一个极限值转换到另一个极限值，这在控制系统中，对执行机构将是很不利的。为此，就需要输出特性具有滞回现象。如图 6.38 所示，从输出端引一个电阻分压正反馈支路到同相输入端，若 u_o 改变状态，Σ点也随着改变电位，使过零点离开原来位置。当 u_o 为正（记作 U_+）时，有

$$U_\Sigma = \frac{R_2}{R_f + R_2} U_+$$

则当 $u_i > U_\Sigma$ 后，u_o 即由正变负（记作 U_-），此时 U_Σ 变为 $-U_\Sigma$。故只有当 u_i 下降到 $-U_\Sigma$ 以下，才能使 u_o 再度回升到 U_+，于是出现图 6.38（b）中所示的滞回特性。$-U_\Sigma$ 与 U_Σ 的差别称为回差，改变 R_2 的数值可以改变回差的大小。

3. 窗口（双限）比较器

简单的比较器仅能鉴别输入电压 u_i 比参考电压 U_R 高或低的情况，窗口比较电路是由两个简单比较器组成，如图 6.39 所示，它能指示出 u_i 值是否处于 U_R^+ 和 U_R^- 之间。如 $U_R^- < U_i < U_R^+$，窗口比较器的输出电压 u_o 等于运放的正饱和输出电压（$+U_{omax}$），如果 $U_i < U_R^-$ 或 $U_i > U_R^+$，则输出电压 U_o 等于运放的负饱和输出电压（$-U_{omax}$）。

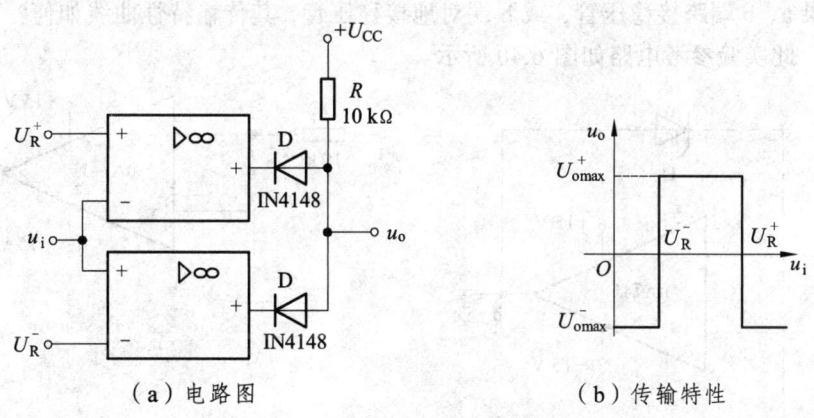

(a)电路图　　　　　　　(b)传输特性

图 6.39　由两个简单比较器组成的窗口比较器

六、实验内容

1. 检查器材

需保证实验用的各种仪器状态良好。

2. 过零电压比较器

（1）按图 6.37（a）所示电路连接好过零电压比较器电路。（D_Z 不接）

（2）测量 V_i 未输入信号且悬空时的 V_o 值。

（3）V_i 输入 $f=500\ Hz$，幅值为 2 V 的正弦信号，用双踪示波器观测 V_i、V_o 的波形，并将其画入表 6.25 的坐标图中，观察比较输出信号与输入信号的关系，得出结论。

表 6.25 完成数据记录表（$f=500\ Hz$，$V_i=2\ V$）

波形图	输入信号 V_i	输出信号 V_o

（4）改变输入信号 V_i 的幅值，可由双路可调稳压电源提供下面表 6.26（a）的一组 V_i 的电平值，测量传输特性曲线，并将其记入表 6.26，并将曲线描绘于下面的直角坐标中。

表 6.26 实验数据记录表

V_i/V	-4	-2	-1	0	+1	+2	+4	+6
V_o/V								

（5）如果 a、b 端跨接稳压管，或 b 端对地接稳压管，其传输特性曲线如何？可用示波器观察并记录。此实验参考电路如图 6.40 所示。

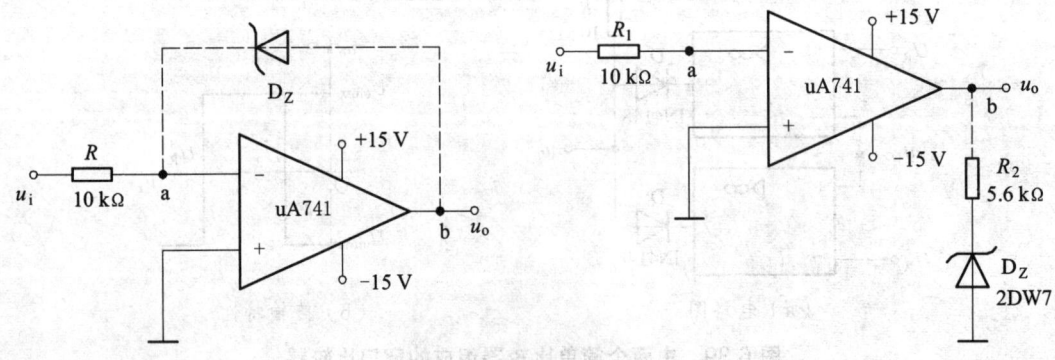

图 6.40 实验参考电路

3. 任意电平比较器

$$V_{OH} = +15 \text{ V}, \quad V_{OL} = -15 \text{ V}$$

按图 6.41 所示连接好任意电平的比较器电路。

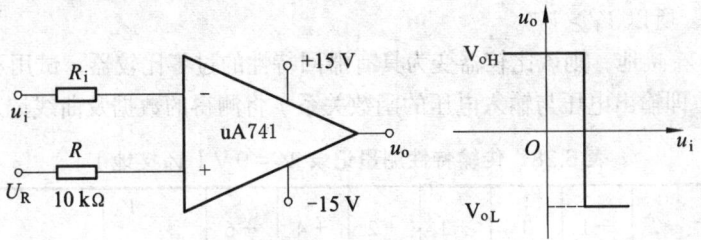

图 6.41 比较器电路

令 $V_R = 2$ V，按表 6.27，使 V_i 为表中所列的一组电压数值，测 V_o 的电压数值，将其记入表 6.27。

令 $V_R = -2$ V，按表 6.27，使 V_i 为表中所列的一组电压数值，测 V_o 的电压数值，将其记入表 6.27。

表 6.27 实验数据记录表

V_i/V	-4	-2	-1	0	+1	+2	+3	+4
V_o/V（$V_R = +2$ V）								
V_o/V（$V_R = -2$ V）								

4. 滞后电压比较器

（1）按图 6.42 所示连接好滞后电压比较器。

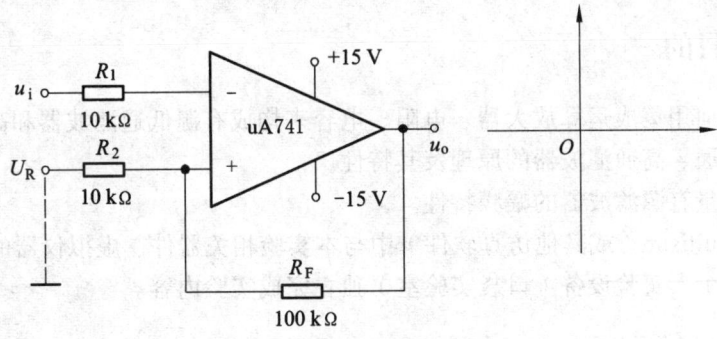

图 6.42 滞后电压比较器

（2）按照前面的比较器实验经验，自行构思，并用示器来观测，不难发现滞后电压比较器为一具有上、下门限电平的比较器。这里提供给大家上、下门限值的计算公式，供实验中参考。

当输出电压为 V_{OH} 时，同相端的电压为

$$V_f' = \frac{R_2}{R_1 + R_f} \cdot V_{OH} + \frac{R_f}{R_2 + R_f} \cdot V_R \quad \text{（上门限）}$$

当输出电压为 V_{OL} 时，同相端的电压为

$$V_f'' = \frac{R_2}{R_2 + R_f} \cdot V_{OL} + \frac{R_f}{R_2 + R_f} \cdot V_R \quad （下门限）$$

由于 V_{OL} 为负值，所以 $V_f' > V_f''$。

（3）如果将 V_R 接地，则该比较器变为具有滞回特性的过零比较器，试用示波器观测其传输特性 $V_o = f(V_i)$（即输出电压与输入电压的函数关系）将测得的数据及曲线记入表 6.28 中。

表 6.28 传输特性测量记录 $V_R = 0\text{ V}$（V_R 接地）

V_i/V	-4	-2	-1	0	+1	+2	+4	+6
V_o/V								

七、思考题

（1）整理实验数据，绘制各类比较器的传输特性曲线。
（2）总结几种比较器的特点，阐明它们的应用。

八、实验报告

按要求完成实验报告并进行数据处理。

实验九 集成运算放大器的应用——有源滤波器

一、实验目的

（1）熟悉如何用集成运算放大器、电阻、电容来构成有源低通滤波器和高通滤波器。
（2）了解低通、高通滤波器的原理及其特性。
（3）学会测量有源滤波器的幅频特性。
（4）学习 Multisim（或其他仿真软件）中与本实验相关器件、虚拟仪器的使用方法。
（5）学会用个人实验设备（口袋实验室）独立完成实验内容。

二、实验指导

根据工作原理及波形图→确定需测试的参数（频率、输出电压）→选择器材→确定器材规格参数→准备器材→简易检测器材好坏→连接线路→检查线路→测试数据→处理数据→回答问题→完成报告。

可以选择公共实验室、仿真实验、口袋实验室进行实验。

三、实验设备

电工电子三合一综合实验台。
双踪示波器[虚拟示波器（PC-Oscilloscope）、数字存储示波器]。
多功能信号发生器。
交流毫伏表（数字万用表）。
直流稳压电源。
运算放大器实验板。
装有 Multisim（或其他仿真软件）电脑。
口袋实验室、个人电脑、平板、手机。

四、预习要求

（1）复习教材有关滤波器内容：主要明白图 6.43 所示的内容。
（2）分析图 6.44～图 6.47 所示电路，写出它们的增益特性表达式。
（3）计算图 6.45 和图 6.45 所示电路的截止频率，图 6.46 和图 6.47 所示电路的中心频率。
（4）画出上述四种电路的幅频特性曲线。

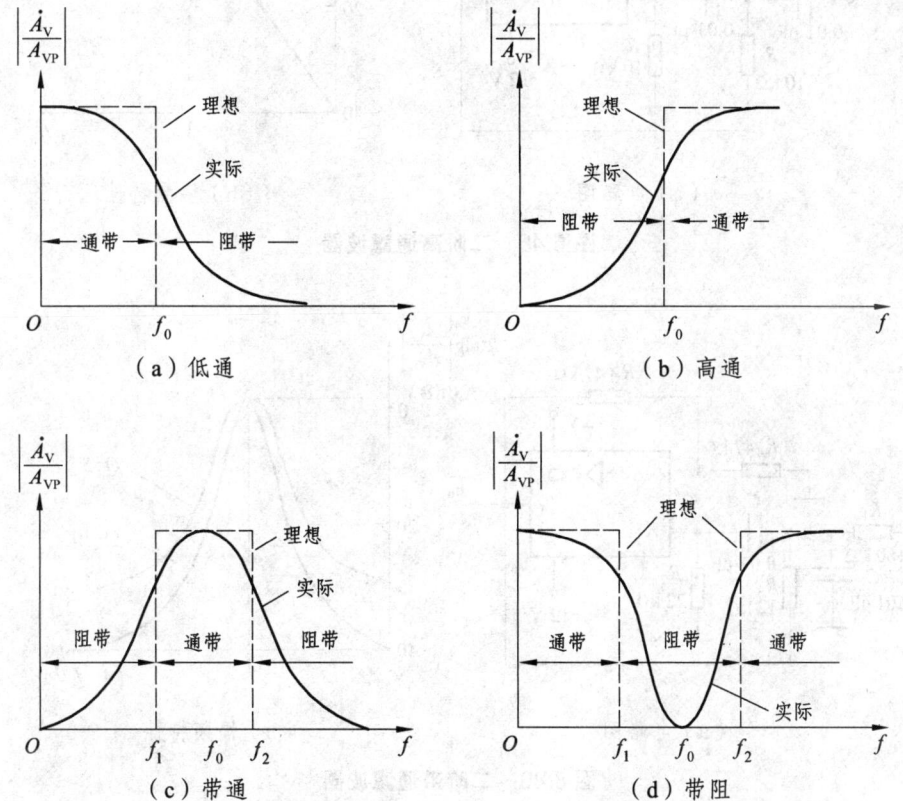

图 6.43 四种滤波电路的幅频特性示意图

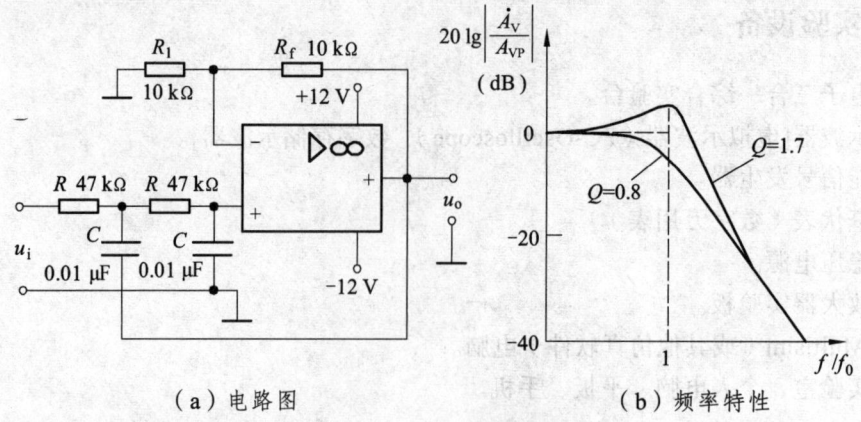

（a）电路图　　　　　　　　　（b）频率特性

图 6.44　二阶低通滤波器

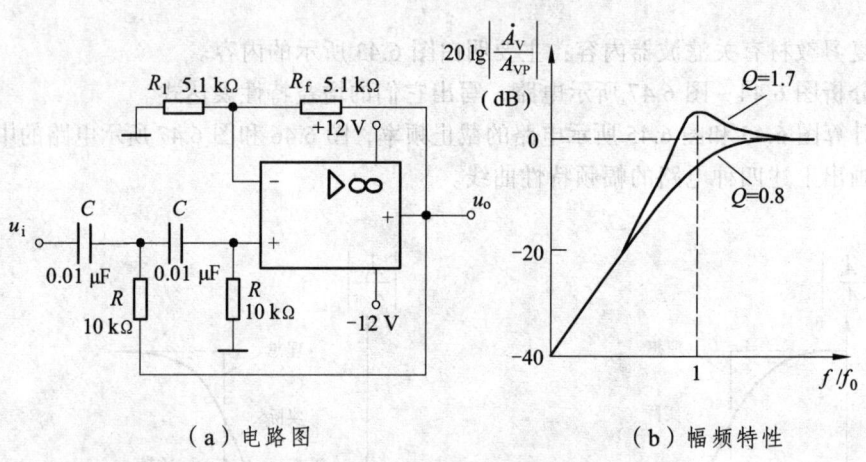

（a）电路图　　　　　　　　　（b）幅频特性

图 6.45　二阶高通滤波器

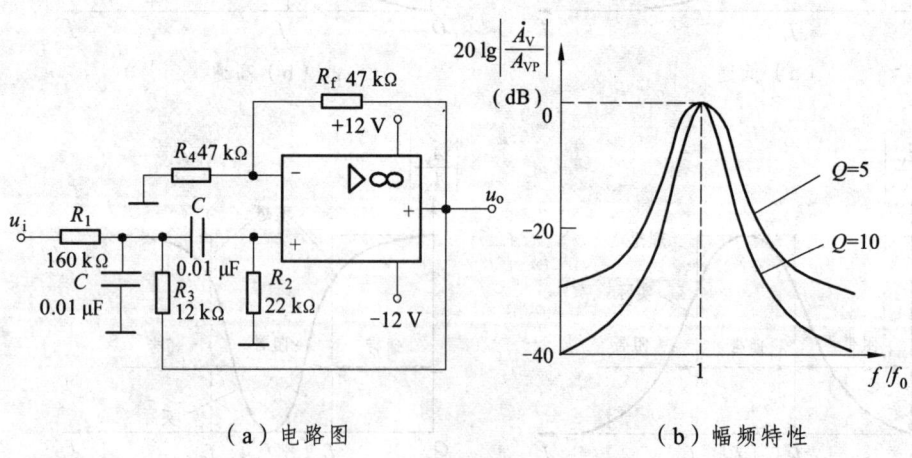

（a）电路图　　　　　　　　　（b）幅频特性

图 6.46　二阶带通滤波器

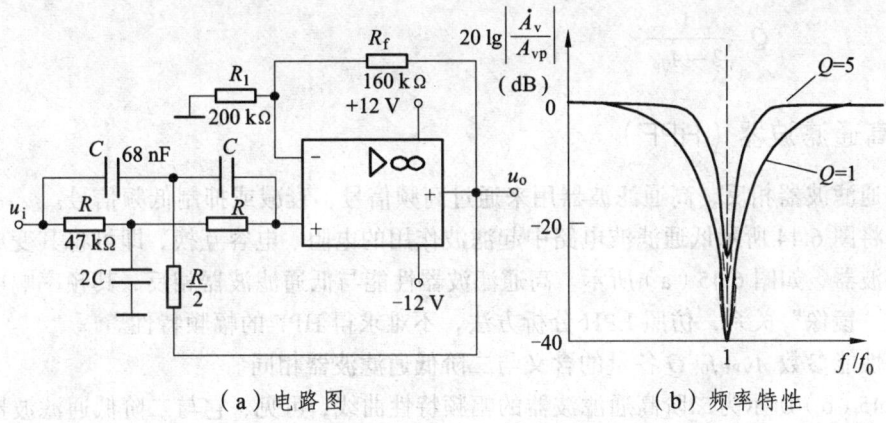

(a)电路图　　　　　　　　　　(b)频率特性

图 6.47　二阶带阻滤波器

五、实验原理

由 R、C 元件与运算放大器组成的滤波器称为 RC 有源滤波器，其功能是让一定频率范围内的信号通过，抑制或急剧衰减此频率范围以外的信号。可用在信息处理、数据传输、抑制干扰等方面，但因受运算放大器频带限制，这类滤波器主要用于低频范围。根据对频率范围的选择不同，可分为低通（LPF）、高通（HPF）、带通（BPF）与带阻（BEF）等四种滤波器，它们的幅频特性如图 6.43 所示。

具有理想幅频特性的滤波器是很难实现的，只能用实际的幅频特性去逼近理想的。一般来说，滤波器的幅频特性越好，其相频特性越差，反之亦然。滤波器的阶数越高，幅频特性衰减的速率越快，但 RC 网络的节数越多，元件参数计算越烦琐，电路调试越困难。任何高阶滤波器均可以用较低的二阶 RC 有滤波器级联实现。

1. 低通滤波器（LPF）

低通滤波器是用来通过低频信号衰减或抑制高频信号。

图 6.44（a）所示为典型的二阶有源低通滤波器。它由两级 RC 滤波环节与同相比例运算电路组成，其中第一级电容 C 接至输出端，引入适量的正反馈，以改善幅频特性。

图 6.44（b）所示为二阶低通滤波器幅频特性曲线。

电路性能参数：

二阶低通滤波器的通带增益

$$A_{VP} = 1 + \frac{R_f}{R_1}$$

截止频率是二阶低通滤波器通带与阻带的界限频率，有

$$f_o = \frac{1}{2\pi RC}$$

品质因数的大小影响低通滤波器在截止频率处幅频特性的形状，有

$$Q = \frac{1}{3 - A_{VP}}$$

2. 高通滤波器（HPF）

与低通滤波器相反，高通滤波器用来通过高频信号，衰减或抑制低频信号。

只要将图 6.44 所示低通滤波电路中起滤波作用的电阻、电容互换，即可将其变成二阶有源高通滤波器，如图 6.45（a）所示。高通滤波器性能与低通滤波器相反，其频率响应和低通滤波器是"镜像"关系，仿照 LPH 分析方法，不难求得 HPF 的幅频特性。

电路性能参数 A_{VP}、f_0、Q 各量的含义与二阶低通滤波器相同。

图 6.45（b）所示为二阶高通滤波器的幅频特性曲线，可见，它与二阶低通滤波器的幅频特性曲线有"镜像"关系。

3. 带通滤波器（BPF）

这种滤波器的作用是只允许在某一个通频带范围内的信号通过，而对比通频带下限频率低和比上限频率高的信号均加以衰减或抑制。

典型的带通滤波器可以从二阶低通滤波器中将其中一级改成高通而成，如图 3.46（a）所示。
电路性能参数：
通带增益

$$A_{VP} = \frac{R_4 + R_f}{R_4 R_1 CB}$$

中心频率

$$f_0 = \frac{1}{2\pi} \sqrt{\frac{1}{R_2 C^2} \left(\frac{1}{R_1} + \frac{1}{R_3} \right)}$$

通带宽度

$$B = \frac{1}{C} \left(\frac{1}{R_1} + \frac{2}{R_2} - \frac{R_f}{R_3 R_4} \right)$$

选择性

$$Q = \frac{\omega_0}{B}$$

此电路的优点是改变 R_f 和 R_4 的比例就可改变频宽而不影响中心频率。

4. 带阻滤波器（BEF）

如图 6.47（a）所示，这种电路的性能和带通滤波器相反，即在规定的频带内，信号不能通过（或受到很大衰减或抑制），而在其余频率范围，信号则能顺利通过。

在双 T 网络后加一级同相比例运算电路就构成了基本的二阶有源 BEF。

电路性能参数：

通带增益

$$A_{\text{VP}} = 1 + \frac{R_\text{f}}{R_1}$$

中心频率

$$f_0 = \frac{1}{2\pi RC}$$

带阻宽度

$$B = 2(2 - A_{\text{VP}})f_0$$

选择性

$$Q = \frac{1}{2(2 - A_{\text{VP}})}$$

六、实验内容

1. 检查器材

需保证实验的用仪器的状态良好。

2. 二阶低通滤波器

实验电路如图 6.44（a）所示。

（1）粗测：接通±12 V电源。u_i接函数信号发生器，令其输出为 $U_\text{i} = 1$ V 的正弦波信号，在滤波器截止频率附近改变输入信号频率，用示波器或交流毫伏表观察输出电压幅度的变化是否具备低通特性，如不具备，应排除电路故障。

（2）在输出波形不失真的条件下，选取适当幅度的正弦输入信号，在维持输入信号幅度不变的情况下，逐点改变输入信号频率。测量输出电压，记入表 6.29 中，描绘频率特性曲线。

表 6.29 实验数据记录表

f/Hz											
U_o/V											

3. 二阶高通滤波器

实验电路如图 6.45（a）所示。

（1）粗测：输入 $U_\text{i} = 1$ V 正弦波信号，在滤波器截止频率附近改变输入信号频率，观察电路是否具备高通特性。

（2）测绘高通滤波器的幅频特性曲线，记入表 6.30。

表 6.30　实验数据记录表

f/Hz															
U_o/V															

4. 带通滤波器

实验电路如图 6.46（a）所示，测量其频率特性。记入表 6.31。

（1）实测电路的中心频率 f_0。

（2）以实测中心频率为中心，测绘电路的幅频特性并记入表 6.31。

表 6.31　实验数据记录表

f/Hz															
U_o/V															

5. 带阻滤波器

实验电路如图 6.47（a）所示。

（1）实测电路的中心频率 f_0。

（2）测绘电路的幅频特性，记入表 6.32。

表 6.32　实验数据记录表

f/Hz															
U_o/V															

七、思考题

（1）整理实验数据，画出各电路实测的幅频特性。

（2）根据实验曲线，计算截止频率、中心频率、带宽及品质因数。

（3）总结有源滤波电路的特性。

八、实验报告

按要求完成实验报告并进行数据处理。

实验十　OTL 互补对称功率放大器

一、实验目的

（1）了解低频功率放大器的特点和分类。

（2）学会对各类低频功率放大器的调试及主要性能性能指标的测试。

（3）学习 Multisim（或其他仿真软件）中与本实验相关器件、虚拟仪器的使用方法。

（4）学会用个人实验设备（口袋实验室）独立完成实验内容。

二、实验指导

根据工作原理及波形图→确定需测试的参数（直流电压、纹波电压或者纹波电压的峰-峰值、电源频率或者周期、滤波电容与纹波电压的关系、脉动系数 S、负载特性）→选择器材[变压器、整流二极管、滤波电容、负载电阻；直流电压表、有效值电压表或者示波器（峰值电压表）]→确定器材规格参数→设计合适的实验电路→准备器材→简易检测器材好坏→连接线路→检查线路→测试数据→处理数据→回答问题→完成报告。

可以选择公共实验室、仿真实验、口袋实验室进行实验。

三、实验设备

电工电子三合一综合实验台。

双踪示波器（虚拟示波器（PC-Oscilloscope）、数字存储示波器）。

多功能信号发生器。

交流毫伏表（数字万用表）。

直流稳压电源。

低频 OTL 功率放大器实验板。

装有 Multisim（或其他仿真软件）电脑。

口袋实验室、个人电脑、平板、手机。

四、预习要求

（1）复习有关 OTL 工作原理部分的内容。

（2）为什么引入自举电路能够扩大输出电压的动态范围？

（3）交越失真产生的原因是什么？怎样克服交越失真？

（4）电路中电位器 R_{W2} 如果开路或短路，对电路工作有何影响？

（5）为了不损坏输出管，调试中应注意什么问题？

（6）如电路有自激现象，应如何消除？

五、实验原理

图 6.48 所示为 OTL 低频功率放大器。其中由晶体三极管 T_1 组成推动级（也称前置放大级），T_2、T_3 是一对参数对称的 NPN 和 PNP 型晶体三极管，它们组成互补推挽 OTL 功放电路。由于每一个管子都接成射极输出器形式，因此具有输出电阻低、负载能力强等优点，适

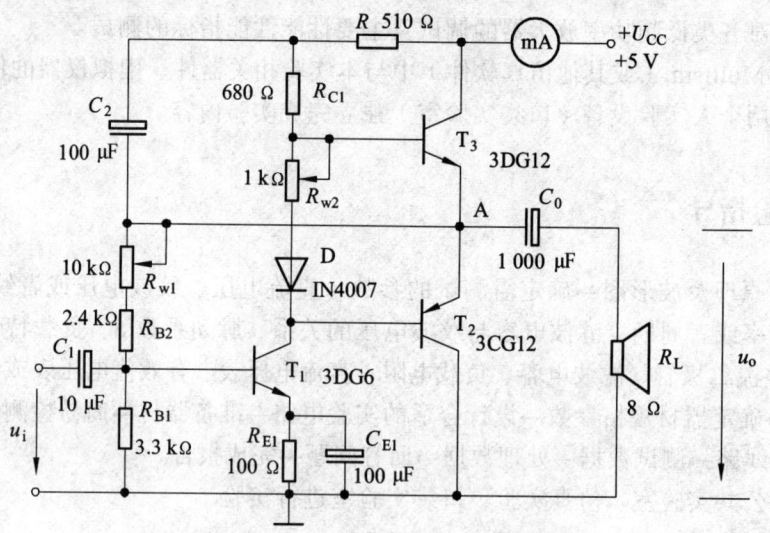

图 6.48　OTL 功率放大器实验电路

合于作功率输出级。T_1 管工作于甲类状态，它的集电极电流 I_{C1} 由电位器 R_{W1} 进行调节。I_{C1} 的一部分流经电位器 R_{W2} 及二极管 D，给 T_2、T_3 提供偏压。调节 R_{W2}，可以使 T_2、T_3 得到合适的静态电流而工作于甲、乙类状态，以克服交越失真。静态时要求输出端中点 A 的电位 $U_A = 1/2 U_{CC}$，可以通过调节 R_{W1} 来实现，又由于 R_{W1} 的一端接在 A 点，因此在电路中引入交、直流电压并联负反馈，一方面能够稳定放大器的静态工作点，同时也改善了非线性失真。

当输入正弦交流信号 u_i 时，经 T_1 放大、倒相后同时作用于 T_2、T_3 的基极，u_i 的负半周使 T_2 管导通（T_3 管截止），有电流通过负载 R_L，同时向电容 C_0 充电，在 u_i 的正半周，T_3 导通（T_2 截止），则已充好电的电容器 C_0 起着电源的作用，通过负载 R_L 放电，这样在 R_L 上就得到完整的正弦波。

C_2 和 R 构成自举电路，用于提高输出电压正半周的幅度，以得到大的动态范围。

OTL 电路的主要性能指标有以下几个：

1. 最大不失真输出功率 P_{om}

$$P_{om} = \frac{1}{8} \frac{U_{CC}^2}{R_L}$$

理想情况下，在实验中可通过测量 R_L 两端的电压有效值，来求得实际的输出功率为

$$P_{om} = \frac{U_0^2}{R_L}$$

2. 效率 η

$$\eta = \frac{P_{om}}{P_E} 100\%$$

式中：P_E——直流电源供给的平均功率。

理想情况下，$\eta_{max} = 78.5\%$。在实验中，可测量电源供给的平均电流 I_{dC}，从而求得 $P_E = U_{CC} \cdot I_{dC}$，负载上的交流功率已用上述方法求出，因而也就可以计算实际效率了。

3. 频率响应

详见实验二有关内容。

4. 输入灵敏度

输入灵敏度是指输出最大不失真功率时，输入信号 U_i 的值。

六、实验内容

1. 检查器材

按图 6.48 所示电路连接好实验电路。

2. 单管甲类变压器耦合功率放大器

（1）按图 6.48 所示连接好功率放大器电路。

（2）调整电位器 R_W，为功率放大器调整和设置一个正确的直流静态工作点（取 $I_{oC} = 30 \text{ mA}$）。

（3）给该功放器输入 $f = 1 \text{ kHz}$ 正弦波信号，输入信号的幅度由零逐渐增大，同时用示波器观测输出电压最大且不失真。

（4）通过测量来计算集电极交流输出功率 P_o：

$$P_o = \frac{\sqrt{2}}{2} V_{oC} \times \frac{\sqrt{2}}{2} I_{oC} = \frac{1}{2} V_{oC} \cdot I_{oC}$$

（5）通过测量来计算功放器的效率：

$$\eta = \frac{P_o}{P_i} \times 100\% = \frac{\frac{1}{2} V_{oC} \cdot I_{oC}}{V_{oC} \cdot I_{oC}} \times 100\% = 50\%$$

注：以上的测量可用示波器，也可用交流毫伏表。用示波器直接测出峰值，而用毫伏表则测出有效值。

3. 双管乙类变压器耦合功率放大器实验

（1）按图 6.49 所示连接好乙类变压器耦合推挽功率放大器。

（2）调整电位器 R_W，为乙类变压器耦合推挽功放调整和设置一个正确的直流静态工作点（调整 R_W，使串在变压器 B_2 中心抽头的毫安表读数为零）。

（3）从该放大器输入变压器原边（B_1 为输入变压器，B_2 为输出变压器）输入 $f = 1 \text{ kHz}$ 的正弦波信号，输入信号的幅度由零逐渐增大，用示波器观测 V_i、V_{b1}、V_{b2}、i_{c1}、i_{c2} 及 i_L（8Ω 扬声器）上的

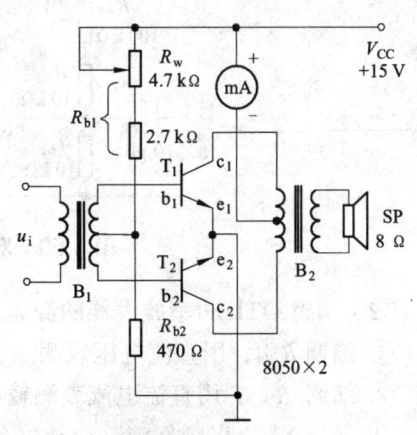

图 6.49 乙类变压器耦合推挽功率放大器

波形，并将上面观测到的波形记入表 6.33 中。

表 6.33 波形记录表

V_i 波形	U_{b1}	U_{b2}	i_{C1}	i_{C2}	i_L
	U_{b1} vs t	U_{b2} vs t	i_{c1} vs t	i_{c2} vs t	i_L vs t

（4）通过测量来计算该推挽功放器的最大输出功率与效率。

理论上认为：乙类放大器能够输出的电压峰值 $V_{CM} = V_{CC}$（电源电压）能够输出的电流峰值 $I_{CM} = I_{CC}$（电源提供最大电流），故最大输出功率

$$P_{CM} = \frac{1}{2} V_{CC} \cdot I_{CC}$$

效率

$$\eta = \frac{P_{CM}}{P_E} \cdot 100\%$$

式中：P_E 为电源功率，有

$$P_E = \frac{2}{\pi} V_{CC} \cdot I_{Cmax} \quad （一般 \eta = 78.5\%）$$

4. 双管乙类电容耦合功率放大器（OTL 功率放大器）实验

（1）按图 6.50 所示用连接导线连接好此 OTL 功率放大器实验线路。

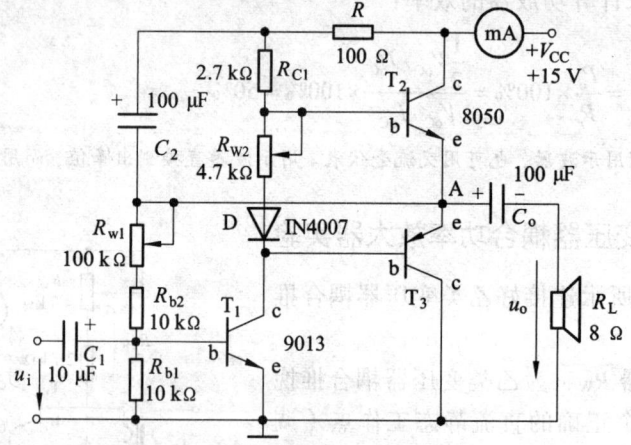

图 6.50 双管乙类电容耦合功率放大器

（2）调整 OTL 功率放大器的静态工作点：

① 细调 R_{W1}，用直流电压表测 A 点直流电压，使 $V_A = 1/2 V_{cc}$。

② 细调 R_{W2}，用直流电流表测输出级静态电流，使 $I_{C2} = I_{C3} = (50 \sim 100)$ mA，或者使 $V_{B2} - V_{B3} \approx 1.0$ V，以刚好消除交越失真为准。以上几乎是电源电流，近似等于末级总电流。

注意：T_2T_3 基极间的电压不能过大，最好是使 T_2T_3 处于微导通，否者极易烧坏 T_2T_3 两个功放管。

③ 也可试一下静态电流的动态调整法，具体做法是：先调整 R_{W2}，使 $R_{W2}=0$，V_i 接入 $f=1\text{ kHz}$ 的正弦波信号，逐渐加大此信号幅度；同时调整 R_{W2}，使交越失真刚好消除时，停止调节整 R_{W2}，重使 $V_i=0$，此时直流电流表所示的电流即为输出级静态电流。（注：此静态电流不能调得过大，原因有二：第一，8050、8550 的 $I_{CM}=300\text{ mA}$；第二，调到能消除交越失真恰到好处，过大则降低了该功放器的效率。）

④ 按表 6.34 的内容测量各级静态工作点，将测量结果记入表 6.34。

表 6.34　$I_{c2}=I_{c3}=$ ＿＿＿ mA，$V_A=2.5\text{ V}$

	T_1	T_2	T_3
V_B/V			
V_C/V			
V_E/V			

（3）最大输出功率 P_{CM} 和效率 η 的测试。

① 测量 P_{CM}。

接入 V_i，输入信号频率 $f=1\text{ kHz}$，逐渐增大信号幅度，用示波器观测 OTL 功放器的输出波形达到最大且不失真时，用交流毫伏表测出负载 R_L 上的电压 V_L，则

$$V_{LM}=\frac{\sqrt{2}}{2}V_L\ ;\quad P_{CM}=\frac{(V_{LM})^2}{R_L}=\frac{1}{2}V_{LM}\cdot I_{CM}$$

② 测量 η。

$$\eta=P_{om}/P_E,\quad P_E=V_{CC}I_{CC}$$

I_{CC} 为电源提供的总电流。即直流电流表上的近似读数，将测得结果代入上式，计算出 η（一般 $\eta=78.5\%$）。

5. OCL 功放器

有关 OCL 功放器实验大家可参考教材或其他专业书籍，利用我们的实验模块来完成实验，实验内容、方法、步骤可参考 OTL 功放器。

七、思考题

（1）整理实验数据，计算静态工作点、最大不失真输出功率 P_{om}、效率 η 等，并与理论值进行比较。画出频率响应曲线。

（2）分析自举电路的作用。

（3）讨论实验中发生的问题及解决办法。

（4）如果调节 R_{W2}，使 $V_{B2}-V_{B3}\approx 1.4\text{V}$，使 T_2T_3 处于饱和导通状态，会出现啥情况？

八、实验报告

按要求完成实验报告并进行数据处理。

实验十一　RC 正弦波振荡器

一、实验目的

（1）了解分立元件构成的 RC 正弦波振荡器的组成。
（2）深刻理解该类振荡器能够起振的条件。
（3）熟悉如何测量、调试该类振荡器。
（4）学习 Multisim（或其他仿真软件）中与本实验相关器件、虚拟仪器的使用方法。
（5）学会用个人实验设备（口袋实验室）独立完成实验内容。

二、实验指导

根据工作原理及波形图→确定需测试的参数（直流电压、纹波电压或者纹波电压的峰-峰值、电源频率或者周期、滤波电容与纹波电压的关系、脉动系数 S、负载特性）→选择器材如变压器、整流二极管、滤波电容、负载电阻；直流电压表、有效值电压表或者示波器（峰值电压表）→确定器材规格参数→设计合适的实验电路→准备器材→简易检测器材好坏→连接线路→检查线路→测试数据→处理数据→回答问题→完成报告。

可以选择公共实验室、仿真实验、口袋实验室进行实验。

三、实验设备

电工电子三合一综合实验台。
双踪示波器（虚拟示波器（PC-Oscilloscope）、数字存储示波器）。
多功能信号发生器。
交流毫伏表（数字万用表）。
直流稳压电源。
RC 串并联选频网络振荡器实验板。
装有 Multisim（或其他仿真软件）电脑。
口袋实验室、个人电脑、平板、手机。

四、预习要求

（1）复习教材中三种类型 RC 振荡器的结构与工作原理。
（2）计算三种实验电路的振荡频率。

（3）如何用示波器来测量振荡电路的振荡频率。

五、实验原理

从结构上看，正弦波振荡器是没有输入信号的，带选频网络的正反馈放大器。若用 R、C 元件组成选频网络，就称为 RC 振荡器，一般用来产生 1 Hz～1 MHz 的低频信号。

1. RC 移相振荡器

电路型式如图 6.51 所示，选择 $R \gg R_i$。

振荡频率

$$f_0 = \frac{1}{2\pi\sqrt{6}RC}$$

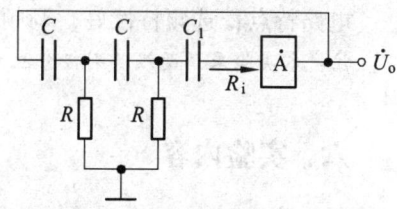

图 6.51 RC 移相振荡器原理图

起振条件：放大器 A 的电压放大倍数 $|\dot{A}| > 29$。

电路特点：简单，但选频作用差，振幅不稳，频率调节不便，一般用于频率固定且稳定性要求不高的场合。

频率范围：几赫至数十千赫。

2. RC 串并联网络（文氏桥）振荡器

电路型式如图 6.52 所示。

振荡频率

$$f_0 = \frac{1}{2\pi RC}$$

起振条件

$$|\dot{A}| > 3$$

电路特点：可方便地连续改变振荡频率，便于加负反馈稳幅，容易得到良好的振荡波形。

3. 双 T 选频网络振荡器

电路型式如图 6.53 所示。

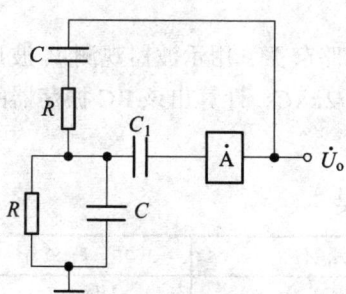

图 6.52 RC 串并联网络振荡器原理图

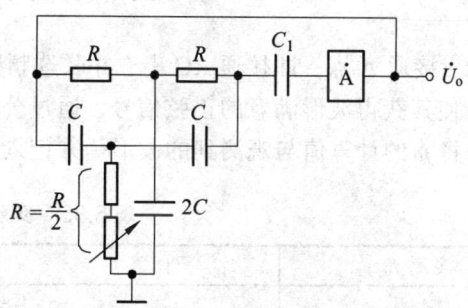

图 6.53 双 T 选频网络振荡器原理图

振荡频率

$$f_0 = \frac{1}{5RC}$$

起振条件

$$R' < \frac{R}{2}, \quad |\dot{A}\dot{F}| > 1$$

电路特点：选频特性好，调频困难，适于产生单一频率的振荡。

注：本实验采用两级共射极分立元件放大器组成 RC 正弦波振荡器。

六、实验内容

1. 检查器材

按图 6.28 连接好一个三极管射极跟随器电路。

2. RC 串、并联选频网络振荡器

（1）如图 6.54 所示，先断开 A 点，调整放大器的直流静态工作点，测量该放大器的电压放大倍数 A_V。

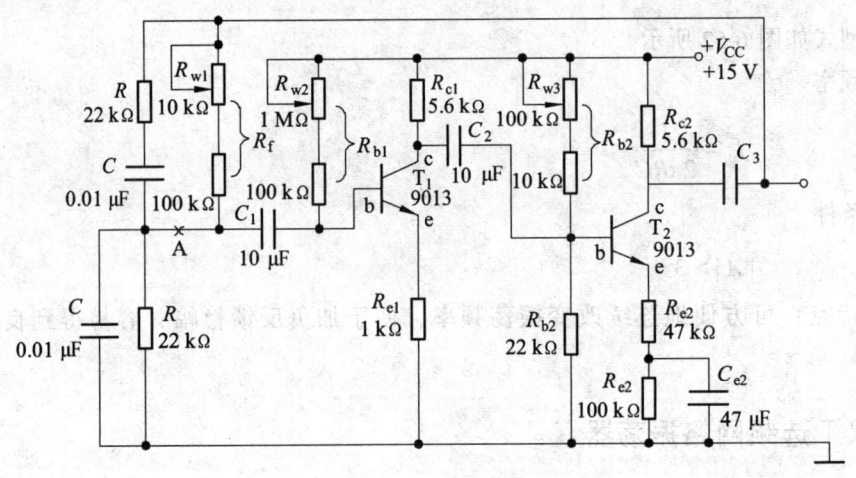

图 6.54　RC 串、并联选频网络振荡器

（2）接通 A 点，即接通 RC 串、并联选频网络，使电路起振，用示波器观测 V_o 波形，调节 R_f，使其获得波形满意的正弦信号，通过公式 $f = f_0 = 1/2\pi RC$，计算出该 RC 振荡器的振荡频率，将 f_0 的计算值与观测到的波形一并记入表 6.35。

表 6.35　实验数据记录表

实测 f_0	计算 f_0	实测 A_V	V_o 波形
			u_m ↑　　→ t

（3）用频率计测量振荡频率，并与计算值相比较，将测出的 f_0 值也记入表 6.35。

3. 双 T 选频网络振荡器

（1）如图 6.55 所示，先断开 A 点，调节 T_1 管的直流静态工作点，使 $V_{C1} = 8 \sim 10 \text{ V}$。

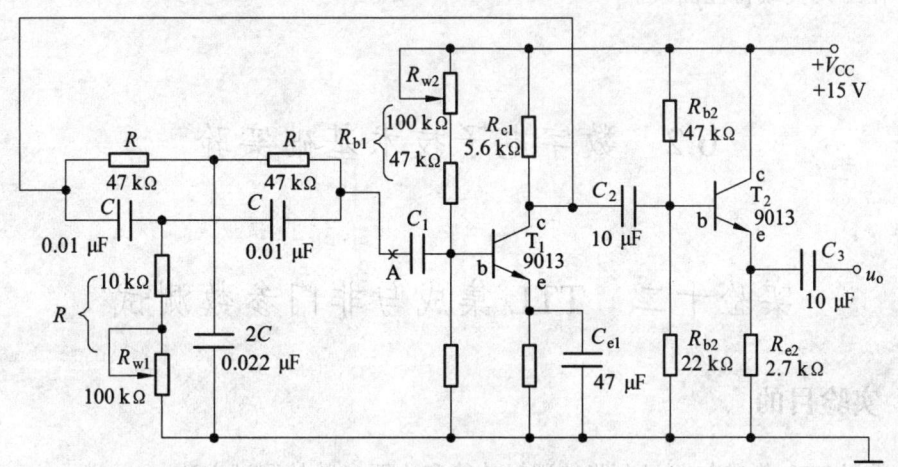

图 6.55　T 选频网络振荡器

（2）接通 A 点，即接通双 T 选频网络，用示波器观察 V_o 波形，若无波形，即没有起振，调节 R_{W1} 使其起振（起振条件：$R' < R/2$，$|A_F| > 1$）。

（3）根据公式 $f \approx f_0 \approx 1/5RC$，计算出振荡器的 f_0。

（4）用频率计实测该振荡器的 f_0 并与计算值相比较。

（5）断开 A 点，如图 6.56 所示，测量双 T 网络的幅频特性。因一般实验室不具备低频扫频仪，故只能用信号源和示波器结合，逐点测量并逐点记录。近似描绘出如图 6.57 所示的幅频特性。

（6）根据双 T 网络传输系数的公式 $\alpha = V_{or}/V_{ir}$，具体计算一下其传输系数。

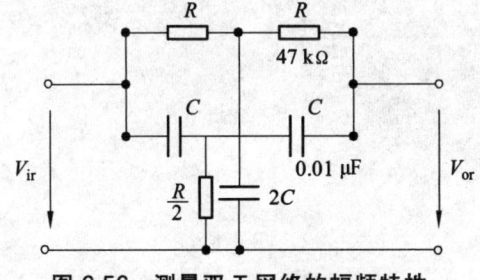

图 6.56　测量双 T 网络的幅频特性

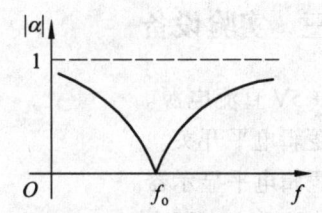

图 6.57　双 T 网络的幅频特性

七、思考题

（1）由给定电路参数计算振荡频率，并与实测值比较，分析误差产生的原因。

（2）总结三类 RC 振荡器的特点。

八、实验报告

按要求完成实验报告:
(1)进行数据处理。
(2)作出其负载特性曲线。

6.2 数字电子技术基础实验

实验十二 TTL集成与非门参数测试

一、实验目的

(1)掌握 TTL 集成与非门电路的逻辑功能和主要参数的测试方法。
(2)学会如何使用 TTL 集成门电路。
(3)学习 Multisim(或其他仿真软件)中与本实验相关器件、虚拟仪器的使用方法。
(4)学会用个人实验设备(口袋实验室)独立完成实验内容。

二、实验指导

根据工作原理和电路图→确定需测试的参数(输出电平、波形、频率、电压等)→选择器材→确定器材规格参数→准备器材→简易检测器材好坏→连接线路→检查线路→测试数据→处理数据→回答问题→完成报告。

可以选择公共实验室、仿真实验、口袋实验室进行实验。

三、实验设备

+5V 直流电源。
逻辑电平开关。
逻辑电平显示器。
直流数字电压表。
直流毫安表。
万用表。
74LS00,1 kΩ、10 kΩ电位器,200 Ω电阻器(0.5 W)。
装有 Multisim(或其他仿真软件)电脑。
口袋实验室、个人电脑、平板、手机。

四、预习要求

（1）复习 TTL 集成与非门参数的有关概念和各个参数的意义。
（2）根据实验任务，画出所需的实验线路及记录表格。

五、实验原理

本实验采用四输入双与非门 74LS00，其符号及引脚排列如图 6.58 所示。

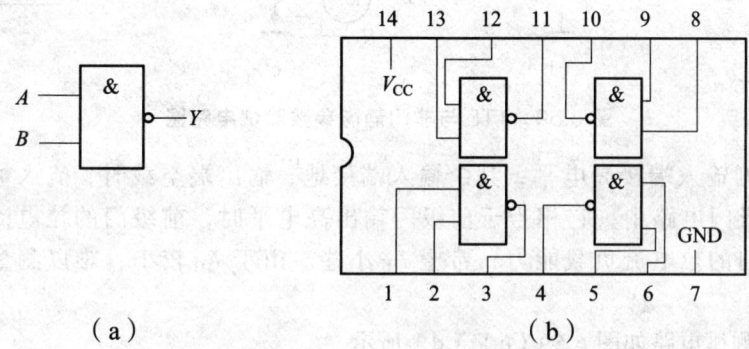

图 6.58　74LS00 逻辑符号及引脚排列

1. 与非门的逻辑功能

与非门的逻辑功能是：当输入端中有一个或一个以上是低电平时，输出端为高电平；只有当输入端全部为高电平时，输出端才是低电平（即有"0"得"1"，全"1"得"0"。）其逻辑表达式为

$$Y = \overline{AB}$$

2. TTL 与非门的主要参数

1）低电平输出电源电流 I_{CCL} 和高电平输出电源电流 I_{CCH}

与非门处于不同的工作状态，电源提供的电流是不同的。I_{CCL} 是指所有输入端悬空，输出端空载时，电源提供器件的电流。I_{CCH} 是指输出端空载，每个门各有一个以上的输入端接地，其余输入端悬空，电源提供给器件的电流。通常 $I_{CCL} > I_{CCH}$，它们的大小标志着器件静态功耗的大小。器件的最大功耗为 $P_{CCL} = V_{CC}I_{CCL}$。手册中提供的电源电流和功耗值是指整个器件总的电源电流和总的功耗。

I_{CCL} 和 I_{CCH} 测试电路如图 6.59（a）、（b）所示。

注意：TTL 电路对电源电压要求较严，电源电压 V_{CC} 只允许在 +5 V±10% 的范围内工作，超过 5.5 V 将损坏器件；低于 4.5 V 器件的逻辑功能将不正常。

2）低电平输入电流 I_{iL} 和高电平输入电流 I_{iH}

I_{iL} 是指被测输入端接地，其余输入端悬空，输出端空载时，由被测输入端流出的电流值。在多级门电路中，I_{iL} 相当于前级门输出低电平时，后级向前级门灌入的电流，因此它关系到前级门的灌电流负载能力，即直接影响前级门电路带负载的个数，因此希望 I_{iL} 小些。

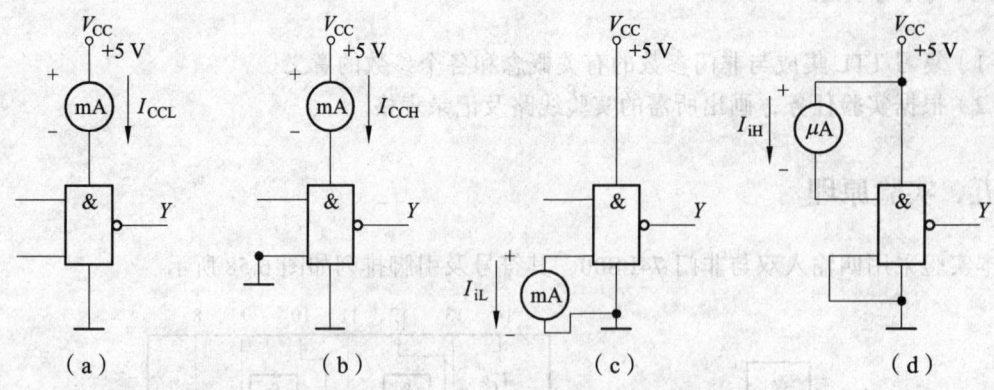

图 6.59　TTL 与非门静态参数测试电路图

I_{iH} 是指被测输入端接高电平，其余输入端接地，输出端空载时，流入被测输入端的电流值。在多级门电路中，它相当于前级门输出高电平时，前级门的拉电流负载，其大小关系到前级门的拉电流负载能力，希望 I_{iH} 小些。由于 I_{iH} 较小，难以测量，一般免于测试。

I_{iL} 与 I_{iH} 的测试电路如图 6.59（c）、（d）所示。

3）扇出系数 N_o

扇出系数 N_o 是指门电路能驱动同类门的个数，它是衡量门电路负载能力的一个参数。TTL 与非门有两种不同性质的负载，即灌电流负载和拉电流负载，因此有两种扇出系数，即低电平扇出系数 N_{oL} 和高电平扇出系数 N_{oH}。通常 $I_{iH} < I_{iL}$，则 $N_{oH} > N_{oL}$，故常以 N_{oL} 作为门的扇出系数。

N_{oL} 的测试电路如图 6.60 所示，门的输入端全部悬空，输出端接灌电流负载 R_L，调节 R_L 使 I_{oL} 增大，V_{oL} 随之增高，当 V_{oL} 达到 V_{oLm}（手册中规定低电平规范值 0.4 V）时的 I_{oL} 就是允许灌入的最大负载电流，则

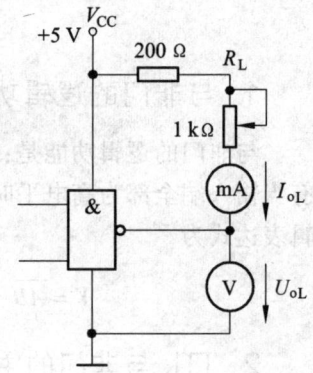

图 6.60　扇出系数试测电路

$$N_{oL} = \frac{I_{oL}}{I_{iL}}$$

通常 $N_{oL} \geqslant 8$。

4）电压传输特性

门的输出电压 V_o 随输入电压 V_i 而变化的曲线 $V_o = f(V_i)$ 称为门的电压传输特性，通过它可读得门电路的一些重要参数，如输出高电平 V_{oH}、输出低电平 V_{oL}、关门电平 V_{off}、开门电平 V_{oN}、阈值电平 V_T 及抗干扰容限 V_{NL}、V_{NH} 等值。测试电路如图 6.61 所示，采用逐点测试法，即调节 R_w，逐点测得 V_i 及 V_o，然后绘成曲线，如图 6.62 所示。电压传输特性可分为四个区域：（1）截止区，如图 6.62 中 AB 段；（2）线性区，如图 6.62 中曲线 1 的 BC 段；（3）转折区，如图 6.62 中 CD 段；（4）饱和区，如图 6.62 中 DE 段。有源泄放电路与非门无线性区（BC 段），如图 6.62 中曲线 2 所示。

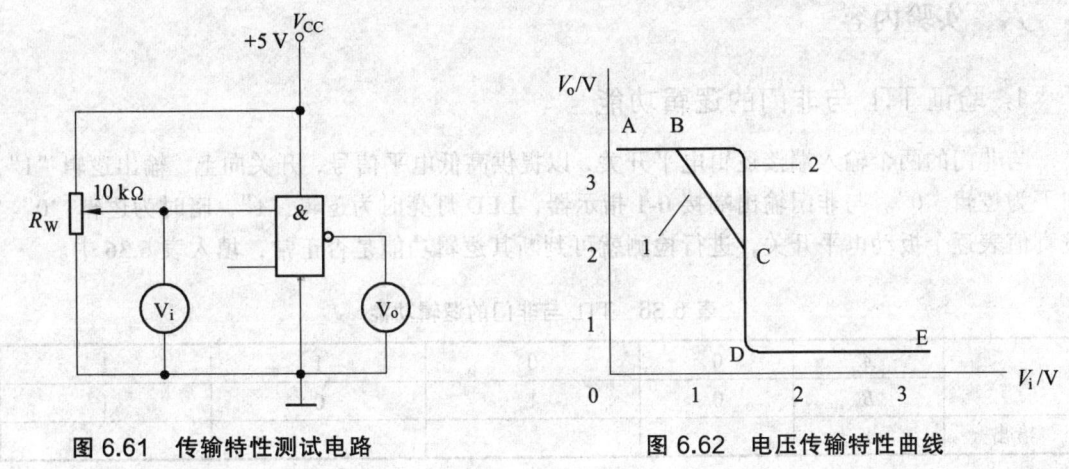

图 6.61 传输特性测试电路　　　　　图 6.62 电压传输特性曲线

5）平均传输延迟时间 t_{pd}

t_{pd} 是衡量门电路开关速度的参数，它是指输出波形边沿的 $0.5V_m$ 至输入波形对应边沿 $0.5V_m$ 点的时间间隔，如图 6.63 所示。

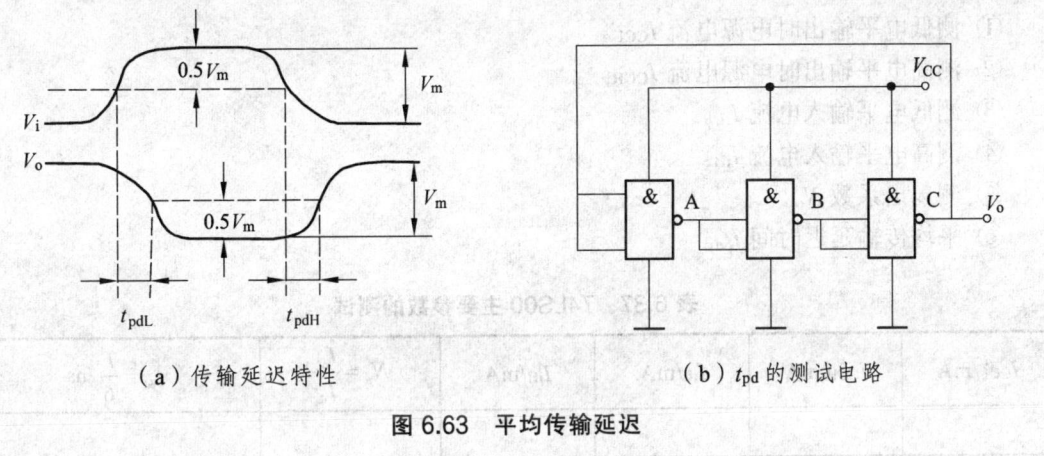

（a）传输延迟特性　　　　　　　　（b）t_{pd} 的测试电路

图 6.63 平均传输延迟

图 6.63（a）中的 t_{pdL} 为导通延迟时间，t_{pdH} 为截止延迟时间，平均传输延迟时间为

$$t_{pd} = \frac{1}{2}(t_{pdL} + t_{pdH})$$

t_{pd} 的测试电路如图 6.63（b）所示，由于 TTL 门电路的延迟时间较小，直接测量时对信号发生器和示波器的性能要求较高，故实验采用测量由奇数个与非门组成的环形振荡器的振荡周期 T 来求得。其工作原理是：假设电路在接通电源后某一瞬间，电路中 A 点为逻辑"1"，经过三级门的延迟后，使 A 点由原来的逻辑"1"变为逻辑"0"；再经过三级门的延迟后，A 点电平又重新回到逻辑"1"，电路中其他各点电平也跟随变化。说明使 A 点发生一个周期的振荡，必须经过 6 级门的延迟时间。因此平均传输延迟时间为

$$t_{pd} = \frac{T}{6}$$

TTL 电路的 t_{pd} 一般在 10～40 ns。

六、实验内容

1. 验证 TTL 与非门的逻辑功能

与非门的两个输入端接逻辑电平开关,以提供高低电平信号,开关向上,输出逻辑"1",向下为逻辑"0"。与非门输出端接 0-1 指示器,LED 灯亮时为逻辑"1",暗时为逻辑"0"。按真值表逐个扳动电平开关,进行检测就可判断其逻辑功能是否正常,填入表 6.36 中。

表 6.36 TTL 与非门的逻辑功能

输入	A	0	0	1	1
	B	0	1	0	1
输出	Y				

2. 74LS00 主要参数的测试

(1) 按图 6.59、图 6.60 和图 6.63 (b) 分别接线并测试下列各直流参数,将测试结果记入表 6.37。

① 测低电平输出时电源电流 I_{CCL}。
② 测高电平输出时电源电流 I_{CCH}。
③ 测低电平输入电流 I_{iL}。
④ 测高电平输入电流 I_{iH}。
⑤ 测扇出系数 N_o。
⑥ 平均传输延迟时间 t_{pd}。

表 6.37 74LS00 主要参数的测试

I_{CCL}/mA	I_{CCH}/mA	I_{iL}/mA	I_{iH}/mA	$N_o = \dfrac{I_{oL}}{I_{iL}}$	$t_{pd} = \dfrac{T}{6}$/ns

(2) 电压传输特性。

按图 6.59 所示电路接线,调节电位器 R_w,使 V_i 从 0 V 向高电平变化,逐点测量 V_i 和 V_o 的对应值,记入表 6.38 中。

表 6.38 74LS00 电压传输特性

V_i/V	0	0.2	0.4	0.6	0.8	1.0	1.5	2.0	2.5	3.0	3.5	4.0	…
V_o/V													

七、思考题

(1) TTL 门电路输入端在什么条件下允许悬空?为什么?
(2) TTL 门电路的电源电压有何要求?

八、实验报告

（1）记录、整理实验结果，并对结果进行分析。
（2）画出实测的电压传输特性曲线，并从中读出各有关参数值。

实验十三　组合逻辑电路实验

一、实验目的

（1）掌握组合逻辑电路的分析方法与测试方法。
（2）了解组合逻辑电路的竞争冒险现象及其消除方法。
（3）学习 Multisim（或其他仿真软件）中与本实验相关器件、虚拟仪器的使用方法。
（4）学会用个人实验设备（口袋实验室）独立完成实验内容。

二、实验指导

根据工作原理和电路图→确定需测试的参数（输出电平、波形、频率、电压等）→选择器材→确定器材规格参数→准备器材→简易检测器材好坏→连接线路→检查线路→测试数据→处理数据→回答问题→完成报告。

可以选择公共实验室、仿真实验、口袋实验室进行实验。

三、实验设备

+5V 直流电源。
逻辑电平开关。
逻辑电平显示器。
直流数字电压表。
CD4011×2（74LS00）、CD4030（74LS86）、74LS54（CC4085）。
装有 Multisim（或其他仿真软件）电脑。
口袋实验室、个人电脑、平板、手机。

四、预习要求

（1）复习有关半加器和全加器的原理，什么是冒险现象以及其消除的方法。
（2）根据实验任务，画出所需的实验线路及记录表格。
（3）按本实验中实验内容的第 4 项和第 5 项的要求设计线路，拟定实验方案。

五、实验原理

1. 基本概念

半加器:指只考虑两个加数本身,而没有考虑相邻低位来的进位。
全加器:不但要考虑本位相加,还要考虑相邻低位的进位信号。

2. 半加器的逻辑表达式

$$\begin{cases} S = A \oplus B = \overline{A}B + A\overline{B} \\ C = A \cdot B \end{cases}$$

式中:S 表示和数;C 表示进位数。

变换成与非形式,有

$$\begin{cases} S = \overline{\overline{\overline{AB} \cdot A} \cdot \overline{\overline{AB} \cdot B}} \\ C = \overline{\overline{A \cdot B}} \end{cases}$$

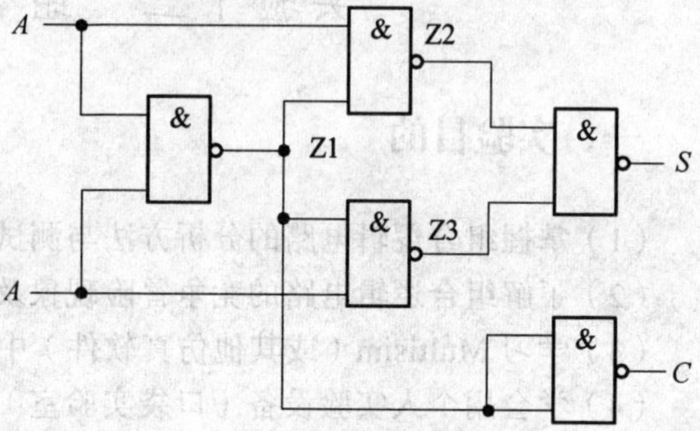

用与非门构成的半加器电路如图 6.64 所示。
用异或门和与非门构成的半加器的电路如图 6.65 所示。

图 6.64 半加器电路(与非门)

3. 全加器

用异或门和与或门构成的全加器,如图 6.66 所示。

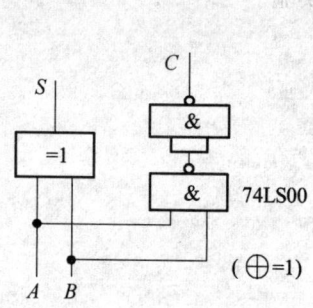

图 6.65 半加器电路(异或门和与非门)

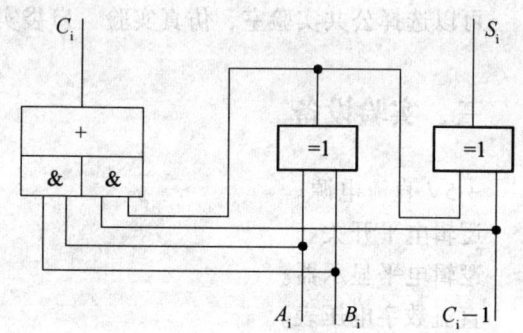

图 6.66 异或门和与或门构成的全加器

全加器的逻辑表达公式

$$a \begin{cases} S_i = A_i \oplus B_i \oplus C_{i-1} \\ C_i = A_i B_i + (A_i \oplus B_i) \cdot C_{i-1} \end{cases}$$

$$b \begin{cases} S_i = \overline{\overline{A_i}\,\overline{B_i}\,\overline{C_{i-1}} + \overline{A_i}B_i C_{i-1} + A_i\overline{B_i}\overline{C_{i-1}} + A_i B_i \overline{C_{i-1}}} \\ C_i = \overline{\overline{A_i}\,\overline{B_i} + \overline{B_i}\,\overline{C_{i-1}} + \overline{A_i}\,\overline{C_{i-1}}} \end{cases}$$

由此可知,一位全加器可以用两个半加器和两个与门一个或门组成。

4. 观察冒险现象

按图 6.67 所示接线。当 $B=1$ 时，$C=1$ 时，A 输入矩形波（$f>1$ MHz）。

用示波器观察 Z 输出波形，若出现冒险，试用添加校正项方法消除。

冒险现象的消除方法：
（1）发现并消掉互补变量。
（2）增加乘积项。
（3）输出端并联电容器（其容量一般为 4～20 pF）。

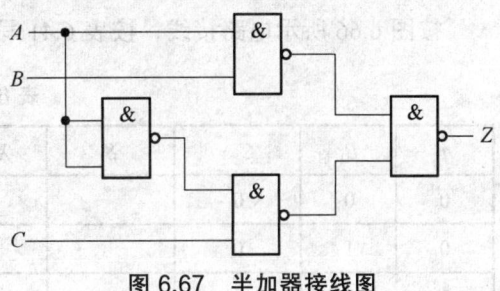

图 6.67　半加器接线图

六、实验内容

1. 用与非门构成半加器

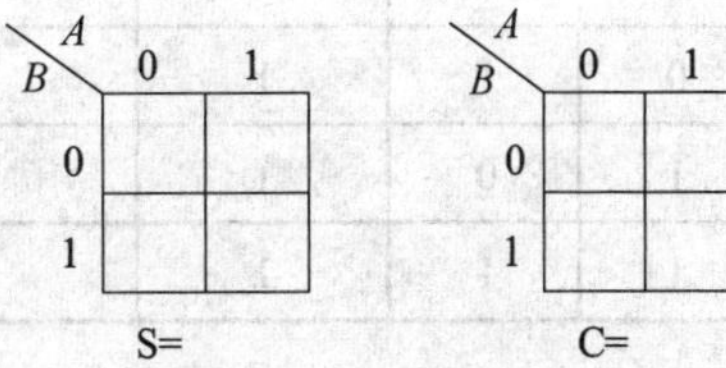

（1）写出图 6.64 所示电路的逻辑表达式：

$Z_1=$　　$Z_2=$　　$Z_3=$　　$S=$　　$C=$

图 6.68　半加器卡诺图

（2）根据表达式列出真值表，填入表 6.39 中，并画出卡诺图（图 6.68）看其能否简化。

表 6.39　实验数据记录表

A	B	Z_1	Z_2	Z_3	S	C
0	0					
0	1					
1	0					
1	1					

（3）根据图 6.64 所示电路接线，A、B 接电平输出，S、C 接至逻辑电平显示输入，按表 6.40 要求进行逻辑状态的测试，将测试结果记入表 6.40 中。并与表 6.39 进行比较，看看两者是否一致。

表 6.40　实验数据记录表

A	B	S	C
0	0		
0	1		
1	0		
1	1		

2. 用异或门和与非门构成的半加器（图 6.65）

A、B 接逻辑电平开关，S、C 接逻辑电平显示输入。分析、测试的方法与用与非门构成半加器的（1）、（3）项相同，将测试结果记入自拟表中，并验证逻辑功能。

3. 异或门和与或门构成全加器

按图 6.66 所示电路接线，按表 6.41 写出真值表。

表 6.41 真值表

A_i	B_i	C_{i-1}	S	X_1	X_2	X_3	S_i	C_i
0	0	0						
0	1	0						
1	0	0						
1	1	0						
0	0	1						
0	1	1						
1	0	1						
1	1	1						

根据上面的真值表画出函数 S_i、C_i 的卡诺图，如图 6.69 所示。

按图 6.66 所示电路接线，用，A_i、B_i、C_i 接逻辑电平开关，S_i、C_i 接逻辑电平显示输入，按表 6.42 要求进行状态测试，将测试结果记入表 6.43 中，并与表 6.41 进行比较，看看两者是否一致。

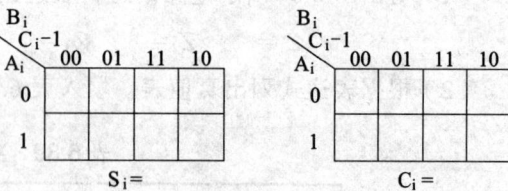

图 6.69 卡诺图

表 6.42 真值表

A_i	B_i	C_{i-1}	S_i	C_i
0	0	0		
0	0	1		
0	1	0		
0	1	1		
1	0	0		
1	0	1		
1	1	0		
1	1	1		

4. 用两个半加器、两个与门和一个或门构成一个全加器

按表 6.42 测试数据。

5. 冒险现象

由于从输入到输出的过程中，不同通路上门的级数不同，或门电路平均延迟时间的差异，使信号从输入经不同通路传到输出级的时间不同，故可能产生错误输出，称冒险现象，有

$$Z = \overline{\overline{AB} \cdot \overline{\overline{AC}}} = AB + \overline{A}C$$

当 B、C 均为 1 时，可能产生"0"形冒险。此时，加蕴含项 BC，当 B、C 为 1 时，$Z = AB + \overline{A}C + BC = 1$，不会出现"0"形冒险，故清除了冒险现象。

按图 6.70 所示电路接线，A 接频率大于 1 kHz 的矩形波，B、C 分别接逻辑电平开关，用双踪示波器同时观察 A 和输出 Z 的波形，观察冒险现象。

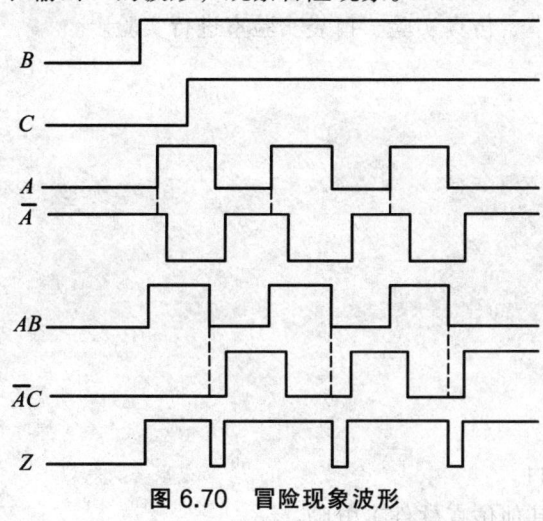

图 6.70　冒险现象波形

七、思考题

（1）如何检测与门、与非门、与或非门等的好坏？
（2）如果竞争冒险现象很弱，或观测不到，是什么原因造成的？如何使该现象更明显一些？

八、实验报告

（1）画出实验线路，填写实验结果并和理论值进行比较，以验证结果是否正确。
（2）画出冒险现象的实验波形并进行分析。

实验十四　译码器及其应用

一、实验目的

（1）掌握中规模集成译码器的逻辑功能和使用方法。

（2）熟悉数码管的使用。
（3）学习 Multisim（或其他仿真软件）中与本实验相关器件、虚拟仪器的使用方法。
（4）学会用个人实验设备（口袋实验室）独立完成实验内容。

二、实验指导

根据工作原理和电路图→确定需测试的参数（输出电平、波形、频率、电压等）→选择器材→确定器材规格参数→准备器材→简易检测器材好坏→连接线路→检查线路→测试数据→处理数据→回答问题→完成报告。

可以选择公共实验室、仿真实验、口袋实验室进行实验。

三、实验设备

+5 V 直流电源。
双踪示波器。
连续脉冲源。
逻辑电平开关。
逻辑电平显示器。
拨码开关组。
译码显示器。
74LS138×2、CC4511。
装有 Multisim（或其他仿真软件）电脑。
口袋实验室、个人电脑、平板、手机。

四、预习要求

（1）复习有关译码器和分配器的原理。
（2）根据实验任务，画出所需的实验线路及记录表格。

五、实验原理

译码器是一个多输入、多输出的组合逻辑电路。它的作用是把给定的代码进行"翻译"，变成相应的状态，使输出通道中相应的一路有信号输出。译码器在数字系统中有广泛的用途，不仅用于代码的转换、终端的数字显示，还用于数据分配，存储器寻址和组合控制信号等。不同的功能可选用不同种类的译码器。

译码器可分为通用译码器和显示译码器两大类。前者又分为变量译码器和代码变换译码器。

1. 变量译码器

变量译码器（又称二进制译码器），用以表示输入变量的状态，如 2 线 – 4 线、3 线 – 8

线和 4 线 – 16 线译码器。若有 n 个输入变量，则有 2^n 个不同的组合状态，就有 2^n 个输出端供其使用。而每一个输出所代表的函数对应于 n 个输入变量的最小项。

以 3 线 – 8 线译码器 74LS138 为例进行分析，图 6.71（a）、（b）分别为其逻辑图及引脚排列。

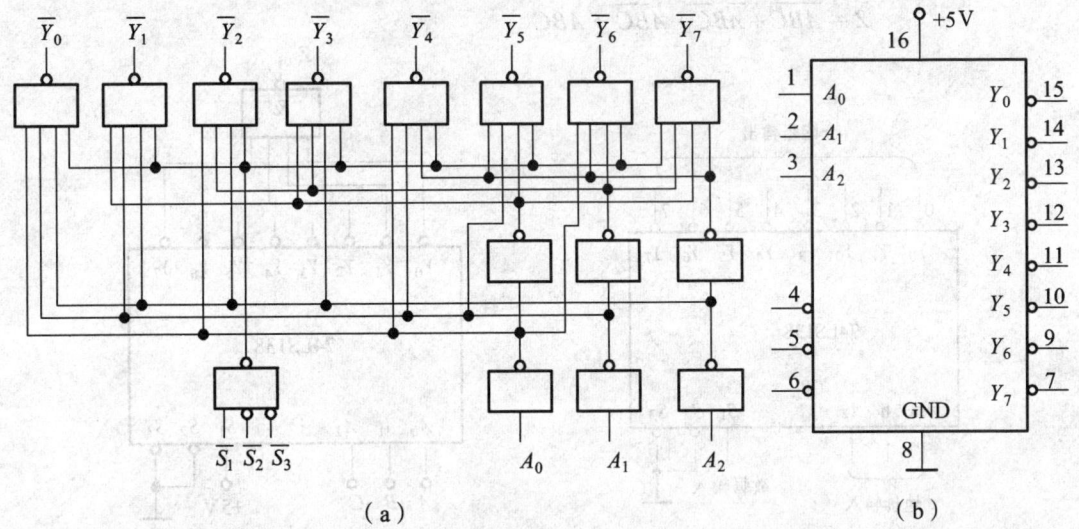

图 6.71 3 – 8 线译码器 74LS138 逻辑图及引脚排列

其中 A_2、A_1、A_0 为地址输入端，$\overline{Y}_0 \sim \overline{Y}_7$ 为译码输出端，S_1、$\overline{S}_2$、$\overline{S}_3$ 为使能端，表 6.43 为 74LS138 功能表。

表 6.43 74LS138 功能表

输入					输出							
S_1	$\overline{S}_2 + \overline{S}_3$	A_2	A_1	A_0	$\overline{Y}_0$	$\overline{Y}_1$	$\overline{Y}_2$	$\overline{Y}_3$	$\overline{Y}_4$	$\overline{Y}_5$	$\overline{Y}_6$	$\overline{Y}_7$
1	0	0	0	0	0	1	1	1	1	1	1	1
1	0	0	0	1	1	0	1	1	1	1	1	1
1	0	0	1	0	1	1	0	1	1	1	1	1
1	0	0	1	1	1	1	1	0	1	1	1	1
1	0	1	0	0	1	1	1	1	0	1	1	1
1	0	1	0	1	1	1	1	1	1	0	1	1
1	0	1	1	0	1	1	1	1	1	1	0	1
1	0	1	1	1	1	1	1	1	1	1	1	0
0	×	×	×	×	1	1	1	1	1	1	1	1
×	1	×	×	×	1	1	1	1	1	1	1	1

当 $S_1 = 1$，$\overline{S}_2 + \overline{S}_3 = 0$ 时，器件使能，地址码所指定的输出端有信号（为 0）输出，其他所有输出端均无信号（全为 1）输出。当 $S_1 = 0$，$\overline{S}_2 + \overline{S}_3 = X$ 时，或 $S_1 = X$，$\overline{S}_2 + \overline{S}_3 = 1$ 时，译码器被禁止，所有输出同时为 1。

二进制译码器实际上也是负脉冲输出的脉冲分配器。若利用使能端中的一个输入端输入数据信息，器件就成为一个数据分配器（又称多路分配器），如图 6.72 所示。若在 S_1 输入端输入数据信息，$\overline{S}_2 = \overline{S}_3 = 0$，地址码所对应的输出是 S_1 数据信息的反码；若从 $\overline{S}_2$ 端输入数据信息，令 $S_1 = 1$、$\overline{S}_3 = 0$，地址码所对应的输出就是 $\overline{S}_2$ 端数据信息的原码。若数据信息是时钟脉冲，则数据分配器便成为时钟脉冲分配器。

根据输入地址的不同组合译出唯一地址,故可用作地址译码器。接成多路分配器,可将一个信号源的数据信息传输到不同的地点。

二进制译码器还能方便地实现逻辑函数,如图 6.73 所示,实现的逻辑函数是

$$Z = \overline{\overline{ABC} + \overline{A}\overline{B}C + \overline{A}B\overline{C} + ABC}$$

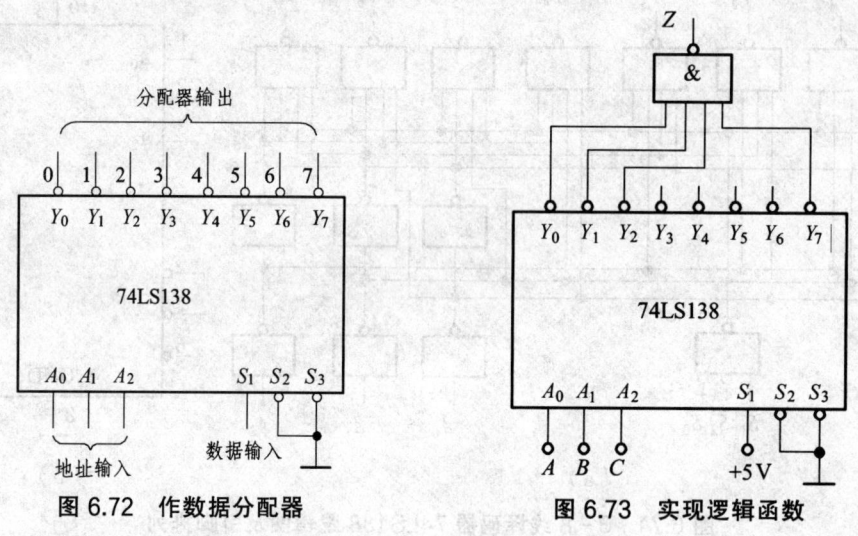

图 6.72　作数据分配器　　　　图 6.73　实现逻辑函数

利用使能端能方便地将两个 3/8 译码器组合成一个 4/16 译码器,如图 6.74 所示。

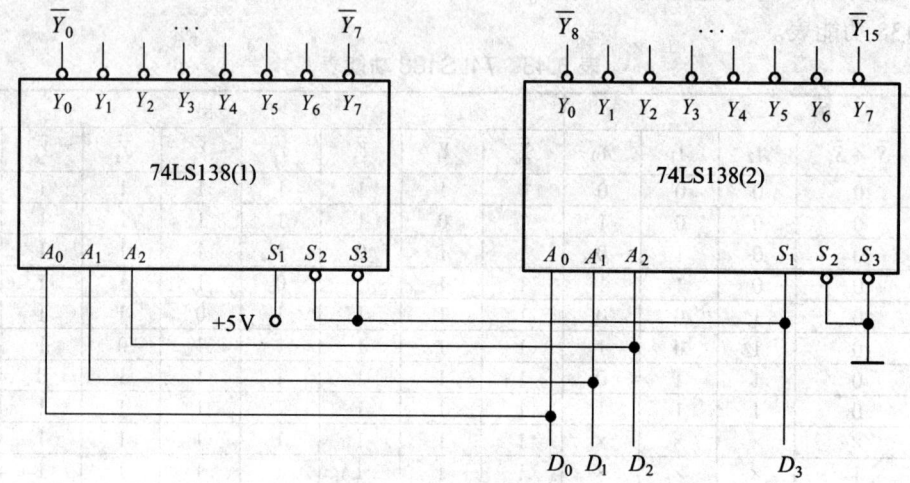

图 6.74　用两片 74LS138 组合成 4/16 译码器

2. 数码显示译码器

1）七段发光二极管（LED）数码管

LED 数码管是目前最常用的数字显示器,图 6.75（a）、（b）为共阴管和共阳管的电路,图 6.75（c）为两种不同出线形式的引出脚功能图。

一个 LED 数码管可用来显示一位 0~9 十进制数和一个小数点。小型数码管（0.5 寸和 0.36 寸）每段发光二极管的正向压降随显示光（通常为红、绿、黄、橙色）的颜色不同略有差别,通常约为 2~2.5 V,每个发光二极管的点亮电流在 5~10 mA。LED 数码管要显示 BCD 码所表示的十进

制数字就需要有一个专门的译码器，该译码器不但要完成译码功能，还要有相当的驱动能力。

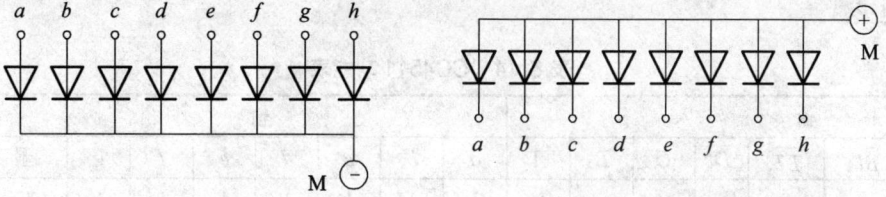

（a）共阴连接（"1"电平驱动）　　　　（b）共阳连接（"0"电平驱动）

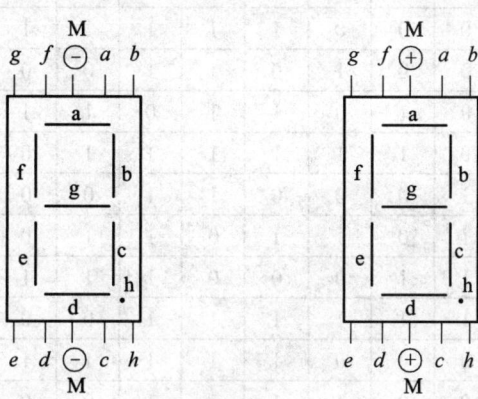

图 6.75　LED 数码管的符号及引脚功能

2）BCD 码七段译码驱动器

此类译码器型号有 74LS47（共阳）、74LS48（共阴）和 CC4511（共阴）等，本实验系采用 CC4511 BCD 码锁存/七段译码/驱动器驱动共阴极 LED 数码管。图 6.76 所示为 CC4511 的引脚排列。

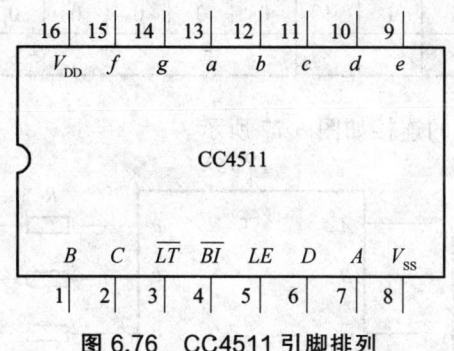

图 6.76　CC4511 引脚排列

A、B、C、D —— BCD 码输入端；

a、b、c、d、e、f、g —— 译码输出端，输出"1"有效，用来驱动共阴极 LED 数码管；

$\overline{LT}$ —— 测试输入端，$\overline{LT}$ = "0" 时，译码输出全为"1"；

$\overline{BI}$ —— 消隐输入端，$\overline{BI}$ = "0" 时，译码输出全为"0"；

LE —— 锁定端，LE = "1" 时译码器处于锁定（保持）状态，译码输出保持在 LE = 0 时的数值，LE = 0 为正常译码。

表 6.44 为 CC4511 功能表。CC4511 内接有上拉电阻，故只需在输出端与数码管笔段之

间串入限流电阻即可工作。译码器还有拒伪码功能，当输入码超过1001时，输出全为"0"，数码管熄灭。

表 6.44　CC4511 功能表

输入							输出							显示字形
LE	$\overline{BI}$	$\overline{LT}$	D	C	B	A	a	b	c	d	e	f	g	
×	×	0	×	×	×	×	1	1	1	1	1	1	1	8
×	0	1	×	×	×	×	0	0	0	0	0	0	0	消隐
0	1	1	0	0	0	0	1	1	1	1	1	1	0	0
0	1	1	0	0	0	1	0	1	1	0	0	0	0	1
0	1	1	0	0	1	0	1	1	0	1	1	0	1	2
0	1	1	0	0	1	1	1	1	1	1	0	0	1	3
0	1	1	0	1	0	0	0	1	1	0	0	1	1	4
0	1	1	0	1	0	1	1	0	1	1	0	1	1	5
0	1	1	0	1	1	0	0	0	1	1	1	1	1	6
0	1	1	0	1	1	1	1	1	1	0	0	0	0	7
0	1	1	1	0	0	0	1	1	1	1	1	1	1	8
0	1	1	1	0	0	1	1	1	1	0	0	1	1	9
0	1	1	1	0	1	0	0	0	0	0	0	0	0	消隐
0	1	1	1	0	1	1	0	0	0	0	0	0	0	消隐
0	1	1	1	1	0	0	0	0	0	0	0	0	0	消隐
0	1	1	1	1	0	1	0	0	0	0	0	0	0	消隐
0	1	1	1	1	1	0	0	0	0	0	0	0	0	消隐
0	1	1	1	1	1	1	0	0	0	0	0	0	0	消隐
1	1	1	×	×	×	×	锁存							锁存

CC4511 与 LED 数码管的连接如图 6.77 所示。

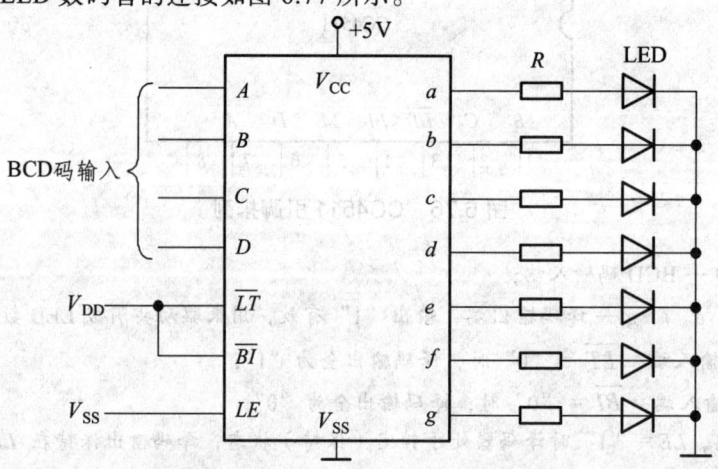

图 6.77　CC4511 驱动一位 LED 数码管

六、实验内容

1. BCD 码/七段码译码器（CC4511）逻辑功能测试

按图 6.77 连接 BCD 码/七段码译码器和七段 LED 数码管显示器，显示译码结果，并与测试结果对照。逐项测试译码器的逻辑功能。

2. 74LS138 译码器逻辑功能测试

将译码器使能端 S_1、$\bar{S}_2$、$\bar{S}_3$ 及地址端 A_2、A_1、A_0 分别接至逻辑电平开关输出口，八个输出端 $\bar{Y}_7 \sim \bar{Y}_0$ 依次连接在逻辑电平显示器的八个输入口上，拨动逻辑电平开关，按表 6.43 逐项测试 74LS138 的逻辑功能。

3. 用 74LS138 构成时序脉冲分配器

参照图 6.72 和实验原理说明，时钟脉冲 CP 频率约为 10 kHz，要求分配器输出端 $\bar{Y}_0 \sim \bar{Y}_7$ 的信号与 CP 输入信号同相。

画出分配器的实验电路，用示波器观察和记录在地址端 A_2、A_1、A_0 分别取 000~111 8 种不同状态时 $\bar{Y}_0 \sim \bar{Y}_7$ 端的输出波形，注意输出波形与 CP 输入波形之间的相位关系。

用两片 74LS138 组合成一个 4 线—16 线译码器，并进行实验。

七、思考题

怎样实现 2 个 BCD 七段译码器级联？

八、实验报告

（1）画出实验线路，把观察到的波形画在坐标纸上，并标上对应的地址码。
（2）对实验结果进行分析、讨论。

实验十五　集成触发器及其应用

一、实验目的

（1）深入了解基本 RS、JK、D 和 T 触发器的逻辑功能。
（2）掌握集成触发器的使用和逻辑功能的测试方法。
（3）熟悉触发器之间相互转换的方法。
（4）学习 Multisim（或其他仿真软件）中与本实验相关器件、虚拟仪器的使用方法。
（5）学会用个人实验设备（口袋实验室）独立完成实验内容。

二、实验指导

根据工作原理和电路图→确定需测试的参数（输出电平、波形、频率、电压等）→选择器材→确定器材规格参数→准备器材→简易检测器材好坏→连接线路→检查线路→测试数据→处理数据→回答问题→完成报告。

可以选择公共实验室、仿真实验、口袋实验室进行实验。

三、实验设备

+5 V 直流电源。
单次脉冲源。
逻辑电平开关。
逻辑电平显示器。
74LS112、74LS00、74LS74。
装有 Multisim（或其他仿真软件）电脑。
口袋实验室、个人电脑、平板、手机。

四、预习要求

（1）复习有关触发器内容。
（2）列出各触发器功能测试表格。

五、实验原理

触发器具有两个稳定状态，用以表示逻辑状态"1"和"0"，在一定的外界信号作用下，可以从一个稳定状态翻转到另一个稳定状态，它是一个具有记忆功能的二进制信息存储器件，是构成各种时序电路的最基本逻辑单元。

1. 基本 RS 触发器

图 6.78 所示为由两个与非门交叉耦合构成的基本 RS 触发器，它是无时钟控制低电平直接触发的触发器。基本 RS 触发器具有置"0"、置"1"和"保持"三种功能。通常称 $\bar{S}$ 为置"1"端，因为 $\bar{S}=0$（$\bar{R}=1$）时触发器被置"1"；$\bar{R}$ 为置"0"端，因为 $\bar{R}=0$（$\bar{S}=1$）时触发器被置"0"，当 $\bar{S}=\bar{R}=1$ 时状态保持；$\bar{S}=\bar{R}=0$ 时，触发器状态不定，应避免此种情况发生。基本 RS 触发器也可以用两个"或非门"组成，此时为高电平触发有效。

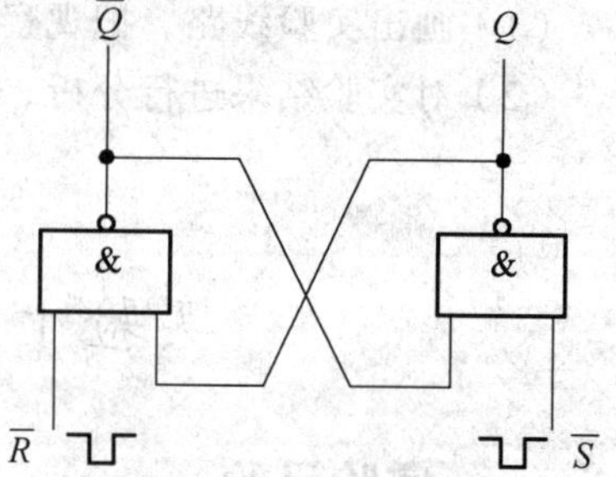

图 6.78 基本 RS 触发器

2. D 触发器

在输入信号为单端的情况下，D 触发器用起来最为方便，其状态方程为 $Q^{n+1}=D^n$，其输出状态的更新发生在 CP 脉冲的上升沿，故又称为上升沿触发的边沿触发器，触发器的状态只取决于时钟到来前 D 端的状态，D 触发器的应用很广，可用作数字信号的寄存，移位寄存，分频和波形发生等。有很多种型号可供各种用途的需要而选用。如双 D 74LS74、四 D 74LS175、六 D 74LS174 等。

图 6.79 所示为双 D 74LS74 的引脚排列及逻辑符号。

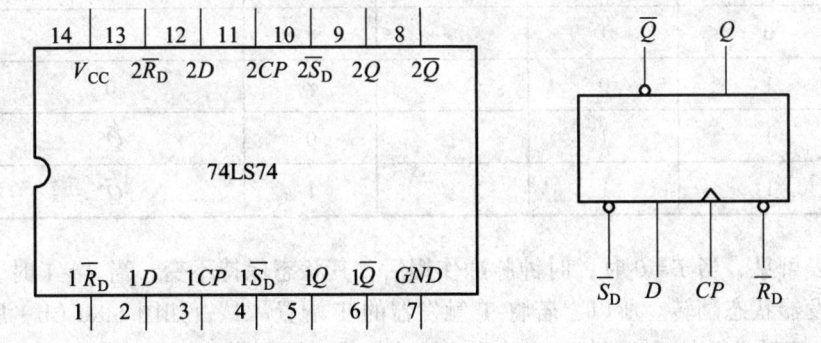

图 6.79　74LS74 引脚排列及逻辑符号

3. JK 触发器

在输入信号为双端的情况下，JK 触发器是功能完善、使用灵活和通用性较强的一种触发器。本实验采用 74LS73 双 JK 触发器，是下降边沿触发的边沿触发器。

JK 触发器的状态方程为

$$Q^{n+1} = J\bar{Q}^n + \bar{K}Q^n$$

J 和 K 是数据输入端，是触发器状态更新的依据，若 J、K 有两个或两个以上输入端时，组成"与"的关系。Q 与 $\bar{Q}$ 为两个互补输出端，通常把 $Q=0$、$\bar{Q}=1$ 的状态定为触发器"0"状态；而把 $Q=1$，$\bar{Q}=0$ 定为"1"状态。

JK 触发器常被用作缓冲存储器，移位寄存器和计数器。

4. 触发器之间的相互转换

在集成触发器的产品中，每一种触发器都有自己固定的逻辑功能。但可以利用转换的方法获得具有其他功能的触发器。例如将 JK 触发器的 J、K 两端连在一起，并认它为 T 端，就得到所需的 T 触发器。如图 6.80（a）所示，其状态方程为

$$Q^{n+1} = T\bar{Q}^n + \bar{T}Q^n$$

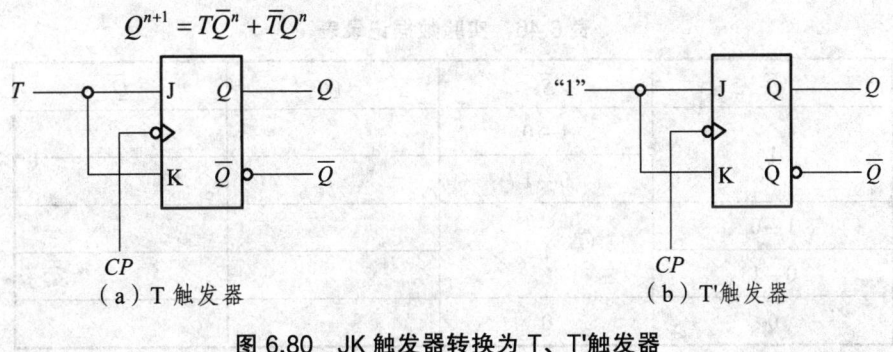

（a）T 触发器　　　　　　　　　　（b）T'触发器

图 6.80　JK 触发器转换为 T、T'触发器

T 触发器的功能见表 6.45。

表 6.45　T 触发器功能表

输入				输出
$\overline{S}_D$	$\overline{R}_D$	CP	T	Q^{n+1}
0	1	×	×	1
1	0	×	×	0
1	1	↓	0	Q^n
1	1	↓	1	$\overline{Q}^n$

由功能表可见，当 $T=0$ 时，时钟脉冲作用后，其状态保持不变；当 $T=1$ 时，时钟脉冲作用后，触发器状态翻转。所以，若将 T 触发器的 T 端置"1"，如图 6.80（b）所示，即得 T'触发器。在 T'触发器的 CP 端每来一个 CP 脉冲信号，触发器的状态就翻转一次，故称之为反转触发器，广泛用于计数电路中。

同样，若将 D 触发器 $\overline{Q}$ 端与 D 端相连，便转换成 T'触发器。如图 6.81 所示。

JK 触发器也可转换为 D 触发器，如图 6.82 所示。

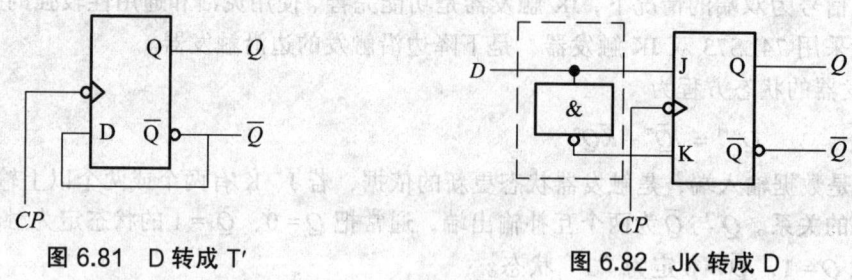

图 6.81　D 转成 T'　　　　　　　图 6.82　JK 转成 D

六、实验内容

1. 测试基本 RS 触发器的逻辑功能

按图 6.78 所示电路，用两个与非门组成基本 RS 触发器，输入端 $\overline{R}$、$\overline{S}$ 接逻辑开关的输出插口，输出端 Q、$\overline{Q}$ 接逻辑电平显示输入插口，按表 6.46 要求测试并记录。

表 6.46　实验数据记录表

$\overline{R}$	$\overline{S}$	Q	$\overline{Q}$
1	1→0		
	0→1		
1→0	1		
0→1			
0	0		

2. 测试双 D 触发器 74LS74 的逻辑功能

按表 6.47 要求进行测试，并观察触发器状态更新是否发生在 CP 脉冲的上升沿（即由 0→1）并记录。

表 6.47 实验数据记录表

D	CP	Q^{n+1}	
		$Q^n = 0$	$Q^n = 1$
0	0→1		
0	1→0		
1	0→1		
1	1→0		

3. 测试双 JK 触发器 74LS73 的逻辑功能

（1）按表 6.48 的要求改变 J、K、CP 端状态，观察 Q、$\bar{Q}$ 状态变化，观察触发器状态更新是否发生在 CP 脉冲的下降沿（即 CP 由 1→0）并记录。

表 6.48 实验数据记录表

J	K	CP	Q^{n+1}	
			$Q^n = 0$	$Q^n = 1$
0	0	0→1		
0	0	1→0		
0	1	0→1		
0	1	1→0		
1	0	0→1		
1	0	1→0		
1	1	0→1		
1	1	1→0		

4. 测试触发器之间的相互转换

（1）将 JK 触发器的 J、K 端连在一起，构成 T 触发器。

在 CP 端输入 1 Hz 连续脉冲，用双踪示波器观察 CP、Q、$\bar{Q}$ 端波形，注意相位关系并描绘。

（2）将 D 触发器的 $\bar{Q}$ 端与 D 端相连接，构成 T'触发器。

在 CP 端输入 1 Hz 连续脉冲，用双踪示波器观察 CP、Q、$\bar{Q}$ 端波形，注意相位关系并描绘。

七、思考题

（1）主从型触发器在 $CP=1$ 期间对输入端 J、K 的信号有何要求？为什么？
（2）在实验中，$\bar{R}_D$、$\bar{S}_D$ 应处于什么状态？
（3）对 74LS74，在 $CP=1$、$D=0$ 的条件下，如何使触发器置"1"？
（4）比较主从型触发器、维持阻塞型触发器的特点。
（5）利用普通的机械开关组成的数据开关所产生的信号是否可作为触发器的时钟脉冲信号？为什么？是否可以用作触发器的其他输入端的信号？又是为什么？

八、实验报告

（1）列表整理各类触发器的逻辑功能。
（2）总结观察到的波形，说明触发器的触发方式。
（3）体会触发器的应用。

实验十六　计数器及其应用

一、实验目的

（1）学习用集成触发器构成计数器的方法。
（2）掌握中规模集成计数器的使用及功能测试方法。
（3）学习 Multisim（或其他仿真软件）中与本实验相关器件、虚拟仪器的使用方法。
（4）学会用个人实验设备（口袋实验室）独立完成实验内容。

二、实验指导

根据工作原理和电路图→确定需测试的参数（输出电平、波形、频率、电压等）→选择器材→确定器材规格参数→准备器材→简易检测器材好坏→连接线路→检查线路→测试数据→处理数据→回答问题→完成报告。

可以选择公共实验室、仿真实验、口袋实验室进行实验。

三、实验设备

+5 V 直流电源。
双踪示波器。
连续脉冲源。

单次脉冲源。
逻辑电平开关。
逻辑电平显示器。
译码显示器。
CC4013×2（74LS74）、CC40192×3（74LS192）、CC4011（74LS00）、CC4012（74LS20）。
装有 Multisim（或其他仿真软件）电脑。
口袋实验室、个人电脑、平板、手机。

四、预习要求

（1）复习有关计数器部分内容。
（2）绘出各实验内容的详细线路图。
（3）拟出各实验内容所需的测试记录表格。
（4）查手册，给出并熟悉实验所用各集成块的引脚排列图。

五、实验原理

计数器是一个用以实现计数功能的时序部件，它不仅可用来计脉冲数，还常用作数字系统的定时、分频和执行数字运算以及其他特定的逻辑功能。

计数器种类很多。按构成计数器中的各触发器是否使用一个时钟脉冲源来分，有同步计数器和异步计数器；根据计数制的不同，分为二进制计数器、十进制计数器和任意进制计数器；根据计数的增减趋势，又分为加法、减法和可逆计数器；还有可预置数和可编程序功能计数器等。目前，无论是 TTL 还是 CMOS 集成电路，都有品种较齐全的中规模集成计数器。使用者只要借助于器件手册提供的功能表和工作波形图以及引出端的排列，就能正确地运用这些器件。

1. 用 D 触发器构成异步二进制加/减计数器

图 6.83 所示是用四只 D 触发器构成的四位二进制异步加法计数器，它的连接特点是将每只 D 触发器接成 T'触发器，再由低位触发器的 $\overline{Q}$ 端和高一位的 CP 端相连接。

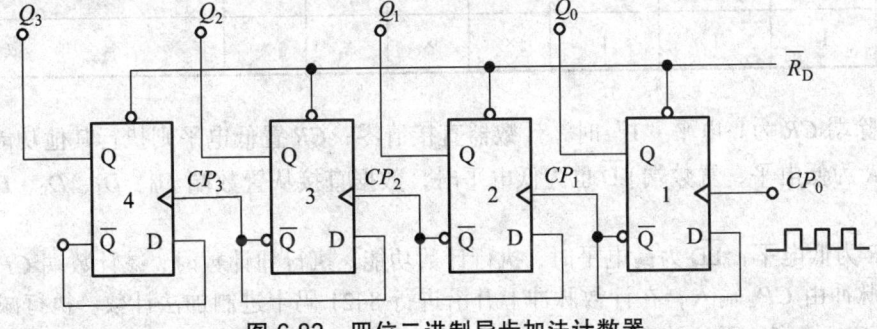

图 6.83 四位二进制异步加法计数器

若将图 6.83 稍加改动，即将低位触发器的 Q 端与高一位的 CP 端相连接，即构成了一个

4位二进制减法计数器。

2. 中规模十进制计数器

CC40192是同步十进制可逆计数器,具有双时钟输入,并具有清除和置数等功能,其引脚排列及逻辑符号如图6.84所示。

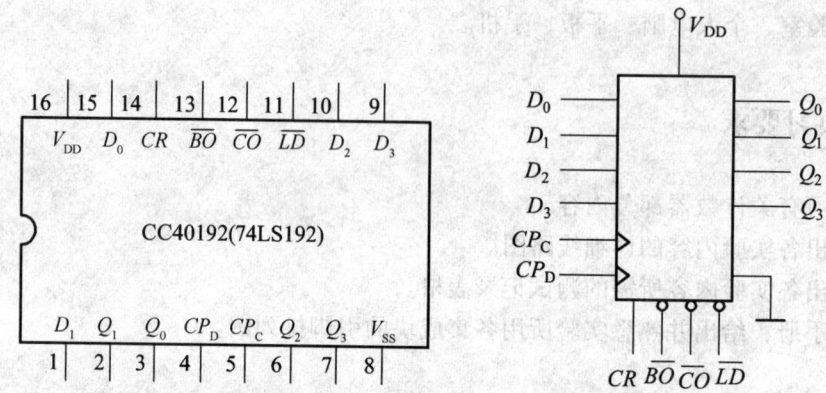

图 6.84　CC40192 引脚排列及逻辑符号

$\overline{LD}$—置数端；CP_U—加计数端；CP_D—减计数端；$\overline{CO}$—非同步进位输出端；$\overline{BO}$—非同步借位输出端；D_0、D_1、D_2、D_3—计数器输入端；Q_0、Q_1、Q_2、Q_3—数据输出端；CR—清除端。

CC40192（同74LS192，二者可互换使用）的功能见表6.49。

表 6.49　CC40192 功能表

输 入								输 出			
CR	$\overline{LD}$	CP_U	CP_D	D_3	D_2	D_1	D_0	Q_3	Q_2	Q_1	Q_0
1	×	×	×	×	×	×	×	0	0	0	0
0	0	×	×	d	c	b	a	d	c	b	a
0	1	↑	1	×	×	×	×	加 计 数			
0	1	1	↑	×	×	×	×	减 计 数			

当清除端CR为高电平"1"时,计数器直接清零；CR置低电平则执行其他功能。

当CR为低电平,置数端$\overline{LD}$也为低电平时,数据直接从置数端D_0、D_1、D_2、D_3置入计数器。

当CR为低电平,$\overline{LD}$为高电平时,执行计数功能。执行加计数时,减计数端CP_D接高电平,计数脉冲由CP_U输入；在计数脉冲上升沿进行8421码十进制加法计数。执行减计数时,加计数端CP_U接高电平,计数脉冲由减计数端CP_D输入,表6.50为8421码十进制加、减计数器的状态转换表。

表 6.50　8421 码十进制加、减计数器的状态转换表

加法计数 →

输入脉冲数		0	1	2	3	4	5	6	7	8	9
输出	Q_3	0	0	0	0	0	0	0	0	1	1
	Q_2	0	0	0	0	1	1	1	1	0	0
	Q_1	0	0	1	1	0	0	1	1	0	0
	Q_0	0	1	0	1	0	1	0	1	0	1

← 减法计数

3. 计数器的级联使用

一个十进制计数器只能表示 0~9 这十个数，为了扩大计数器范围，常用多个十进制计数器级联使用。同步计数器往往设有进位（或借位）输出端，故可选用其进位（或借位）输出信号驱动下一级计数器。

图 6.85 所示是由 CC40192 利用进位输出 $\overline{CO}$ 控制高一位的 CP_U 端构成的加数级联图。

4. 实现任意进制计数

1) 用复位法获得任意进制计数器

假定已有 N 进制计数器，而需要得到一个 M 进制计数器时，只要 M < N，用复位法使计数器计数到 M 时置"0"，即获得 M 进制计数器。图 6.86 所示为一个由 CC40192 十进制计数器接成的 6 进制计数器。

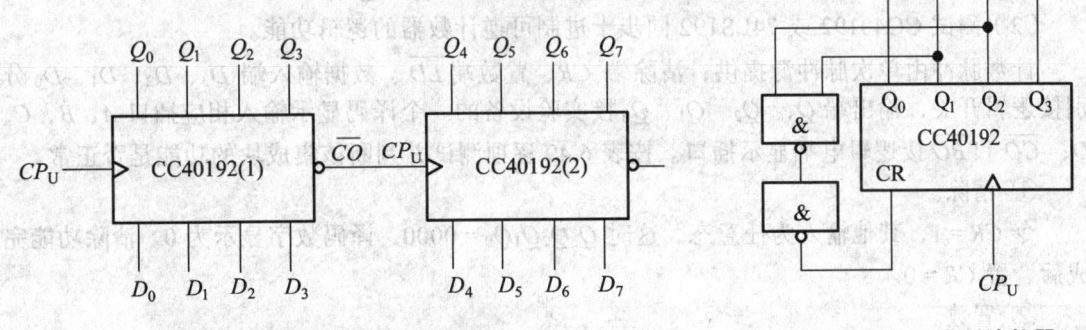

图 6.85　CC40192 级联电路　　　　图 6.86　六进制计数器

2) 利用预置功能获 M 进制计数器

图 6.87 所示是一个特殊 12 进制的计数器电路方案。在数字钟里，对时位的计数序列是 1、2、…11、12、1、…是 12 进制的，且无 0 数。当计数到 13 时，通过与非门产生一个复位信号，使 CC40192（2）[时十位] 直接置成 0000，而 CC40192（1），即时的个位直接置成 0001，从而实现了 1~12 计数。

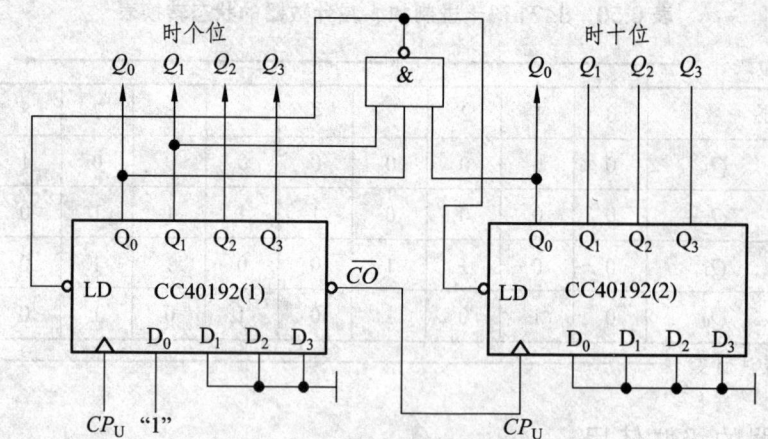

图 6.87 特殊 12 进制计数器

六、实验内容

（1）用 CC4013 或 74LS74 D 触发器构成 4 位二进制异步加法计数器。

① 按图 6.83 所示电路接线，$\overline{R}_D$ 接至逻辑开关输出插口，将低位 CP_0 端接单次脉冲源，输出端 Q_3、Q_2、Q_1、Q_0 接逻辑电平显示输入插口，各 $\overline{S}_D$ 接高电平"1"。

② 清零后，逐个送入单次脉冲，观察并列表记录 $Q_3 \sim Q_0$ 状态。

③ 将单次脉冲改为 1 Hz 的连续脉冲，观察 $Q_3 \sim Q_0$ 的状态。

④ 将 1 Hz 的连续脉冲改为 1 kHz，用双踪示波器观察 CP、Q_3、Q_2、Q_1、Q_0 端波形并描绘。

⑤ 将图 6.83 所示电路中的低位触发器的 $\overline{Q}$ 端与高一位的 CP 端相连接，构成减法计数器，按实验内容②、③、④进行实验，观察并列表记录 $Q_3 \sim Q_0$ 的状态。

（2）测试 CC40192 或 74LS192 同步十进制可逆计数器的逻辑功能。

计数脉冲由单次脉冲源提供，清除端 CR、置数端 $\overline{LD}$、数据输入端 D_3、D_2、D_1、D_0 分别接逻辑开关，输出端 Q_3、Q_2、Q_1、Q_0 接实验设备的一个译码显示输入相应插口 A、B、C、D；$\overline{CO}$ 和 $\overline{BO}$ 接逻辑电平显示插口。按表 6.49 逐项测试并判断该集成块的功能是否正常。

① 清除。

令 $CR = 1$，其他输入为任意态，这时 $Q_3Q_2Q_1Q_0 = 0000$，译码数字显示为 0。清除功能完成后，置 $CR = 0$。

② 置数。

令 $CR = 0$，CP_U、CP_D 任意，数据输入端输入任意一组二进制数，令 $\overline{LD} = 0$，观察计数译码显示输出，预置功能是否完成，此后置 $\overline{LD} = 1$。

③ 加计数。

令 $CR = 0$，$\overline{LD} = CP_D = 1$，CP_U 接单次脉冲源。清零后送入 10 个单次脉冲，观察译码数字显示是否按 8421 码十进制状态转换表进行；输出状态变化是否发生在 CP_U 的上升沿。

④ 减计数。

令 $CR = 0$，$\overline{LD} = CP_U = 1$，CP_D 接单次脉冲源。参照③进行实验。

（3）如图 6.85 所示，用两片 CC40192 组成两位十进制加法计数器，输入 1 Hz 连续计数脉冲，进行由 00~99 累加计数并记录。

（4）将两位十进制加法计数器改为两位十进制减法计数器，实现由 99~00 递减计数并记录。

（5）按图 6.86 所示电路进行实验并记录。

（6）按图 6.87 所示电路组成 12 进制计数器进行实验并记录。

七、思考题

（1）怎样设计一个数字钟秒位 60 进制计数器，写出设计步骤。

（2）如何用计数器构成分频电路？

八、实验报告

（1）画出实验线路图，记录、整理实验现象及实验所得的有关波形。对实验结果进行分析。

（2）总结使用集成计数器的体会。

实验十七　移位寄存器及其应用

一、实验目的

（1）掌握中规模 4 位双向移位寄存器逻辑功能及使用方法。

（2）熟悉移位寄存器的应用——实现数据的串行、并行转换和构成环形计数器。

（3）学习 Multisim（或其他仿真软件）中与本实验相关器件、虚拟仪器的使用方法。

（4）学会用个人实验设备（口袋实验室）独立完成实验内容。

二、实验指导

根据工作原理和电路图→确定需测试的参数（输出电平、波形、频率、电压等）→选择器材→确定器材规格参数→准备器材→简易检测器材好坏→连接线路→检查线路→测试数据→处理数据→回答问题→完成报告。

可以选择公共实验室、仿真实验、口袋实验室进行实验。

三、实验设备

+5 V 直流电源。

单次脉冲源

逻辑电平开关。

逻辑电平显示器

CC40194×2（74LS194）、CC4011（74LS00）、CC4068（74LS30）。

装有 Multisim（或其他仿真软件）电脑。

口袋实验室、个人电脑、平板、手机。

四、预习要求

（1）复习有关寄存器及串行、并行转换器有关内容。

（2）查阅 CC40194、CC4011 及 CC4068 逻辑线路，熟悉其逻辑功能及引脚排列。

五、实验原理

1. 移位寄存器

移位寄存器是一个具有移位功能的寄存器，是指寄存器中所存的代码能够在移位脉冲的作用下依次左移或右移。既能左移又能右移的称为双向移位寄存器，只需要改变左、右移的控制信号便可实现双向移位要求。根据移位寄存器存取信息的方式不同分为：串入串出、串入并出、并入串出、并入并出四种形式。

本实验选用的 4 位双向通用移位寄存器，型号为 CC40194 或 74LS194，两者功能相同，可互换使用，其逻辑符号及引脚排列如图 6.88 所示。

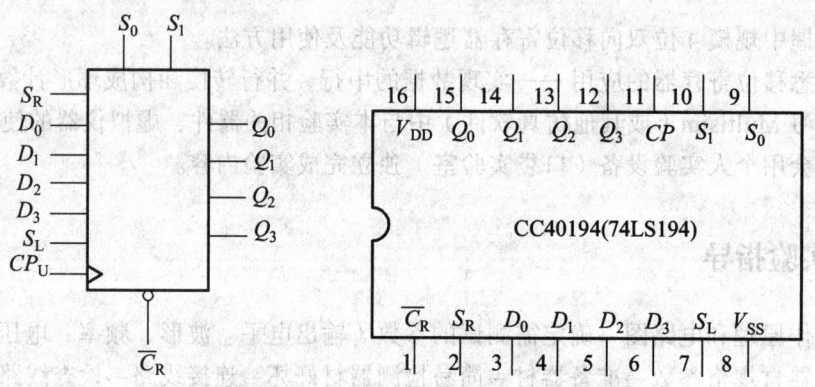

图 6.88　CC40194 的逻辑符号及引脚功能

其中 D_0、D_1、D_2、D_3 为并行输入端；Q_0、Q_1、Q_2、Q_3 为并行输出端；S_R 为右移串行输入端，S_L 为左移串行输入端；S_1、S_0 为操作模式控制端；$\overline{C_R}$ 为直接无条件清零端；CP 为时钟脉冲输入端。

CC40194 有 5 种不同操作模式：即并行送数寄存、右移（方向由 $Q_0 \rightarrow Q_3$）、左移（方向由 $Q_3 \rightarrow Q_0$）、保持及清零。S_1、S_0 和 $\overline{C_R}$ 端的控制作用如表 6.51。

表 6.51 S_1、S_0 和 C_R 端功能表

功能	输入										输出			
	CP	$\overline{C}_R$	S_1	S_0	S_R	S_L	D_0	D_1	D_2	D_3	Q_0	Q_1	Q_2	Q_3
清除	×	0	×	×	×	×	×	×	×	×	0	0	0	0
送数	↑	1	1	1	×	×	a	b	c	d	a	b	c	d
右移	↑	1	0	1	D_{SR}	×	×	×	×	×	D_{SR}	Q_0	Q_1	Q_2
左移	↑	1	1	0	×	D_{SL}	×	×	×	×	Q_1	Q_2	Q_3	D_{SL}
保持	↑	1	0	0	×	×	×	×	×	×	Q_0^n	Q_1^n	Q_2^n	Q_3^n
保持	↓	1	×	×	×	×	×	×	×	×	Q_0^n	Q_1^n	Q_2^n	Q_3^n

2. 移位寄存器的应用

可构成移位寄存器型计数器、顺序脉冲发生器、串行累加器等，可用作数据转换，即把串行数据转换为并行数据，或把并行数据转换为串行数据等。本实验研究移位寄存器用作环形计数器和数据的串、并行转换。

1）环形计数器

把移位寄存器的输出反馈到它的串行输入端，就可以进行循环移位，如图 6.89 所示。把输出端 Q_3 和右移串行输入端 S_R 相连接，设初始状态 $Q_0Q_1Q_2Q_3 = 1000$，则在时钟脉冲作用下 $Q_0Q_1Q_2Q_3$ 将依次变为 0100→0010→0001→1000→……，见表 6.52。可见它是一个具有四个有效状态的计数器，这种类型的计数器通常称为环形计数器。图 6.89 所示电路可以由各个输出端输出在时间上有先后顺序的脉冲，因此也可作为顺序脉冲发生器。

表 6.52 环形计数器功能表

CP	Q_0	Q_1	Q_2	Q_3
0	1	0	0	0
1	0	1	0	0
2	0	0	1	0
3	0	0	0	1

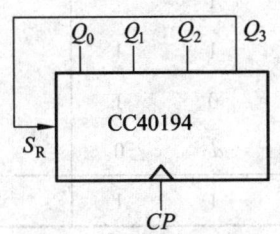

图 6.89 环形计数器

2）实现数据串、并行转换

（1）串行/并行转换器。

串行/并行转换是指串行输入的数码，经转换电路之后变换成并行输出。图 6.90 所示是用两片 CC40194（74LS194）四位双向移位寄存器组成的七位串/并行数据转换电路。

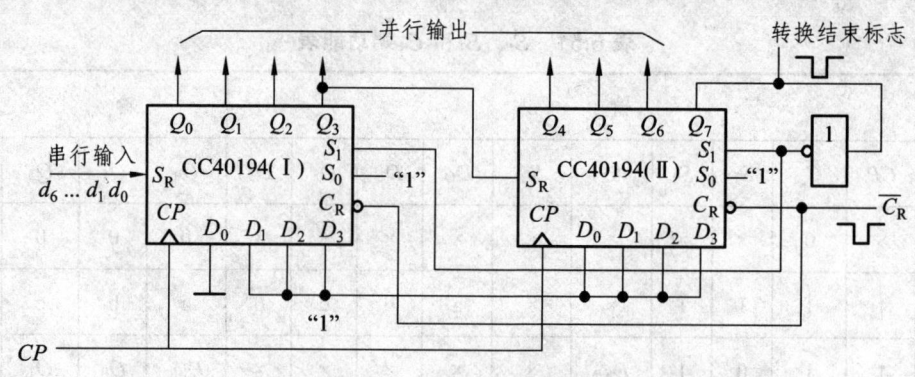

图 6.90 七位串行/并行转换器

电路中 S_0 端接高电平 1,S_1 受 Q_7 控制,二片寄存器连接成串行输入右移工作模式。Q_7 是转换结束标志。当 $Q_7 = 1$ 时,S_1 为 0,使之成为 $S_1S_0 = 01$ 的串入右移工作方式,当 $Q_7 = 0$ 时,$S_1 = 1$,有 $S_1S_0 = 10$,则串行送数结束,标志着串行输入的数据已转换成并行输出了。

串行/并行转换的具体过程如下:转换前,$\overline{C_R}$ 端加低电平,使 1、2 两片寄存器的内容清 0,此时 $S_1S_0 = 11$,寄存器执行并行输入工作方式。当第一个 CP 脉冲到来后,寄存器的输出状态 $Q_0 \sim Q_7$ 为 01111111,与此同时 S_1S_0 变为 01,转换电路变为执行串入右移工作方式,串行输入数据由 1 片的 S_R 端加入。随着 CP 脉冲的依次加入,输出状态的变化见表 6.53。

表 6.53 输出状态变化表

CP	Q_0	Q_1	Q_2	Q_3	Q_4	Q_5	Q_6	Q_7	说明
0	0	0	0	0	0	0	0	0	清零
1	0	1	1	1	1	1	1	1	送数
2	d_0	0	1	1	1	1	1	1	右移操作七次
3	d_1	d_0	0	1	1	1	1	1	
4	d_2	d_1	d_0	0	1	1	1	1	
5	d_3	d_2	d_1	d_0	0	1	1	1	
6	d_4	d_3	d_2	d_1	d_0	0	1	1	
7	d_5	d_4	d_3	d_2	d_1	d_0	0	1	
8	d_6	d_5	d_4	d_3	d_2	d_1	d_0	0	
9	0	1	1	1	1	1	1	1	送数

由表 6.53 可见,右移操作七次之后,Q_7 变为 0,S_1S_0 又变为 11,说明串行输入结束。这时,串行输入的数码已经转换成了并行输出了。当再来一个 CP 脉冲时,电路又重新执行一次并行输入,为第二组串行数码转换作好了准备。

(2)并行/串行转换器。

并行/串行转换器是指并行输入的数码经转换电路之后,换成串行输出。图 6.91 所示是用两片 CC40194(74LS194)组成的七位并行/串行转换电路,它比图 6.90 所示电路多了两只与

非门 G_1 和 G_2，电路工作方式同样为右移。

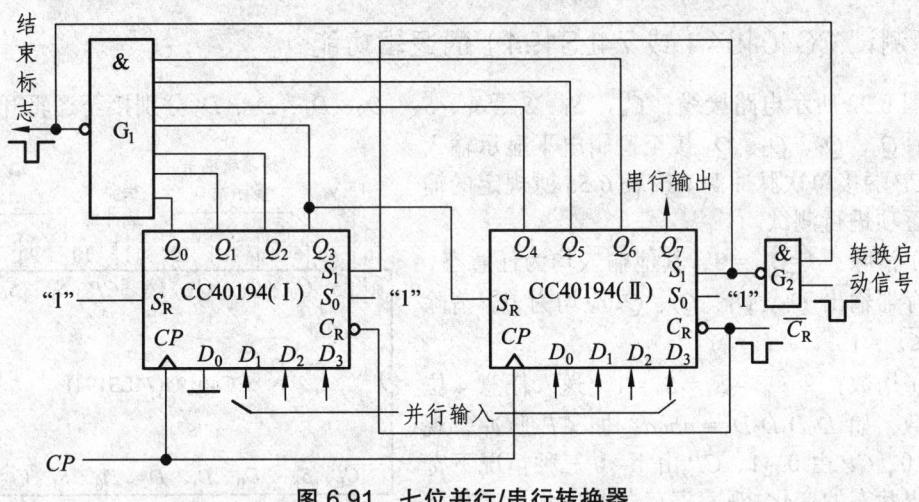

图 6.91 七位并行/串行转换器

寄存器清"0"后，加一个转换启动信号（负脉冲或低电平）。此时，由于方式控制 S_1S_0 为 11，转换电路执行并行输入操作。当第一个 CP 脉冲到来后，$Q_0Q_1Q_2Q_3Q_4Q_5Q_6Q_7$ 的状态为 $0D_1D_2D_3D_4D_5D_6D_7$，并行输入数码存入寄存器。从而使得 G_1 输出为 1，G_2 输出为 0，结果 S_1S_2 变为 01，转换电路随着 CP 脉冲的加入，开始执行右移串行输出。随着 CP 脉冲的依次加入，输出状态依次右移，待右移操作七次后，$Q_0 \sim Q_6$ 的状态都为高电平 1，与非门 G_1 输出为低电平，G_2 门输出为高电平，S_1S_2 又变为 11，表示并/串行转换结束，且为第二次并行输入创造了条件，转换过程见表 6.54。

表 6.54 并/串行转换表

CP	Q_0	Q_1	Q_2	Q_3	Q_4	Q_5	Q_6	Q_7	串行输出
0	0	0	0	0	0	0	0	0	
1	0	D_1	D_2	D_3	D_4	D_5	D_6	D_7	
2	1	0	D_1	D_2	D_3	D_4	D_5	D_6	D_7
3	1	1	0	D_1	D_2	D_3	D_4	D_5	D_6 D_7
4	1	1	1	0	D_1	D_2	D_3	D_4	D_5 D_6 D_7
5	1	1	1	1	0	D_1	D_2	D_3	D_4 D_5 D_6 D_7
6	1	1	1	1	1	0	D_1	D_2	D_3 D_4 D_5 D_6 D_7
7	1	1	1	1	1	1	0	D_1	D_2 D_3 D_4 D_5 D_6 D_7
8	1	1	1	1	1	1	1	0	D_1 D_2 D_3 D_4 D_5 D_6 D_7
9	0	D_1	D_2	D_3	D_4	D_5	D_6	D_7	

中规模集成移位寄存器的位数往往以 4 位居多，当需要的位数多于 4 位时，可把几片移位寄存器用级连的方法来扩展位数。

六、实验内容

1. 测试 CC40194（或 74LS194）的逻辑功能

按图 6.92 所示电路接线，$\overline{C}_R$、S_1、S_0、S_L、S_R、D_0、D_1、D_2、D_3 分别接至逻辑开关的输出插口；Q_0、Q_1、Q_2、Q_3 接至逻辑电平显示输入插口，CP 端接单次脉冲源。按表 6.55 所规定的输入状态逐项进行测试。

（1）清除：令 $\overline{C}_R = 0$，其他输入均为任意态，这时寄存器输出 Q_0、Q_1、Q_2、Q_3 应均为 0。清除后，置 $\overline{C}_R = 1$。

（2）送数：令 $\overline{C}_R = S_1 = S_0 = 1$，送入任意 4 位二进制数，如 $D_0D_1D_2D_3 = abcd$，加 CP 脉冲，观察 $CP = 0$、CP 由 $0 \to 1$、CP 由 $1 \to 0$ 三种情况下寄存器输出状态的变化，观察寄存器输出状态变化是否发生在 CP 脉冲的上升沿。

（3）右移：清零后，令 $\overline{C}_R = 1$，$S_1 = 0$，$S_0 = 1$，由右移输入端 S_R 送入二进制数码如 0100，由 CP 端连续加 4 个脉冲，观察输出情况并记录。

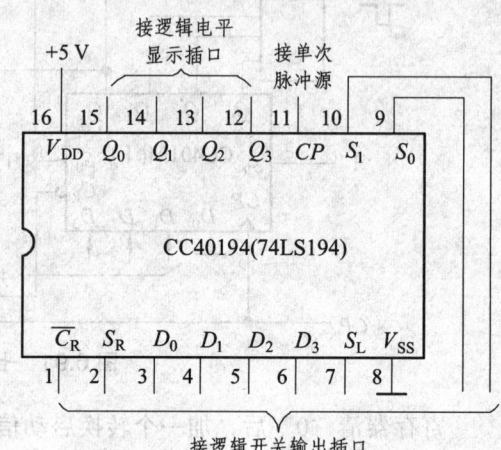

图 6.92 CC40194 逻辑功能测试

（4）左移：先清零或预置，再令 $\overline{C}_R = 1$，$S_1 = 1$，$S_0 = 0$，由左移输入端 S_L 送入二进制数码如 1111，连续加四个 CP 脉冲，观察输出端情况并记录。

（5）保持：寄存器予置任意 4 位二进制数码 abcd，令 $\overline{C}_R = 1$，$S_1 = S_0 = 0$，加 CP 脉冲，观察寄存器输出状态并记录。

表 6.55 CC40194 功能测试表

清除	模式		时钟	串行		输入				输出				功能总结
$\overline{C}_R$	S_1	S_0	CP	S_L	S_R	D_0	D_1	D_2	D_3	Q_0	Q_1	Q_2	Q_3	
0	×	×	×	×	×	×	×	×	×					
1	1	1	↑	×	×	a	b	c	d					
1	0	1	↑	×	0	×	×	×	×					
1	0	1	↑	×	1	×	×	×	×					
1	0	1	↑	×	0	×	×	×	×					
1	0	1	↑	×	0	×	×	×	×					
1	1	0	↑	1	×	×	×	×	×					
1	1	0	↑	1	×	×	×	×	×					
1	1	0	↑	1	×	×	×	×	×					
1	1	0	↑	1	×	×	×	×	×					
1	0	0	↑	×	×	×	×	×	×					

2. 环形计数器

（1）自拟实验线路用并行送数法予置寄存器为某二进制数码（如 0100），然后进行右移循环，观察寄存器输出端状态的变化，记入表 6.56。

（2）根据右移循环电路自行设计左移循环电路，并自拟表格将输出状态变化填入表 6.56。

表 6.56 实验数据记录表

CP	Q_0	Q_1	Q_2	Q_3
0	0	1	0	0
1				
2				
3				
4				

3. 实现数据的串、并行转换

1）串行输入、并行输出

按图 6.90 所示电路接线，进行右移串入、并出实验，串入数码自定；改接线路用左移方式实现并行输出。自拟表格并记录。

2）并行输入、串行输出

按图 6.91 所示电路接线，进行右移并入、串出实验，并入数码自定。再改接线路用左移方式实现串行输出。自拟表格并记录。

七、思考题

（1）在对 CC40194 进行送数后，若要使输出端改成另外的数码，是否一定要使寄存器清零？

（2）使寄存器清零，除采用 $\overline{C}_R$ 输入低电平外，可否采用右移或左移的方法？可否使用并行送数法？若可行，如何进行操作？

（3）画出用两片 CC40194 构成的七位左移串/并行转换器线路。

（4）画出用两片 CC40194 构成的七位左移并/串行转换器线路。

八、实验报告

（1）分析表 6.55 的实验结果，总结移位寄存器 CC40194 的逻辑功能并写入表格功能总结一栏中。

（2）根据实验内容 2 的结果，画出 4 位环形计数器的状态转换图及波形图。

实验十八 数据选择器及其应用

一、实验目的

（1）掌握中规模集成数据选择器的逻辑功能及使用方法。

（2）学习用数据选择器构成组合逻辑电路的方法。
（3）学习 Multisim（或其他仿真软件）中与本实验相关器件、虚拟仪器的使用方法。
（4）学会用个人实验设备（口袋实验室）独立完成实验内容。

二、实验指导

根据工作原理和电路图→确定需测试的参数（输出电平、波形、频率、电压等）→选择器材→确定器材规格参数→准备器材→简易检测器材好坏→连接线路→检查线路→测试数据→处理数据→回答问题→完成报告。

可以选择公共实验室、仿真实验、口袋实验室进行实验。

三、实验设备

+5 V 直流电源。
逻辑电平开关。
逻辑电平显示器。
74LS151（或 CC4512）、74LS153（或 CC4539）。
装有 Multisim（或其他仿真软件）电脑。
口袋实验室、个人电脑、平板、手机。

四、预习要求

（1）复习数据选择器的工作原理。
（2）用数据选择器对实验内容中各函数式进行预设计。

五、实验原理

数据选择器又叫"多路开关"。数据选择器在地址码（或叫选择控制）电位的控制下，从几个数据输入中选择一个并将其送到一个公共的输出端。

数据选择器的功能类似一个多掷开关，如图 6.93 所示，图中有四路数据 $D_0 \sim D_3$，通过选择控制信号 A_1、A_0（地址码）从四路数据中选中某一路数据送至输出端 Q。

数据选择器为目前逻辑设计中应用十分广泛的逻辑部件，它有二选一、四选一、八选一、十六选一等类别。

数据选择器的电路结构一般由与或门阵列组成，也有用传输门开关和门电路混合而成的。

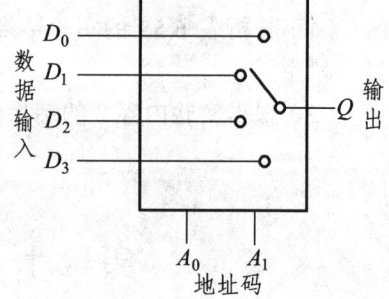

图 6.93 4 选 1 数据选择器示意图

1. 八选一数据选择器 74LS151

74LS151 为互补输出的八选一数据选择器，引脚排列如图 6.94 所示，功能见表 6.57。

选择控制端（地址端）为 $A_2 \sim A_0$，按二进制译码，从 8 个输入数据 $D_0 \sim D_7$ 中，选择一个需要的数据送到输出端 Q，$\overline{S}$ 为使能端，低电平有效。

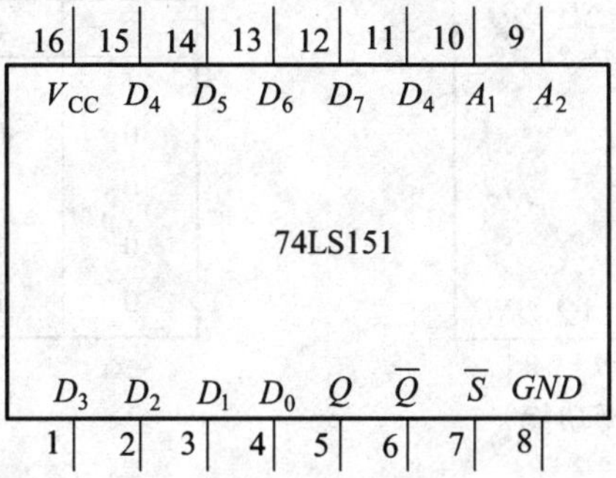

```
         16  15  14  13  12  11  10   9
       ┌────────────────────────────────┐
       │ V_CC D_4  D_5  D_6  D_7 D_4 A_1 A_2│
       │                                │
       │            74LS151             │
       │                                │
       │ D_3  D_2  D_1  D_0  Q   Q̄   S̄  GND│
       └────────────────────────────────┘
          1   2   3   4   5   6   7   8
```

图 6.94　74LS151 引脚排列

表 6.57　八选一数据选择器的功能

输入				输出	
$\overline{S}$	A_2	A_1	A_0	Q	$\overline{Q}$
1	×	×	×	0	1
0	0	0	0	D_0	$\overline{Q}_0$
0	0	0	1	D_1	$\overline{Q}_1$
0	0	1	0	D_2	$\overline{Q}_2$
0	0	1	1	D_3	$\overline{Q}_3$
0	1	0	0	D_4	$\overline{Q}_4$
0	1	0	1	D_5	$\overline{Q}_5$
0	1	1	0	D_6	$\overline{Q}_6$
0	1	1	1	D_7	$\overline{Q}_7$

（1）使能端 $\overline{S} = 1$ 时，不论 $A_2 \sim A_0$ 状态如何，均无输出（$Q = 0$，$\overline{Q} = 1$），多路开关被禁止。

（2）使能端 $\overline{S} = 0$ 时，多路开关正常工作，根据地址码 A_2、A_1、A_0 的状态选择 $D_0 \sim D_7$ 中某一个通道的数据输送到输出端 Q。

如：$A_2A_1A_0 = 000$，则选择 D_0 数据到输出端，即 $Q = D_0$。

$A_2A_1A_0 = 001$，则选择 D_1 数据到输出端，即 $Q = D_1$，其余类推。

2. 双四选一数据选择器 74LS153

所谓双四选一数据选择器就是在一块集成芯片上有两个四选一数据选择器。引脚排列如图 6.95 所示，功能见表 6.58。

$1\overline{S}$、$2\overline{S}$ 为两个独立的使能端；A_1、A_0 为公用的地址输入端；$1D_0 \sim 1D_3$ 和 $2D_0 \sim 2D_3$ 分别为两个 4 选 1 数据选择器的数据输入端；Q_1、Q_2 为两个输出端。

```
 16   15   14   13   12   11   10    9
Vcc  2S̄   A₀  2D₃  2D₂  2D₁  2D₀  2Q

              74LS153

 1S̄   A₁  1D₃  1D₂  1D₁  1D₀  1Q  GND
  1    2    3    4    5    6    7   8
```

图 6.95　74LS153 引脚功能

表 6.58　74LS153 功能表

输	入		输出
$\bar{S}$	A_1	A_0	Q
1	×	×	0
0	0	0	D_0
0	0	1	D_1
0	1	0	D_2
0	1	1	D_3

（1）当使能端 $1\bar{S}=1$ 时，多路开关被禁止，无输出，$Q=0$。

（2）当使能端 $2\bar{S}=0$ 时，多路开关正常工作，根据地址码 A_1、A_0 的状态，将相应的数据 $D_0 \sim D_3$ 送到输出端 Q。

如：$A_1A_0 = 00$，则选择 D_0 数据到输出端，即 $Q = D_0$。

$A_1A_0 = 01$，则选择 D_1 数据到输出端，即 $Q = D_1$，其余类推。

数据选择器的用途很多，如用于多通道传输、数码比较、并行码变串行码以及实现逻辑函数等。

3. 数据选择器的应用——实现逻辑函数

（1）用八选一数据选择器 74LS151 实现函数 $F = A\bar{B} + \bar{A}C + B\bar{C}$。

采用八选一数据选择器 74LS151 可实现任意三输入变量的组合逻辑函数。作出函数 F 的功能表见表 6.59，将函数 F 功能表与八选一数据选择器的功能表相比较，可知①将输入变量 C、B、A 作为八选一数据选择器的地址码 A_2、A_1、A_0。②使八选一数据选择器的各数据输入 $D_0 \sim D_7$ 分别与函数 F 的输出值一一相对应，即

$$A_2A_1A_0 = CBA$$
$$D_0 = D_7 = 0$$
$$D_1 = D_2 = D_3 = D_4 = D_5 = D_6 = 1$$

则八选一数据选择器的输出 Q 便实现了函数 $F = A\bar{B} + \bar{A}C + B\bar{C}$，其接线图如图 6.96 所示。

表 6.59　F 功能表

输	入		输出
C	B	A	F
0	0	0	0
0	0	1	1
0	1	0	1
0	1	1	1
1	0	0	1
1	0	1	1
1	1	0	1
1	1	1	0

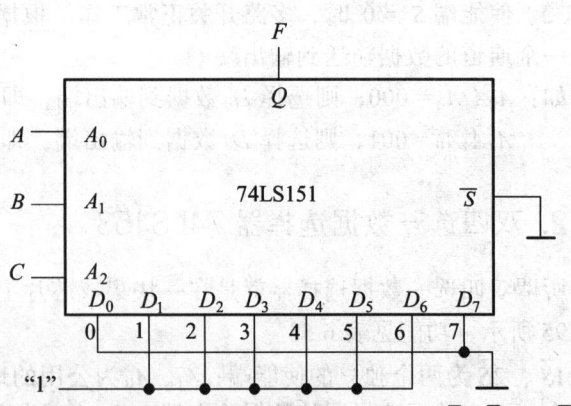

图 6.96　用 8 选 1 数据选择器实现 $F = A\bar{B} + \bar{A}C + B\bar{C}$

显然，采用具有 n 个地址端的数据选择实现 n 变量的逻辑函数时，应将函数的输入变量加到数据选择器的地址端（A），选择器的数据输入端（D）按次序以函数 F 输出值来赋值。

（2）用八选一数据选择器 74LS151 实现函数
$$F = A\bar{B} + \bar{A}B$$

① 函数 F 的功能表见表 6.60。

② 将 A、B 加到地址端 A_1、A_0，而 A_2 接地，由表 6.60 可见，将 D_1、D_2 接"1"及 D_0、D_3 接地，其余数据输入端 $D_4 \sim D_7$ 都接地，则八选一数据选择器的输出 Q，便实现了函数 $F = A\bar{B} + \bar{A}B$，其接线图如图 6.97 所示。

表 6.60　74LS151 实现异或函数功能表

B	A	F
0	0	0
0	1	1
1	0	1
1	1	0

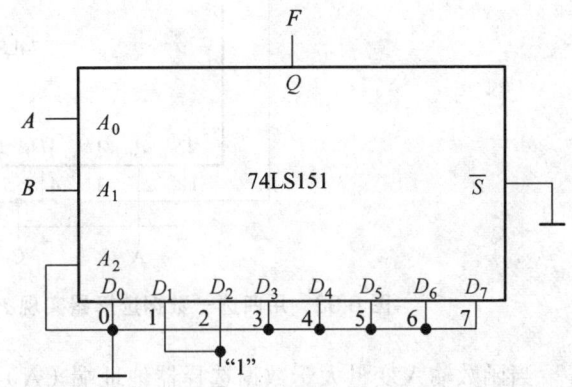

图 6.97　八选一数据选择器实现 $F = A\bar{B} + \bar{A}B$ 的接线图

显然，当函数输入变量数小于数据选择器的地址端（A）时，应将不用的地址端及不用的数据输入端（D）都接地。

（3）用四选一数据选择器 74LS153 实现函数：
$$F = \bar{A}BC + A\bar{B}C + AB\bar{C} + ABC$$

函数 F 的功能见表 6.61。

表 6.61　F 功能表

输入			输出
A	B	C	F
0	0	0	0
0	0	1	0
0	1	0	0
0	1	1	1
1	0	0	0
1	0	1	1
1	1	0	1
1	1	1	1

表 6.62　改写函数功能表

输入			输出	中选数据端
A	B	C	F	
0	0	0 1	0 0	$D_0 = 0$
0	1	0 1	0 1	$D_1 = C$
1	0	0 1	0 1	$D_2 = C$
1	1	0 1	1 1	$D_3 = 1$

函数 F 有三个输入变量 A、B、C，而数据选择器只有两个地址端 A_1、A_0，少于函数输入变量个数，在设计时可任选 A 接 A_1，B 接 A_0。将函数功能表改写成表 6.62 的形式，可见当将输入变量 A、B、C 中 B 接选择器的地址端 A_1、A_0 由表 6.62 不难看出：$D_0 = 0$，$D_1 = D_2 = C$，

$D_3 = 1$,则四选一数据选择器的输出便实现了函数

$$F = \overline{A}BC + A\overline{B}C + AB\overline{C} + ABC$$

其接线图如图 6.98 所示。

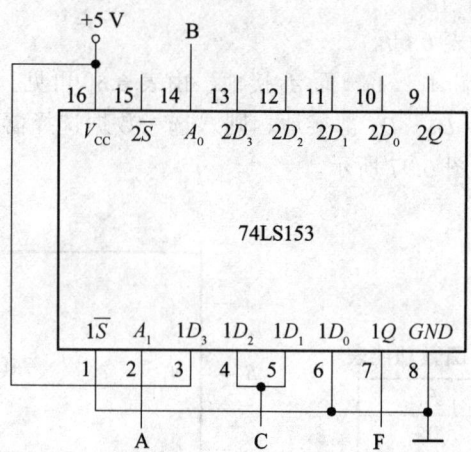

图 6.98 用四选一数据选择器实现 $F = \overline{A}BC + A\overline{B}C + AB\overline{C} + ABC$

当函数输入变量大于数据选择器地址端（A）时，可能随着选用函数输入变量作地址的方案不同，而使其设计结果不同，需对几种方案比较，以获得最佳方案。

六、实验内容

1. 测试数据选择器 74LS151 的逻辑功能

接图 6.99 所示接线，地址端 A_2、A_1、A_0 和数据端 $D_0 \sim D_7$、使能端 $\overline{S}$ 接逻辑开关，输出端 Q 接逻辑电平显示器，按 74LS151 功能表逐项进行测试并记录测试结果。

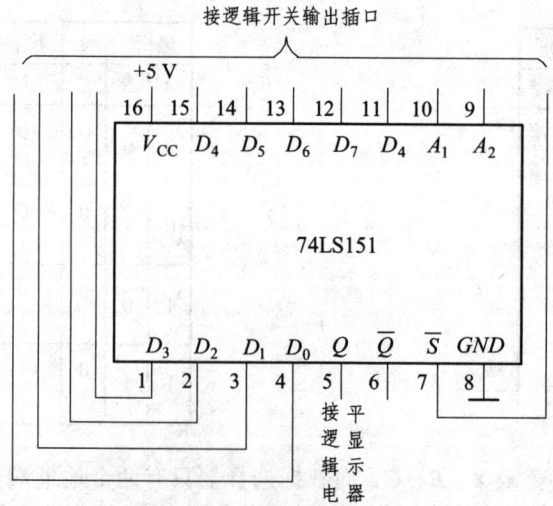

图 6.99 74LS151 逻辑功能测试

2. 测试 74LS153 的逻辑功能

测试方法及步骤同上。

3. 用八选一数据选择器 74LS151 设计三输入多数表决电路

（1）写出设计过程。
（2）画出接线图。
（3）验证逻辑功能。

4. 用八选一数据选择器实现逻辑函数 $F = \overline{A}BC + A\overline{B}C + AB\overline{C} + ABC$

（1）写出设计过程。
（2）画出接线图。
（3）验证逻辑功能。

5. 用双四选一数据选择器 74LS153 实现全加器

（1）写出设计过程。
（2）画出接线图。
（3）验证逻辑功能。

七、思考题

（1）数据选择器控制输入端的作用是什么？
（2）用数据选择器设计组合逻辑电路，一般适用于哪些情况？

八、实验报告

用数据选择器对实验内容进行设计、写出设计全过程、画出接线图、进行逻辑功能测试；总结实验收获、体会。

实验十九　使用门电路产生脉冲信号——自激多谐振荡器

一、实验目的

（1）掌握使用门电路构成脉冲信号产生电路的基本方法。
（2）掌握影响输出脉冲波形参数的定时元件数值的计算方法。
（3）学习石英晶体稳频原理和使用石英晶体构成振荡器的方法。

（4）学习 Multisim（或其他仿真软件）中与本实验相关器件、虚拟仪器的使用方法。
（5）学会用个人实验设备（口袋实验室）独立完成实验内容。

二、实验指导

根据工作原理和电路图→确定需测试的参数（输出电平、波形、频率、电压等）→选择器材→确定器材规格参数→准备器材→简易检测器材好坏→连接线路→检查线路→测试数据→处理数据→回答问题→完成报告。

可以选择公共实验室、仿真实验、口袋实验室进行实验。

三、实验设备

+5 V 直流电源。
双踪示波器。
数字频率计。
74LS00（或 CC4011）、晶振 32 768 Hz、电位器、电阻、电容等。
装有 Multisim（或其他仿真软件）电脑。
口袋实验室、个人电脑、平板、手机。

四、预习要求

（1）复习有关门电路产生脉冲信号的工作原理及其应用。
（2）拟定实验中所需的数据、表格和各次实验的步骤和方法。

五、实验原理

与非门作为一个开关反相器件，可用以构成各种脉冲波形的产生电路。电路的基本工作原理是利用电容器的充放电，当输入电压达到与非门的阈值电压 V_T 时，门的输出状态即发生变化。因此，电路输出的脉冲波形参数直接取决于电路中阻容元件的数值。

1. 非对称型多谐振荡器

如图 6.100 所示，非门 3 用于输出波形整形。非对称型多谐振荡器的输出波形是不对称的，当用 TTL 与非门组成时，输出脉冲宽度

$$t_{w1} = RC,\ t_{w2} = 1.2RC,\ T = 2.2RC$$

调节 R 和 C 值，可改变输出信号的振荡频率，通常用改变 C 实现输出频率的粗调，改变电位器 R 实现输出频率的细调。

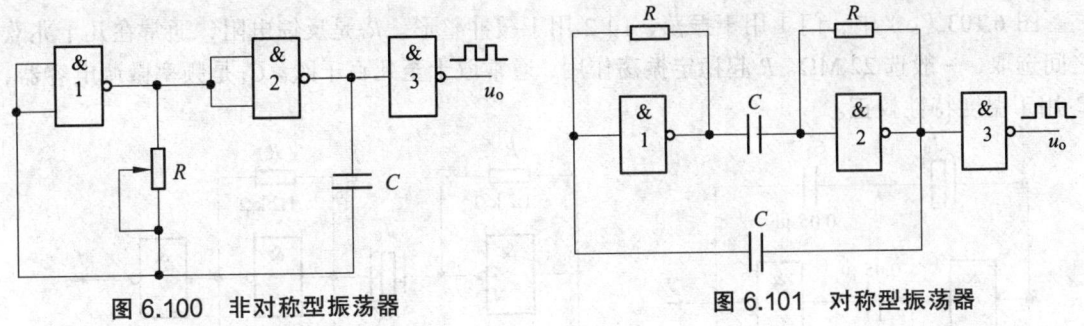

图 6.100 非对称型振荡器　　　　图 6.101 对称型振荡器

2. 对称型多谐振荡器

如图 6.101 所示，由于电路完全对称，电容器的充放电时间常数相同，故输出为对称的方波。改变 R 和 C 的值，可以改变输出振荡频率。非门 3 用于输出波形整形。一般取 $R \leqslant 1\ \text{k}\Omega$，当 $R = 1\ \text{k}\Omega$，$C = 100\ \text{pF} \sim 100\ \mu\text{F}$ 时，$f = n\ \text{Hz} \sim n\ \text{MHz}$，脉冲宽度 $t_{w1} = t_{w2} = 0.7RC$，$T = 1.4RC$。

3. 带 RC 电路的环形振荡器

电路如图 6.102 所示，非门 4 用于输出波形整形，R 为限流电阻，一般取 $100\ \Omega$，电位器 $R_W \leqslant 1\ \text{k}\Omega$，电路利用电容 C 的充放电过程，控制 D 点电压 V_D，从而控制与非门的自动启闭，形成多谐振荡。电容 C 的充电时间 t_{w1}、放电时间 t_{w2} 和总的振荡周期 T 分别为

$$t_{w1} \approx 0.94RC,\quad t_{w2} \approx 1.26RC,\quad T \approx 2.2RC$$

调节 R 和 C 的大小可改变电路输出的振荡频率。

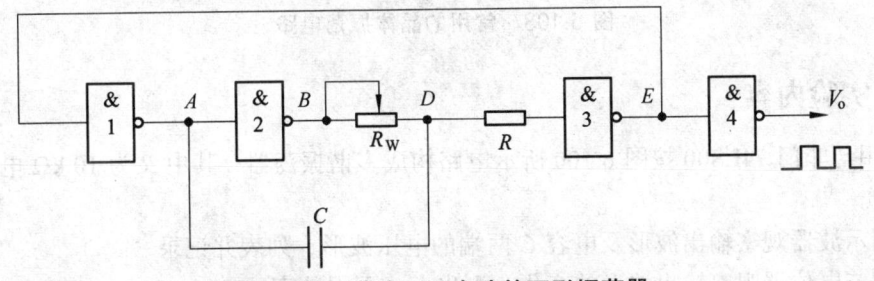

图 6.102 带有 RC 电路的环形振荡器

以上这些电路的状态转换都发生在与非门输入电平达到门的阈值电平 V_T 的时刻。在 V_T 附近电容器的充放电速度已经缓慢，而且 V_T 本身也不够稳定，易受温度、电源电压变化等因素以及干扰的影响。因此，电路输出频率的稳定性较差。

4. 石英晶体稳频的多谐振荡器

当要求多谐振荡器的工作频率稳定性很高时，上述几种多谐振荡器的精度已不能满足要求。为此常用石英晶体作为信号频率的基准。用石英晶体与门电路构成的多谐振荡器常用来为微型计算机等提供时钟信号。

图 6.103 所示为常用的晶体稳频多谐振荡器。(a)、(b) 为 TTL 器件组成的晶体振荡电路；(c)、(d) 为 CMOS 器件组成的晶体振荡电路，一般用于电子表中，其中晶体的 $f_0 = 32\ 768\ \text{Hz}$。

图 6.103（c）中，门 1 用于振荡，门 2 用于缓冲整形。R_f 是反馈电阻，通常在几十兆欧之间选取，一般选 22 MΩ。R 起稳定振荡作用，通常取十至几百千欧。C_1 是频率微调电容器，C_2 用于温度特性校正。

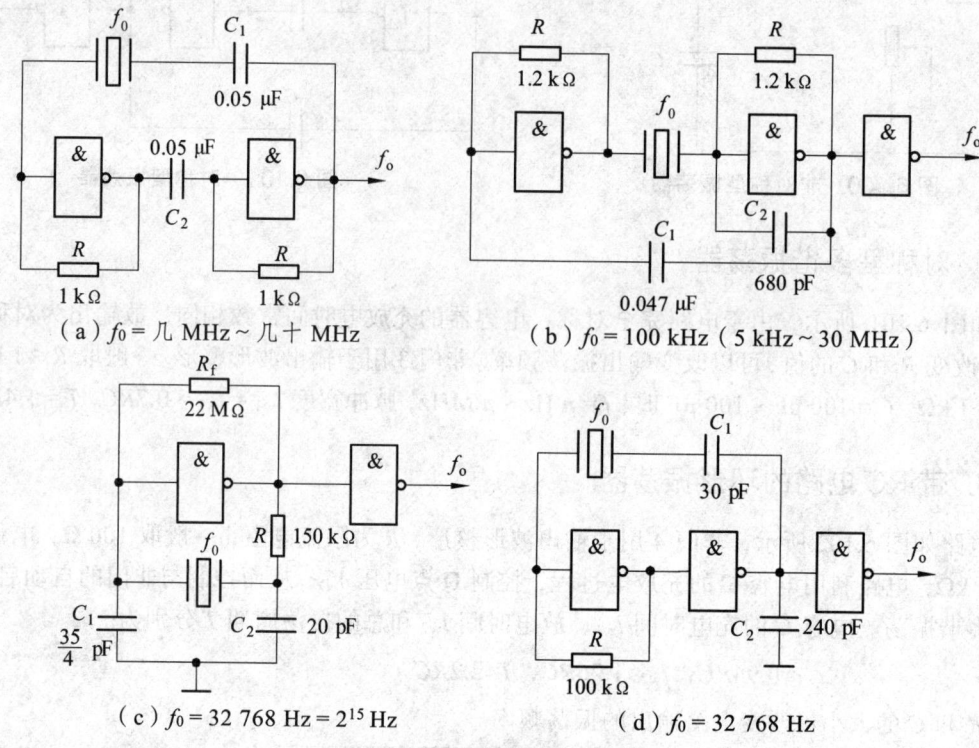

图 6.103　常用的晶体振荡电路

六、实验内容

（1）用与非门 74LS00 按图 6.100 所示电路构成多谐振荡器，其中 R 为 10 kΩ 电位器，C 为 0.01 μF。

① 用示波器观察输出波形及电容 C 两端的电压波形，列表并记录。

② 调节电位器观察输出波形的变化，测出上、下限频率。

③ 用一只 100 μF 电容器跨接在 74LS00 中 14 脚与 7 脚的最近处，观察输出波形的变化及电源上纹波信号的变化并记录。

（2）用 74LS00 按图 6.101 所示电路接线，取 $R = 1$ kΩ，$C = 0.047$ μF，用示波器观察输出波形并记录。

（3）用 74LS00 按图 6.102 所示电路接线，其中定时电阻 R_W 用一个 510 Ω 与一个 1 kΩ 的电位器串联，取 $R = 100$ Ω，$C = 0.1$ μF。

① R_W 调到最大时，观察并记录 A、B、D、E 及 V_0 各点电压的波形，测出 v_o 的周期 T 和负脉冲宽度（电容 C 的充电时间）并与理论计算值比较。

② 改变 R_W 值，观察输出信号 V_o 波形的变化情况。

（4）按图 6.103（c）所示电路接线，晶振选用电子表晶振 32 768 Hz，与非门选用 CC4011，用示波器观察输出波形，用频率计测量输出信号频率记录。

七、思考题

本实验用 TTL 组成环形振荡器，输出上限频率受什么参数影响？为什么？

八、实验报告

画出实验电路，整理实验数据与理论值进行比较用方格纸画出实验观测到的工作波形图，对实验结果进行分析。

实验二十　555 时基电路及其应用

一、实验目的

（1）熟悉 555 型集成时基电路结构、工作原理及其特点。
（2）掌握 555 型集成时基电路的基本应用。
（3）学习 Multisim（或其他仿真软件）中与本实验相关器件、虚拟仪器的使用方法。
（4）学会用个人实验设备（口袋实验室）独立完成实验内容。

二、实验指导

根据工作原理和电路图→确定需测试的参数（输出电平、波形、频率、电压等）→选择器材→确定器材规格参数→准备器材→简易检测器材好坏→连接线路→检查线路→测试数据→处理数据→回答问题→完成报告。

可以选择公共实验室、仿真实验、口袋实验室进行实验。

三、实验设备

+5 V 直流电源。
双踪示波器。
连续脉冲源。
单次脉冲源。
音频信号源。
数字频率计。
逻辑电平显示器。
555×2、2CK13×2、电位器、电阻、电容若干。
装有 Multisim（或其他仿真软件）电脑。
口袋实验室、个人电脑、平板、手机。

四、预习要求

（1）复习有关 555 定时器的工作原理及其应用。
（2）拟定实验中所需的数据、表格等。
（3）如何用示波器测定施密特触发器的电压传输特性曲线？
（4）拟定各次实验的步骤和方法。

五、实验原理

集成时基电路又称为集成定时器或 555 电路，是一种数字、模拟混合型的中规模集成电路，应用十分广泛。它是一种产生时间延迟和多种脉冲信号的电路，由于内部电压标准使用了三个 5 kΩ 电阻，故取名 555 电路。其电路类型有双极型和 CMOS 型两大类，二者的结构与工作原理类似。几乎所有的双极型产品型号最后的三位数码都是 555 或 556；所有的 CMOS 产品型号最后四位数码都是 7555 或 7556，二者的逻辑功能和引脚排列完全相同，易于互换。555 和 7555 是单定时器。556 和 7556 是双定时器。双极型的电源电压 $V_{CC} = +5 \sim +15$ V，输出的最大电流可达 200 mA，CMOS 型的电源电压为 $+3 \sim +18$ V。

1. 555 电路的工作原理

555 电路的内部电路方框图如图 6.104 所示。它含有两个电压比较器、一个基本 RS 触发器、一个放电开关管 T，比较器的参考电压由三只 5 kΩ 的电阻器构成的分压器提供。它们分别使高电平比较器 A_1 的同相输入端和低电平比较器 A_2 的反相输入端的参考电平为 $2/3V_{CC}$ 和 $1/3V_{CC}$。A_1 与 A_2 的输出端控制 RS 触发器状态和放电管开关状态。当输入信号自 6 脚，即高电平触发输入并超过参考电平 $2/3V_{CC}$ 时，触发器复位，555 的输出端 3 脚输出低电平，同时放电开关管导通；当输入信号自 2 脚输入并低于 $1/3V_{CC}$ 时，触发器置位，555 的 3 脚输出高电平，同时放电开关管截止。

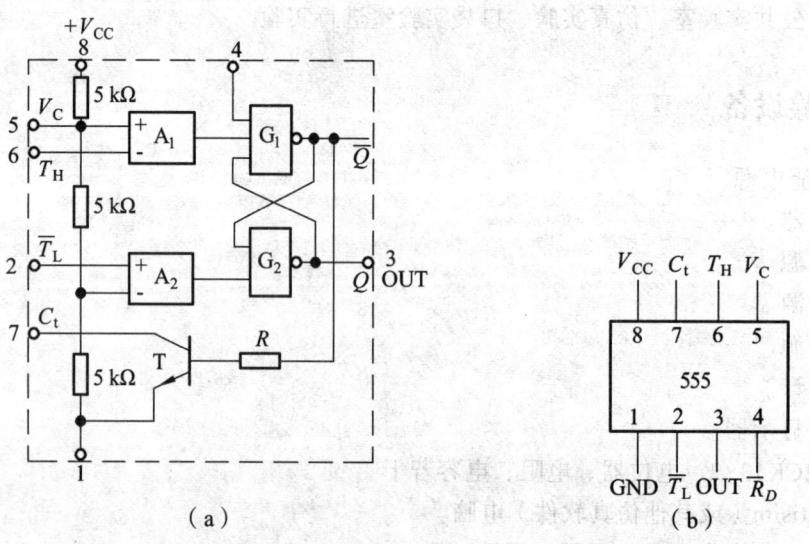

图 6.104 555 定时器内部框图及引脚排列

$\overline{R}_D$ 是复位端（4 脚），当 $\overline{R}_D = 0$，555 输出低电平。平时 $\overline{R}_D$ 端开路或接 V_{CC}。

V_C 是控制电压端（5 脚），平时输出 $2/3V_{CC}$ 作为比较器 A_1 的参考电平；当 5 脚外接一个输入电压，即改变了比较器的参考电平，从而实现对输出的另一种控制，在不接外加电压时，通常接一个 0.01 μF 的电容器到地，起滤波作用，以消除外来的干扰，确保参考电平的稳定。

T 为放电管，当 T 导通时，将给接于脚 7 的电容器提供低阻放电通路。

555 定时器主要是与电阻、电容构成充放电电路，并由两个比较器来检测电容器上的电压，以确定输出电平的高低和放电开关管的通断。这就很方便地构成从微秒到数十分钟的延时电路，可方便地构成单稳态触发器，多谐振荡器，施密特触发器等脉冲产生或波形变换电路。

2. 555 定时器的典型应用

1）构成单稳态触发器

图 6.105（a）所示为由 555 定时器和外接定时元件 R、C 构成的单稳态触发器。触发电路由 C_1、R_1、D 构成，其中 D 为钳位二极管。稳态时 555 电路输入端处于电源电平，内部放电开关管 T 导通，输出端 F 输出低电平，当有一个外部负脉冲触发信号经 C_1 加到 2 端，并使 2 端电位瞬时低于 $1/3V_{CC}$，低电平比较器动作，单稳态电路即开始一个暂态过程，电容 C 开始充电，V_C 按指数规律增长。当 V_C 充电到 $2/3V_{CC}$ 时，高电平比较器动作，比较器 A_1 翻转，输出 V_o 从高电平返回低电平，放电开关管 T 重新导通，电容 C 上的电荷很快经放电开关管放电，暂态结束，恢复稳态，为下个触发脉冲的来到作好准备。其波形图如图 6.105（b）所示。暂稳态的持续时间 t_w（即为延时时间）决定于外接元件 R、C 值的大小，有

$$t_w = 1.1RC$$

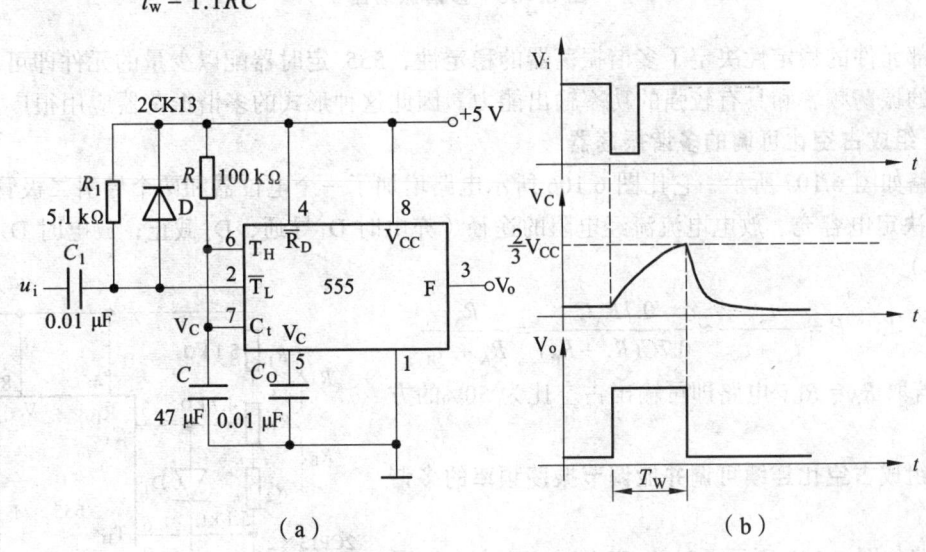

图 6.105 单稳态触发器

通过改变 R、C 的大小，可使延时时间在几个微秒到几十分钟之间变化。当这种单稳态电路作为计时器时，可直接驱动小型继电器，并可以使用复位端（4 脚）接地的方法来中止暂态，重新计时。此外尚须用一个续流二极管与继电器线圈并接，以防继电器线圈反电势损坏内部功率管。

2）构成多谐振荡器

电路如图 6.106（a）所示，由 555 定时器和外接元件 R_1、R_2、C 构成多谐振荡器，脚 2 与脚 6 直接相连。电路没有稳态，仅存在两个暂稳态，电路亦不需要外加触发信号，利用电源通过 R_1、R_2 向 C 充电，以及 C 通过 R_2 向放电端 C_t 放电，使电路产生振荡。电容 C 在 $1/3V_{CC}$ 和 $2/3V_{CC}$ 之间充电和放电，其波形如图 6.106（b）所示。输出信号的时间参数是

$$T = t_{w1} + t_{w2}, \quad t_{w1} = 0.7(R_1 + R_2)C, \quad t_{w2} = 0.7R_2C$$

555 电路要求 R_1 与 R_2 均应大于或等于 1 kΩ，但 $R_1 + R_2$ 应小于或等于 3.3 MΩ。

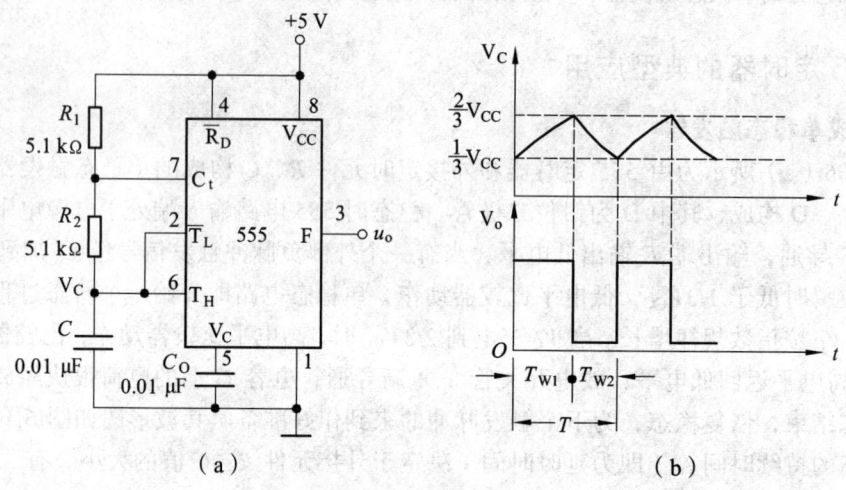

图 6.106　多谐振荡器

外部元件的稳定性决定了多谐振荡器的稳定性，555 定时器配以少量的元件即可获得较高精度的振荡频率和具有较强的功率输出能力。因此这种形式的多谐振荡器应用很广。

3）组成占空比可调的多谐振荡器

电路如图 6.107 所示，它比图 6.106 所示电路增加了一个电位器和两个导引二极管。D_1、D_2 用来决定电容充、放电电流流经电阻的途径（充电时 D_1 导通，D_2 截止；放电时 D_2 导通，D_1 截止）。

占空比　　$P = \dfrac{t_{w1}}{t_{w1} + t_{w2}} \approx \dfrac{0.7R_A C}{0.7C(R_A + R_B)} = \dfrac{R_A}{R_A + R_B}$

可见，若取 $R_A = R_B$，电路即可输出占空比为 50% 的方波信号。

4）组成占空比连续可调并能调节振荡频率的多谐振荡器

电路如图 6.108 所示。对 C_1 充电时，充电电流通过 R_1、D_1、R_{W2} 和 R_{W1}；放电时通过 R_{W1}、R_{W2}、D_2、R_2。当 $R_1 = R_2$、R_{W2} 调至中心点，因充放电时间基本相等，其占空比约为 50%，此时调节 R_{W1} 仅改变频率，占空比不变。如 R_{W2} 调至偏离中心点，再调节 R_{W1}，

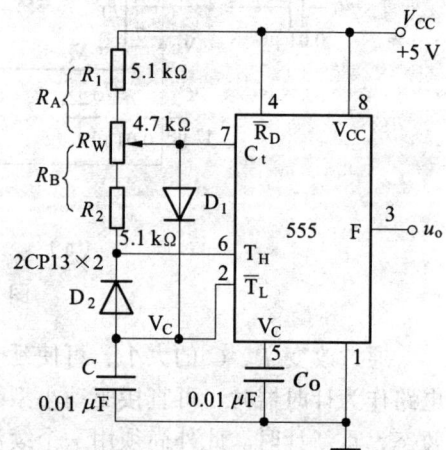

图 6.107　占空比可调的多谐振荡器

不仅振荡频率改变,而且对占空比也有影响。若 R_{W1} 不变,调节 R_{W2},仅改变占空比,对频率无影响。因此,当接通电源后,应首先调节 R_{W1} 使频率至规定值,再调节 R_{W2},以获得需要的占空比。若频率调节的范围比较大,还可以用拨动开关改变 C_1 的值。

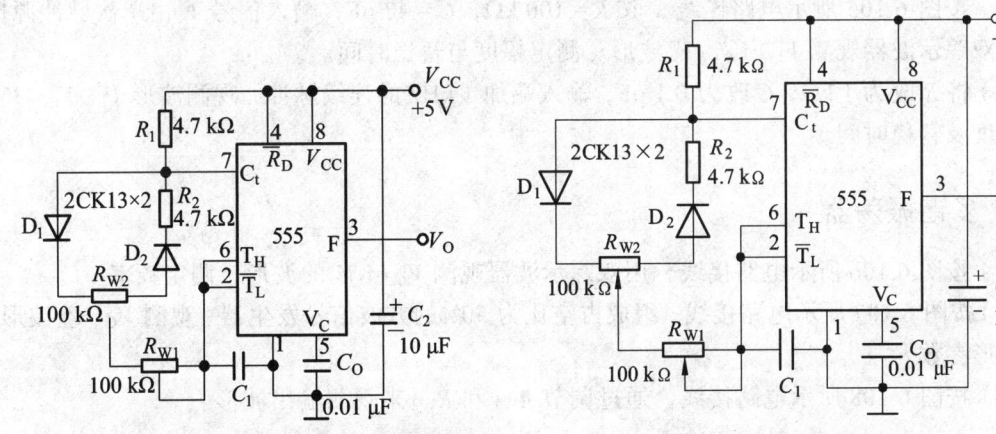

图 6.108　占空比与频率均可调的多谐振荡器　　　　图 6.109　施密特触发器

5)组成施密特触发器

电路如图 6.109 所示,只要将脚 2、6 连在一起作为信号输入端,即得到施密特触发器。图 6.110 示出了 V_s、V_i 和 V_c 的波形图。

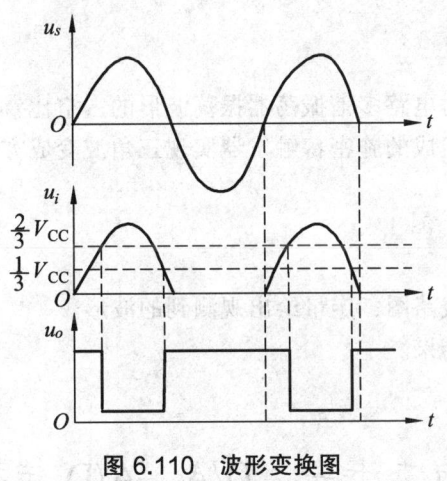

图 6.110　波形变换图

设被整形变换的电压为正弦波 V_s,其正半波通过二极管 D 同时加到 555 定时器的 2 脚和 6 脚,得 V_i 为半波整流波形。当 V_i 上升到 $2/3 V_{CC}$ 时,V_o 从高电平翻转为低电平;当 V_i 下降到 $1/3 V_{CC}$ 时,V_o 又从低电平翻转为高电平。电路的电压传输特性曲线如图 6.111 所示。其回差电压

$$\Delta V = \frac{2}{3}V_{CC} - \frac{1}{3}V_{CC} = \frac{1}{3}V_{CC}$$

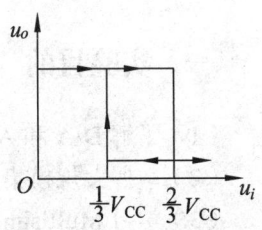

图 6.111　电压传输特性

六、实验内容

1. 单稳态触发器

（1）按图 6.105 所示电路连线，取 $R = 100\text{ k}\Omega$，$C = 47\text{ μF}$，输入信号 V_i 由单次脉冲源提供，用双踪示波器观测 V_i、V_C、V_o 波形。测定幅度与暂稳时间。

（2）将 R 改为 $1\text{ k}\Omega$，C 改为 0.1 μF，输入端加 1 kHz 的连续脉冲，观测波形 V_i、V_C、V_o，测定幅度及暂稳时间。

2. 多谐振荡器

（1）按图 6.106 所示电路接线，用双踪示波器观测 V_C 与 V_o 的波形，测定频率。

（2）按图 6.107 所示电路接线，组成占空比为 50% 的方波信号发生器。观测 V_C、V_o 波形，测定波形参数。

（3）按图 6.108 所示电路接线，通过调节 R_{W1} 和 R_{W2} 来观测输出波形。

3. 施密特触发器

按图 6.109 所示电路接线，输入信号由音频信号源提供，预先调好 V_S 的频率为 1 kHz，接通电源，逐渐加大 V_S 的幅度，观测输出波形，测绘电压传输特性，算出回差电压 ΔU。

七、思考题

（1）如何调整 555 定时电路多谐振荡器振荡波形的占空比？如何实现方波输出？

（2）利用 555 定时器组成的施密特触发器实现三角波变成方波。

八、实验报告

（1）绘出详细的实验线路图，定量绘出观测到的波形。

（2）分析、总结实验结果。

实验二十一　D/A、A/D 转换器

一、实验目的

（1）了解 D/A 和 A/D 转换器的基本工作原理和基本结构。

（2）掌握大规模集成 D/A 和 A/D 转换器的功能及其典型应用。

（3）学习 Multisim（或其他仿真软件）中与本实验相关器件、虚拟仪器的使用方法。

（4）学会用个人实验设备（口袋实验室）独立完成实验内容。

二、实验指导

根据工作原理和电路图→确定需测试的参数（输出电平、波形、频率、电压等）→选择器材→确定器材规格参数→准备器材→简易检测器材好坏→连接线路→检查线路→测试数据→处理数据→回答问题→完成报告。

可以选择公共实验室、仿真实验、口袋实验室进行实验。

三、实验设备

+5 V、±15 V 直流电源。
双踪示波器。
计数脉冲源。
逻辑电平开关。
逻辑电平显示器。
直流数字电压表。
DAC0832、ADC0809、μA741、电位器、电阻、电容若干。
装有 Multisim（或其他仿真软件）电脑。
口袋实验室、个人电脑、平板、手机。

四、预习要求

（1）复习 A/D、D/A 转换的工作原理。
（2）熟悉 ADC0809、DAC0832 各引脚功能，使用方法。
（3）绘好完整的实验线路和所需的实验记录表格。
（4）拟定各个实验内容的具体实验方案。

五、实验原理

在数字电路的很多应用场合往往需要把模拟量转换为数字量，称为模/数转换器（A/D 转换器，简称 ADC）；或把数字量转换成模拟量，称为数/模转换器（D/A 转换器，简称 DAC）。完成这种转换的线路有多种，特别是单片大规模集成 A/D、D/A 转换器问世，为实现上述的转换提供了极大的方便。使用者可借助于手册提供的器件性能指标及典型应用电路，即可正确使用这些器件。

本实验将采用大规模集成电路 DAC0832 实现 D/A 转换，ADC0809 实现 A/D 转换。

1. D/A 转换器 DAC0832

DAC0832 是采用 CMOS 工艺制成的单片电流输出型 8 位数/模转换器。图 6.112 所示是 DAC0832 的逻辑框图及引脚排列。

器件的核心部分采用倒 T 型电阻网络的 8 位 D/A 转换器，如图 6.113 所示。它是由倒 T 型 R-2R 电阻网络、模拟开关、运算放大器和参考电压 V_{REF} 4 部分组成。

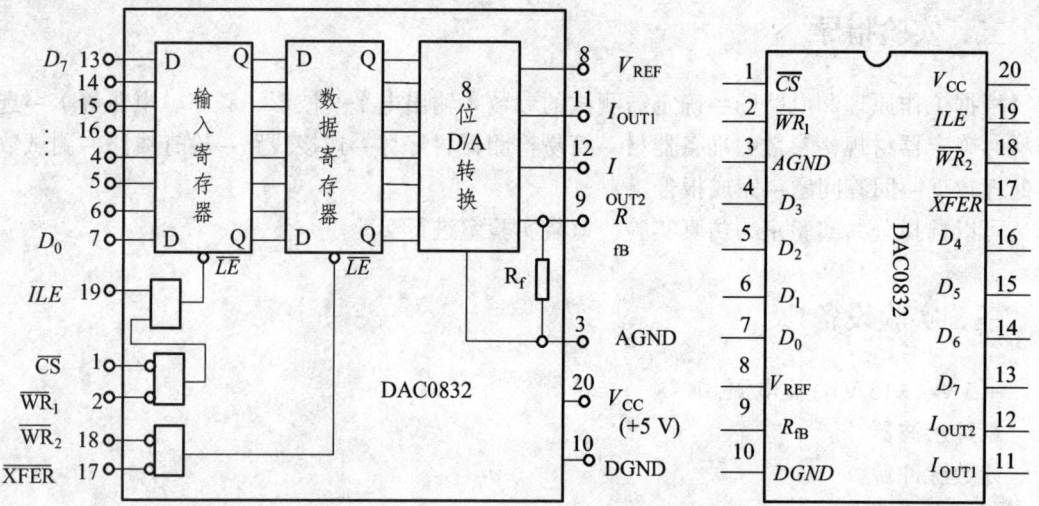

图 6.112 DAC0832 单片 D/A 转换器逻辑框图和引脚排列

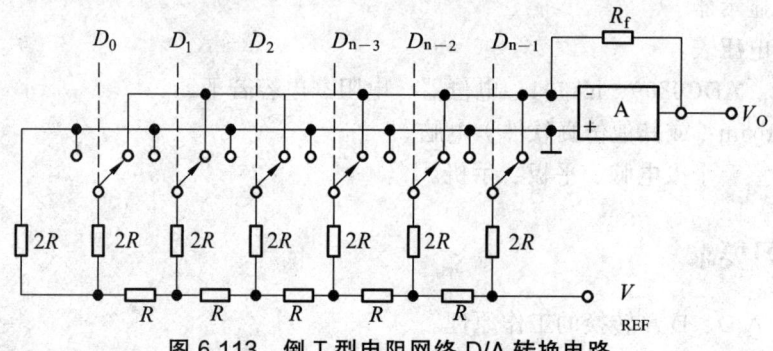

图 6.113 倒 T 型电阻网络 D/A 转换电路

运放的输出电压为

$$V_o = \frac{V_{REF} \cdot R_f}{2^n R}(D_{n-1} \cdot 2^{n-1} + D_{n-2} \cdot 2^{n-2} + \cdots + D_0 \cdot 2^0)$$

由上式可见，输出电压 V_o 与输入的数字量成正比，这就实现了从数字量到模拟量的转换。一个 8 位的 D/A 转换器，它有 8 个输入端，每个输入端是 8 位二进制数的一位，有一个模拟输出端，输入可有 $2^8 \sim 256$ 个不同的二进制组态，输出为 256 个电压之一，即输出电压不是整个电压范围内任意值，而只能是 256 个可能值。

DAC0832 的引脚功能说明如下：

$D_0 \sim D_7$：数字信号输入端；

ILE：输入寄存器允许，高电平有效；

$\overline{CS}$：片选信号，低电平有效；

$\overline{WR_1}$：写信号 1，低电平有效；

$\overline{XFER}$：传送控制信号，低电平有效；

$\overline{WR_2}$：写信号 2，低电平有效；

I_{OUT1}，I_{OUT2}：DAC 电流输出端；

R_{fB}：反馈电阻，是集成在片内的外接运放的反馈电阻；

V_{REF}：基准电压（-10~+10）V；

V_{CC}：电源电压（+5~+15）V；

AGND：模拟地　NGND：数字地（可接在一起使用）。

DAC0832 输出的是电流，要转换为电压，还必须经过一个外接的运算放大器，实验线路如图 6.114 所示。

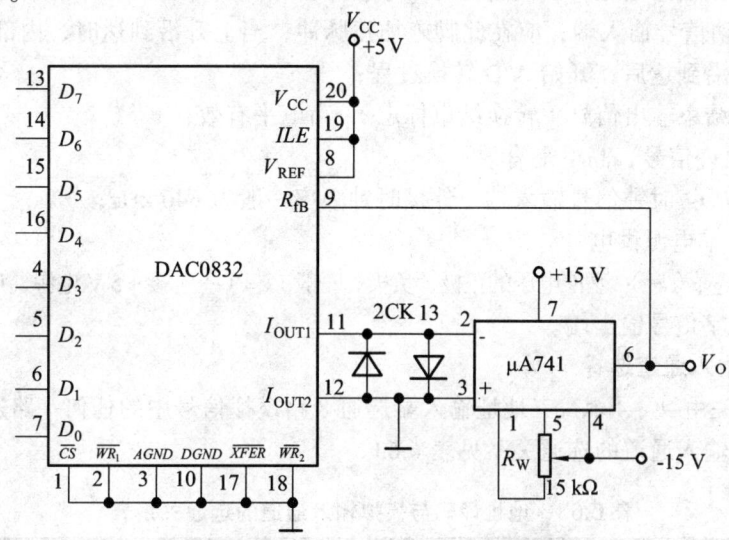

图 6.114　D/A 转换器实验线路

2. A/D 转换器 ADC0809

ADC0809 是采用 CMOS 工艺制成的单片 8 位 8 通道逐次渐近型模/数转换器，其逻辑框图及引脚排列如图 6.115 所示。器件的核心部分是 8 位 A/D 转换器，它由比较器、逐次渐近寄存器、D/A 转换器及控制和定时 5 部分组成。

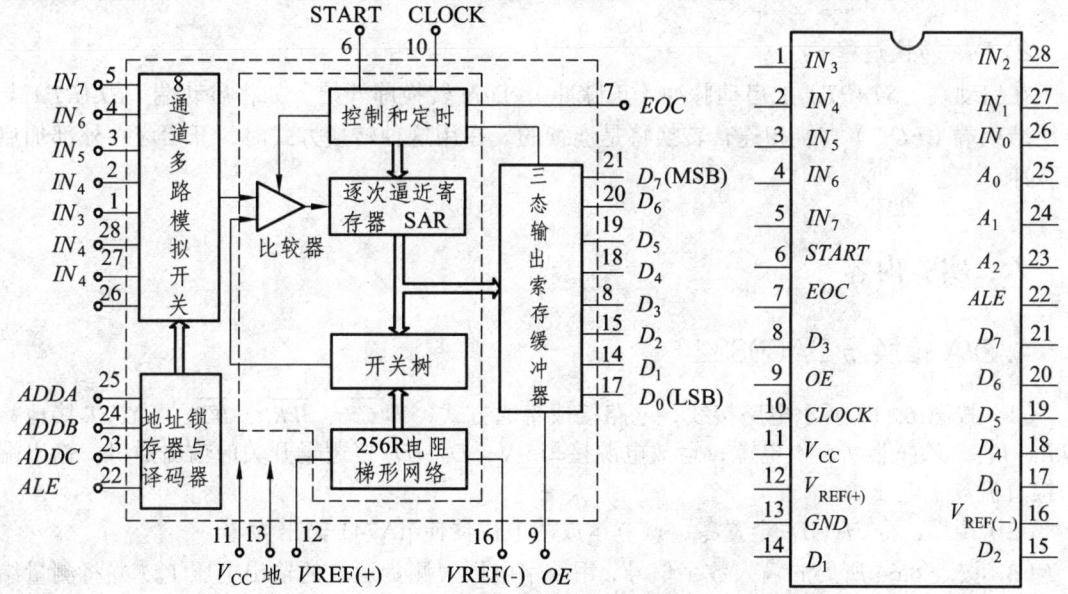

图 6.115　ADC0809 转换器逻辑框图及引脚排列

ADC0809 的引脚功能说明如下：

$IN_0 \sim IN_7$：8 路模拟信号输入端；

A_2、A_1、A_0：地址输入端；

ALE：地址锁存允许输入信号，在此脚施加正脉冲，上升沿有效，此时锁存地址码，从而选通相应的模拟信号通道，以便进行 A/D 转换；

START：启动信号输入端，应在此脚施加正脉冲，当上升沿到达时，内部逐次逼近寄存器复位，在下降沿到达后，开始 A/D 转换过程；

EOC：转换结束输出信号（转换结束标志），高电平有效；

OE：输入允许信号，高电平有效；

CLOCK（*CP*）：时钟信号输入端，外接时钟频率一般为 640 kHz；

V_{CC}：+5 V 单电源供电；

V_{REF}（+）、V_{REF}（-）：基准电压的正极、负极。一般 V_{REF}（+）接 +5 V 电源，V_{REF}（-）接地；

$D_7 \sim D_0$：数字信号输出端。

1）模拟量输入通道选择

8 路模拟开关由 A_2、A_1、A_0 三地址输入端选通 8 路模拟信号中的任何一路进行 A/D 转换，地址译码与模拟输入通道的选通关系见表 6.63。

表 6.63 地址译码与模拟输入通道的选通关系表

被选模拟通道		IN_0	IN_1	IN_2	IN_3	IN_4	IN_5	IN_6	IN_7
地址	A_2	0	0	0	0	1	1	1	1
	A_1	0	0	1	1	0	0	1	1
	A_0	0	1	0	1	0	1	0	1

2）D/A 转换过程

在启动端（*START*）加启动脉冲（正脉冲），D/A 转换即开始。如将启动端（*START*）与转换结束端（*EOC*）直接相连，转换将是连续的，在用这种转换方式时，开始应在外部加启动脉冲。

六、实验内容

1. D/A 转换器 DAC0832

（1）按图 6.114 所示电路接线，电路接成直通方式，即 $\overline{CS}$、$\overline{WR_1}$、$\overline{WR_2}$、$\overline{XFER}$ 接地；*ALE*、V_{CC}、V_{REF} 接 +5 V 电源；运放电源接 ±15 V；$D_0 \sim D_7$ 接逻辑开关的输出插口，输出端 V_o 接直流数字电压表。

（2）调零，令 $D_0 \sim D_7$ 全置零，调节运放的电位器使 μA741 输出为零。

（3）按表 6.64 所列的输入数字信号，用数字电压表测量运放的输出电压 V_o，并将测量结果填入表中，并与理论值进行比较。

表 6.64 实验数据记录表

输入数字量								输出模拟量 V_o/V
D_7	D_6	D_5	D_4	D_3	D_2	D_1	D_0	V_{CC} = + 5 V
0	0	0	0	0	0	0	0	
0	0	0	0	0	0	0	1	
0	0	0	0	0	0	1	0	
0	0	0	0	0	1	0	0	
0	0	0	0	1	0	0	0	
0	0	0	1	0	0	0	0	
0	0	1	0	0	0	0	0	
0	1	0	0	0	0	0	0	
1	0	0	0	0	0	0	0	
1	1	1	1	1	1	1	1	

2. A/D 转换器 ADC0809

（1）如图 6.116 所示，八路输入模拟信号 1～4.5 V，由 +5 V 电源经电阻 R 分压组成；变换结果 D_0～D_7 接逻辑电平显示器输入插口，CP 时钟脉冲由计数脉冲源提供，取 f= 100 kHz；A_0～A_2 地址端接逻辑电平输出插口。

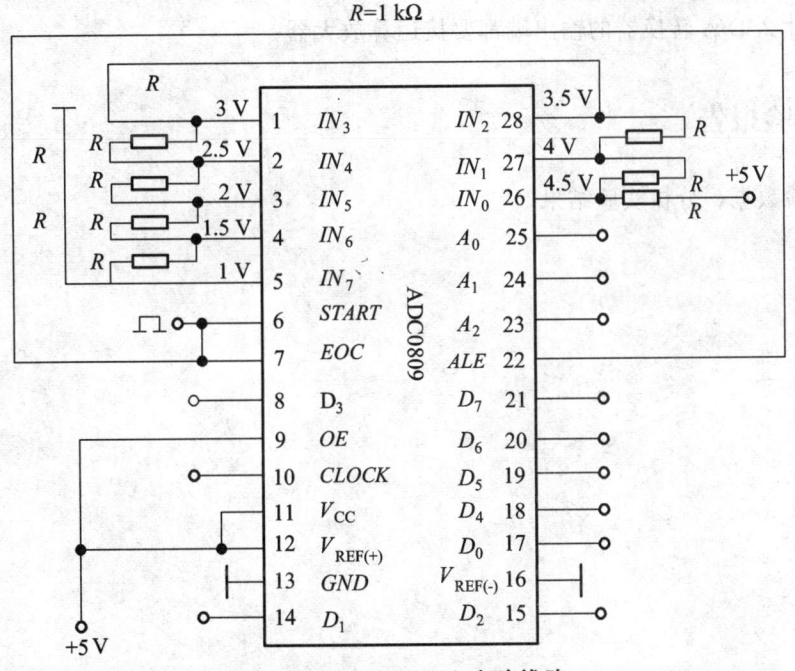

图 6.116　ADC0809 实验线路

（2）接通电源后，在启动端（START）加一正单次脉冲，下降沿一到即开始 A/D 转换。

（3）按表 6.65 的要求观察，记录 $IN_0 \sim IN_7$ 八路模拟信号的转换结果，并将转换结果换算成十进制数表示的电压值，并与数字电压表实测的各路输入电压值进行比较，分析误差原因。

表 6.65 实验数据记录表

被选模拟通道 IN	输入模拟量 V_i/V	地址			输出数字量								十进制
		A_2	A_1	A_0	D_7	D_6	D_5	D_4	D_3	D_2	D_1	D_0	
IN_0	4.5	0	0	0									
IN_1	4.0	0	0	1									
IN_2	3.5	0	1	0									
IN_3	3.0	0	1	1									
IN_4	2.5	1	0	0									
IN_5	2.0	1	0	1									
IN_6	1.5	1	1	0									
IN_7	1.0	1	1	1									

七、思考题

（1）D/A 转换器的转换误差与哪些因素有关？
（2）DAC 的分辨率与哪些参数有关？
（3）为什么 D/A 转换器的输出端都要接运算放大器？

八、实验报告

整理实验数据，分析实验结果。

第 7 章　综合性实验

综合实验一　多路集成直流稳压电源的简单设计

一、设计目的

（1）了解电源设计的思路。
（2）理解电源设计方法。
（3）熟悉电源电路的设计特性及测试方法。
（4）学习 Multisim（或其他仿真软件）中与本实验相关器件的使用方法。
（5）学会用个人实验设备（口袋实验室）独立完成实验内容。。
（6）已知电气参数→求解计算出实现该参数的电子元器件的参数→确定元器件。
（7）学会通过多种手段（图书馆、学校网络资源）查阅设计所需的资料。
（8）用口袋实验室测试各参数。
（9）用电子负载测试你的电源的各项参数。

二、设计要求

设计一个输入 220 V 交流，输出 3.3 V/10 A、+ 5 V/1 A、+ 12 V/1 A、- 12 V/1 A、(1.25 ~ 18) V/1 A 的多路直流稳压电源（对于 18V 的值，可否根据学生学号变化每人一个值，在 2 ~ 40 变化），并测出下列电源参数：

（1）稳压系数（regulator coefficients）K：

$$K = \frac{\Delta U_o}{\Delta U_i}$$

（2）相对稳压系数（coefficient of relative voltage regulator）S：

$$S = \frac{\Delta U_o / U_o}{\Delta U_i / U_i}$$

（3）电压稳定度（Voltage stability）：

$$S_V = \frac{\Delta U_o}{U_o}$$

（4）输出电阻（也称等效内阻或内阻，output resistance）：

$$R_o = \frac{\Delta U_o}{\Delta I_L}$$

（5）最大纹波电压（maximum ripple voltage）

在额定输出电压和负载电流下，输出电压的纹波（包括噪声）的绝对值的大小，通常以峰峰值或有效值表示，即

$$U_{rm} = U_{p-p}$$

（6）纹波系数（ripple factor）γ（%）：在额定负载电流下，输出纹波电压的有效值 U_{rms} 与输出直流电压 U_o 之比，即

$$\gamma = \frac{U_{rms}}{U_o} \times 100\%$$

（7）纹波电压抑制比（ripple voltage rejection ratio），纹波电压抑制比是指在规定的纹波频率下，如 50 Hz，输入电压中的纹波电压 $U_{i\sim}$ 与输出电压中的纹波电压 $U_{o\sim}$ 之比，即

$$纹波电压抑制比 = \frac{U_{i\sim}}{U_{o\sim}}$$

三、实验设备

多输出绕组变压器。
万用表、示波器。
集成电路：LM7812、7805、7912、7905、317 及电路。
光二极管、整流二极管 1N4001、电阻、开关、电容、电感。
经常用到元器件的主要参数提示：R（R，P）、C（C，V_m）、L（L，I_m）、B（V_{in}，V_{out}，S）、D（I_F，V_{RM}，f_g）、T（I_{cm}，V_{CBO}，P_{CM}，f_T）、三端稳压器（V_o，I_o，V_{in}）、IC 每一个引脚（V，I）。计算设计和查找器件均要使用这些参数。

四、作 业

（1）上网或上图书馆查找正负双电源供电电路，并分析其供电原理。
（2）若将（1.25~18）V/1 A 扩展到 10 A，能否实现？并画出电路原理图，设计其扩流元器件的参数。

（3）在设计过程中经常用到元器件的主要参数有哪些？
（4）按毕业设计格式要求完成实验报告

综合实验二　立体声分离元件音频功率放大器的设计

一、设计目的

（1）了解双电源供电分离元件音频功率放大器设计的思路。
（2）理解双电源供电分离元件音频功率放大器的设计方法。
（3）熟悉双电源供电分离元件音频功率放大器的设计特性及测试方法。
（4）学习 Multisim（或其他仿真软件）中与本实验相关器件、虚拟仪器的使用方法。
（5）学会用个人实验设备（口袋实验室）独立完成实验内容。

二、设计要求

用三极管设计一个电源输入 220 V 交流的双电源供电分离元件音频功率放大器，并测出下列放大器参数：

（1）输入信号：10～500 mV。
（2）动态范围：>2×10 W 或 95 dB。
（3）频率响应：32～18 000 Hz。
（4）立体声分离度：>40 dB。
（5）信噪比：>85 dB。
（6）失真度：<1%。
（7）通道分离平衡度：<1 dB。

三、实验设备

（1）多输出绕组变压器。
（2）万用表、示波器、频率特性测试仪、失真度测量仪。
（3）集成电路：LM7812、7912、8050、8550、3904、3906、5551、5401、TIP41、TIP42 或 2SA1301、2SC3280 等其他功率放管。
（4）整流二极管 1N4001、电阻、开关、电感、各类电容。

四、作　业

（1）上网或上图书馆查找正负双电源供电分离元件音频功率放大电路，并分析其供电原理。

（2）若将 10 W 扩展到 40 W，能否实现？并画出电路原理图，计算其元器件的参数。
（3）完成实验报告。

综合实验三　立体声集成音频功率放大器的设计

一、设计目的

（1）了解双电源供电音频功率放大器设计的思路。
（2）理解双电源供电音频功率放大器的设计方法。
（3）熟悉双电源供电音频功率放大器的设计特性及测试方法。
（4）学习 Multisim（或其他仿真软件）中与本实验相关器件、虚拟仪器的使用方法。
（5）学会用个人实验设备（口袋实验室）独立完成实验内容。

二、设计要求

用 TDA2030 设计一个电源输入 220 V 交流的双电源供电音频功率放大器，并测出下列放大器参数：

（1）输入信号：10～500 mV。
（2）动态范围：$>2\times10$ W 或 95 dB。
（3）频率响应：32～18 000 Hz。
（4）立体声分离度：>40 dB。
（5）信噪比：>85 dB。
（6）失真度：<1%。
（7）通道分离平衡度：<1 dB。

三、实验设备

（1）多输出绕组变压器。
（2）万用表、示波器、频率特性测试仪。
（3）集成电路：LM7812、7912、TDA2030 或其他功率放集成电路。
（4）整流二极管 1N4001、电阻、开关、各类电容、电感。

四、作　业

（1）上网或上图书馆查找正负双电源供电音频功率放大电路，并分析其供电原理。
（2）若将 10 W 扩展到 40 W，能否实现？并画出电路原理图，计算其元器件的参数。
（3）完成实验报告。

综合实验四 LED 节能灯的设计

一、设计目的

（1）了解 LED 节能灯设计的思路。
（2）理解 LED 节能灯设计方法。
（3）熟悉 LED 节能灯的设计特性及测试方法。
（4）学习 Multisim（或其他仿真软件）中与本实验相关器件、虚拟仪器的使用方法。
（5）学会用个人实验设备（口袋实验室）独立完成实验内容。

二、设计要求

设计一个电源输入 220 V 交流的电源供电 LED 灯，并满足下列参数：
（1）输入信号电压：90～270 V 交流电压，保持 LED 的电流（所给 LED 的额定工作电流）不变。
（2）动态范围：30～90 颗 LED 串联都能正常使用。
（3）功率：1～30 W。

三、实验设备

（1）万用表、示波器。
（2）整流二极管 1N4007、照明 LED、三极管、电阻、开关、各类电容、电感。
（3）LED 驱动 IC。
（4）磁芯变压器。

四、作　业

（1）上网或上图书馆查找 LED 节能灯的设计电路，并分析其供电原理。
（2）若需扩展到 100 W 能否实现？若能请并画出电路原理图，计算其元器件的参数。
（3）完成实验报告。

综合实验五 电子秒表

一、实验目的

（1）学习数字电路中基本 RS 触发器、单稳态触发器、时钟发生器及计数、译码显示等单元电路的综合应用。

(2)学习电子秒表的调试方法。
(3)学习 Multisim(或其他仿真软件)中与本实验相关器件、虚拟仪器的使用方法。
(4)学会用个人实验设备(口袋实验室)独立完成实验内容。

二、实验设备

+5 V 直流电源。
双踪示波器。
直流数字电压表。
数字频率计。
单次脉冲源。
连续脉冲源。
逻辑电平开关。
逻辑电平显示器。
译码显示器。
74LS00×2,555×1,74LS90×3 电位器、电阻、电容。
装有 Multisim(或其他仿真软件)电脑。
口袋实验室、个人电脑、平板、手机。

三、预习报告

(1)复习数字电路中 RS 触发器,单稳态触发器、时钟发生器及计数器等部分内容。
(2)除了本实验中所采用的时钟源外,选用另外两种不同类型的时钟源,可供本实验用。画出电路图,选取元器件。
(3)列出电子秒表单元电路的测试表格。列出调试电子秒表的步骤。

四、实验原理

图 7.1 所示为电子秒表的电路原理图,按功能可分成四个单元电路进行分析。

1. 基本 RS 触发器

图 7.1 中单元 I 为用集成与非门构成的基本 RS 触发器。属低电平直接触发的触发器,有直接置位、复位的功能。

它的一路输出 $\bar{Q}$ 作为单稳态触发器的输入,另一路输出 Q 作为与非门 5 的输入控制信号。

按动按钮开关 K_2(接地),则门 1 输出 $\bar{Q}=1$,门 2 输出 $Q=0$,K_2 复位后 Q、$\bar{Q}$ 状态保持不变。再按动按钮开关 K_1,则 Q 由 0 变为 1,门 5 开启,为计数器启动作好准备;$\bar{Q}$ 由 1 变 0,送出负脉冲,启动单稳态触发器工作。

基本 RS 触发器在电子秒表中的职能是启动和停止秒表的工作。

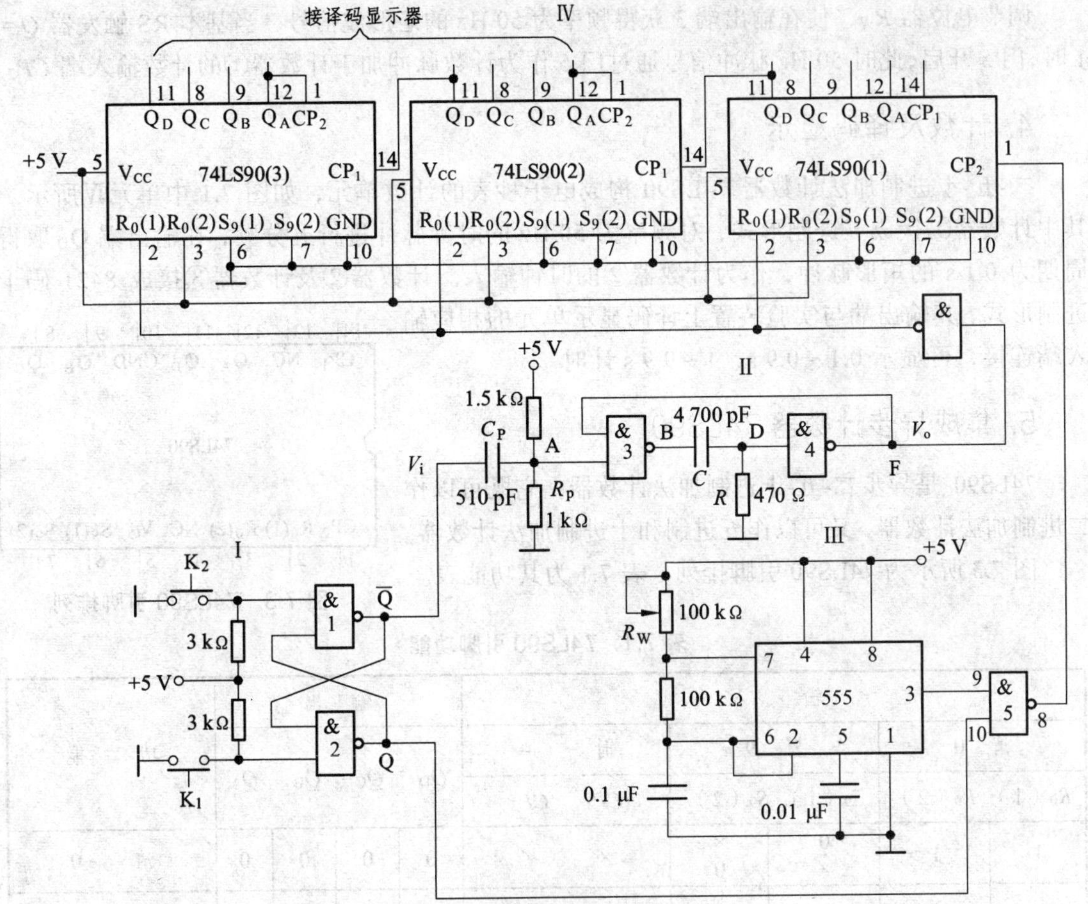

图 7.1 电子秒表原理图

2. 单稳态触发器

图 7.1 中单元 Ⅱ 为用集成与非门构成的微分型单稳态触发器，图 7.2 所示为各点波形图。

单稳态触发器的输入触发负脉冲信号 V_i 由基本 RS 触发器 $\overline{Q}$ 端提供，输出负脉冲 V_o 通过非门加到计数器的清除端 R_0。

静态时，门 4 应处于截止状态，故电阻 R 必须小于门的关门电阻 R_{off}。定时元件 RC 取值不同，输出脉冲宽度也不同。当触发脉冲宽度小于输出脉冲宽度时，可以省去输入微分电路的 R_P 和 C_P。

单稳态触发器在电子秒表中的职能是为计数器提供清零信号。

3. 时钟发生器

图 7.1 中单元 Ⅲ 为用 555 定时器构成的多谐振荡器，是一种性能较好的时钟源。

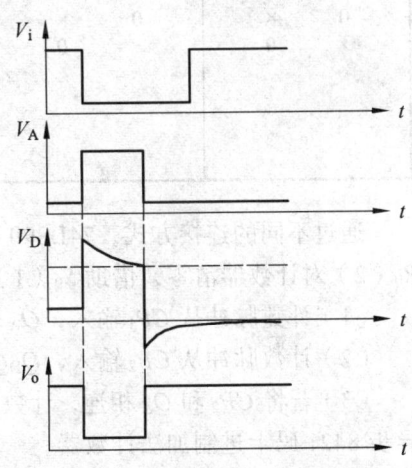

图 7.2 单稳态触发器波形图

调节电位器 R_W，使在输出端 3 获得频率为 50 Hz 的矩形波信号，当基本 RS 触发器 $Q=1$ 时，门 5 开启，此时 50 Hz 脉冲信号通过门 5 作为计数脉冲加于计数器①的计数输入端 CP_2。

4. 计数及译码显示

二-五-十进制加法计数器 74LS90 构成电子秒表的计数单元，如图 7.1 中单元Ⅳ所示。其中计数器①接成五进制形式，对频率为 50 Hz 的时钟脉冲进行五分频，在输出端 Q_D 取得周期为 0.1 s 的矩形脉冲，作为计数器②的时钟输入。计数器②及计数器③接成 8421 码十进制形式，其输出端与实验装置上译码显示单元的相应输入端连接，可显示 0.1~0.9 s、1~9.9 s 计时。

5. 集成异步计数器 74LS90

74LS90 是异步二-五-十进制加法计数器，它既可以作二进制加法计数器，又可以作五进制和十进制加法计数器。

图 7.3 所示为 74LS90 引脚排列，表 7.1 为其功能表。

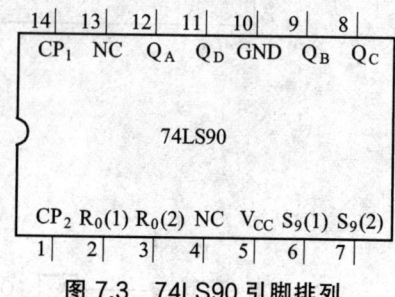

图 7.3 74LS90 引脚排列

表 7.1 74LS90 引脚功能

输入				输出				功能
清 0	置 9	时钟						
$R_0(1)$、$R_0(2)$	$S_9(1)$、$S_9(2)$	CP_1	CP_2	Q_D	Q_C	Q_B	Q_A	
1　1	0　× ×　0	×	×	0	0	0	0	清 0
0　× ×　0	1　1	×	×	1	0	0	1	置 9
0　× ×　0	0　× ×　0	↓	1	Q_A 输出				二进制计数
		1	↓	$Q_DQ_CQ_B$ 输出				五进制计数
		↓	Q_A	$Q_DQ_CQ_BQ_A$ 输出 8421BCD 码				十进制计数
		Q_D	↓	$Q_AQ_DQ_CQ_B$ 输出 5421BCD 码				十进制计数
		1	1	不变				保持

通过不同的连接方式，74LS90 可以实现四种不同的逻辑功能；而且还可借助 $R_0(1)$、$R_0(2)$ 对计数器清零，借助 $S_9(1)$、$S_9(2)$ 将计数器置 9。其具体功能详述如下：

（1）计数脉冲从 CP_1 输入，Q_A 作为输出端，为二进制计数器。

（2）计数脉冲从 CP_2 输入，$Q_DQ_CQ_B$ 作为输出端，为异步五进制加法计数器。

（3）若将 CP_2 和 Q_A 相连，计数脉冲由 CP_1 输入，Q_D、Q_C、Q_B、Q_A 作为输出端，则构成异步 8421 码十进制加法计数器。

（4）若将 CP_1 与 Q_D 相连，计数脉冲由 CP_2 输入，Q_A、Q_D、Q_C、Q_B 作为输出端，则构成异步 5421 码十进制加法计数器。

（5）清零、置 9 功能。

1）异步清零

当 $R_0(1)$、$R_0(2)$ 均为 "1"；$S_9(1)$、$S_9(2)$ 中有 "0" 时，实现异步清零功能，即 $Q_DQ_CQ_BQ_A = 0000$。

2）置 9 功能

当 $S_9(1)$、$S_9(2)$ 均为 "1"；$R_0(1)$、$R_0(2)$ 中有 "0" 时，实现置 9 功能，即 $Q_DQ_CQ_BQ_A = 1001$。

五、实验内容

由于实验电路中使用器件较多，实验前必须合理安排各器件在实验装置上的位置，使电路逻辑清楚，接线较短。实验时，应按照实验任务的次序，将各单元电路逐个进行接线和调试，即分别测试基本 RS 触发器、单稳态触发器、时钟发生器及计数器的逻辑功能，待各单元电路工作正常后，再将有关电路逐级连接起来进行测试……，直到测试电子秒表整个电路的功能。

这样的测试方法有利于检查和排除故障，保证实验顺利进行。

1. 基本 RS 触发器的测试

测试方法请参考实验十五集成触发器及其应用。

2. 单稳态触发器的测试

1）静态测试

用直流数字电压表测量 A、B、D、F 各点电位值并记录。

2）动态测试

输入端接 1 kHz 连续脉冲源，用示波器观察并描绘 D 点（V_D）、F 点（V_F）波形，如嫌单稳输出脉冲持续时间太短，难以观察，可适当加大微分电容 C（如改为 0.1 μF）待测试完毕，再恢复 4 700 pF。

3. 时钟发生器的测试

测试方法参考实验二十，用示波器观察输出电压波形并测量其频率，调节 R_W，使输出矩形波频率为 50 Hz。

4. 计数器的测试

（1）计数器①接成五进制形式，$R_0(1)$、$R_0(2)$、$S_9(1)$、$S_9(2)$ 接逻辑开关输出插口，CP_2 接单次脉冲源，CP_1 接高电平 "1"，$Q_D \sim Q_A$ 接实验设备上译码显示输入端 D、C、B、A，按表 7.1 测试其逻辑功能并记录。

（2）计数器②及计数器③接成 8421 码十进制形式，同内容（1）进行逻辑功能测试并记录。

（3）将计数器①、②、③级联，进行逻辑功能测试并记录。

5. 电子秒表的整体测试

各单元电路测试正常后，按图 7.1 把几个单元电路连接起来，进行电子秒表的总体测试。

先按一下按钮开关 K_2，此时电子秒表不工作，再按一下按钮开关 K_1，则计数器清零后便开始计时，观察数码管显示计数情况是否正常，如不需要计时或暂停计时，按一下开关 K_2，计时立即停止，但数码管保留所计时之值。

6. 电子秒表准确度的测试

利用电子钟或手表的秒计时对电子秒表进行校准。

六、实验报告

（1）总结电子秒表整个调试过程。
（2）分析调试中发现的问题及故障排除方法。

综合实验六　3 1/2 位直流数字电压表

一、实验目的

（1）了解双积分式 A/D 转换器的工作原理。
（2）熟悉 3 1/2 位 A/D 转换器 CC14433 的性能及其引脚功能。
（3）掌握用 CC14433 构成直流数字电压表的方法。
（4）学习 Multisim（或其他仿真软件）中与本实验相关器件、虚拟仪器的使用方法。
（5）学会用个人实验设备（口袋实验室）独立完成实验内容。

二、实验设备

±5 V 直流电源。
双踪示波器。
直流数字电压表。
按线路图 7.6 要求自拟元、器件清单。
装有 Multisim（或其他仿真软件）电脑。
口袋实验室、个人电脑、平板、手机。

三、预习要求

（1）本实验是一个综合性实验，应作好充分准备。
（2）仔细分析图 7.6 各部分电路的连接及其工作原理。
（3）参考电压 V_R 上升，显示值增大还是减少？

（4）要使显示值保持某一时刻的读数，电路应如何改动？

四、实验原理

直流数字电压表的核心器件是一个间接型 A/D 转换器，它首先将输入的模拟电压信号变换成易于准确测量的时间量，然后在这个时间宽度里用计数器计时，计数结果就是正比于输入模拟电压信号的数字量。

1. V-T 变换型双积分 A/D 转换器

图 7.4 所示是双积分 ADC 的控制逻辑框图。它由积分器（包括运算放大器 A_1 和 RC 积分网络）、过零比较器 A_2、N 位二进制计数器、开关控制电路、门控电路、参考电压 V_R 与时钟脉冲源 CP 组成。

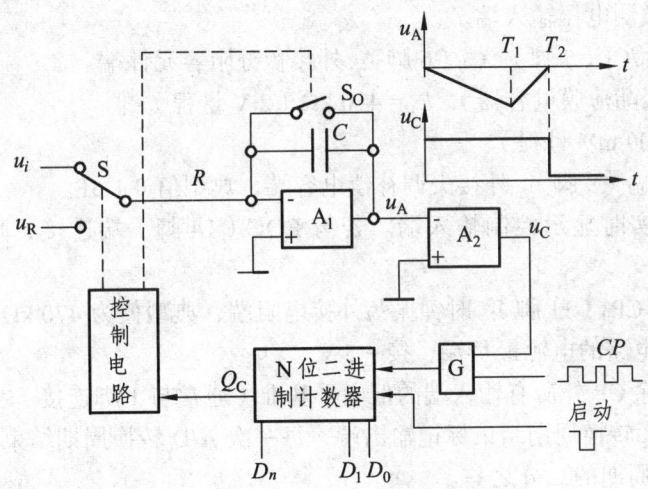

图 7.4 双积分 ADC 原理框图

转换开始前，先将计数器清零，并通过控制电路使开关 S_0 接通，将电容 C 充分放电。由于计数器进位输出 $Q_C = 0$，控制电路使开关 S 接通 V_i，模拟电压与积分器接通，同时，门 G 被封锁，计数器不工作。积分器输出 V_A 线性下降，经零值比较器 A_2 获得一方波 V_C，打开门 G，计数器开始计数，当输入 2^n 个时钟脉冲后 $t = T_1$，各触发器输出端 $D_{n-1} \sim D_0$ 由 111...1 回到 000...0，其进位输出 $Q_C = 1$，作为定时控制信号，通过控制电路将开关 S 转换至基准电压源 $-V_R$，积分器向相反方向积分，V_A 开始线性上升，计数器重新从 0 开始计数，直到 $t = T_2$，V_A 下降到 0，比较器输出的正方波结束，此时计数器中暂存二进制数字就是 V_i 相对应的二进制数码。

2. 3 1/2 位双积分 A/D 转换器 CC14433 的性能特点

CC14433 是 CMOS 双积分式 3 1/2 位 A/D 转换器，它是将构成数字和模拟电路的约 7700 多个 MOS 晶体管集成在一个硅芯片上，芯片有 24 只引脚，采用双列直插式，其引脚排列与功能如图 7.5 所示。

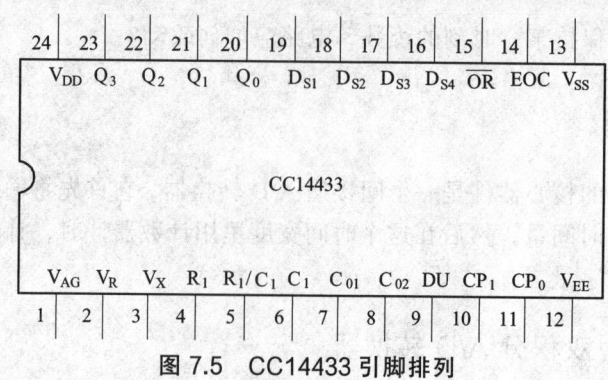

图7.5 CC14433引脚排列

引脚功能说明：

V_{AG}（1脚）：被测电压 V_X 和基准电压 V_R 的参考地。

V_R（2脚）：外接基准电压（2 V 或 200 mV）输入端。

V_X（3脚）：被测电压输入端。

R_1（4脚）、R_1/C_1（5脚）、C_1（6脚）：外接积分阻容元件端。

$C_1 = 0.1\ \mu f$（聚酯薄膜电容器），$R_1 = 470\ k\Omega$（2 V 量程）。

$R_1 = 27\ k\Omega$（200 mV 量程）。

C_{01}（7脚）、C_{02}（8脚）：外接失调补偿电容端，典型值 $0.1\ \mu F$。

DU（9脚）：实时显示控制输入端。若与 EOC（14脚）端连接，则每次 A/D 转换均显示。

CP_1（10脚）、CP_0（11脚）：时钟振荡外接电阻端，典型值为 $470\ k\Omega$。

V_{EE}（12脚）：电路的电源最负端，接 $-5\ V$。

V_{SS}（13脚）：除 CP 外所有输入端的低电平基准（通常与 1 脚连接）。

EOC（14脚）：转换周期结束标记输出端，每一次 A/D 转换周期结束，EOC 输出一个正脉冲，宽度为时钟周期的二分之一。

$\overline{OR}$（15脚）：过量程标志输出端，当 $|V_X| > V_R$ 时，$\overline{OR}$ 输出为低电平。

$DS_4 \sim DS_1$（16~19脚）：多路选通脉冲输入端，DS_1 对应于千位，DS_2 对应于百位，DS_3 对应于十位，DS_4 对应于个位。

$Q_0 \sim Q_3$（20~23脚）：BCD 码数据输出端，DS_2、DS_3、DS_4 选通脉冲期间，输出三位完整的十进制数，在 DS_1 选通脉冲期间，输出千位 0 或 1 及过量程、欠量程和被测电压极性标志信号。

CC14433 具有自动调零，自动极性转换等功能。可测量正或负的电压值。当 CP_1、CP_0 端接入 $470\ k\Omega$ 电阻时，时钟频率约为 66 kHz，每秒钟可进行 4 次 A/D 转换。它的使用调试简便，能与微处理机或其他数字系统兼容，广泛用于数字面板表，数字万用表，数字温度计，数字量具及遥测、遥控系统。

3. 3 1/2 位直流数字电压表的组成（实验线路）（图7.6）

（1）被测直流电压 V_X 经 A/D 转换后以动态扫描形式输出，数字量输出端 $Q_0\ Q_1\ Q_2\ Q_3$ 上

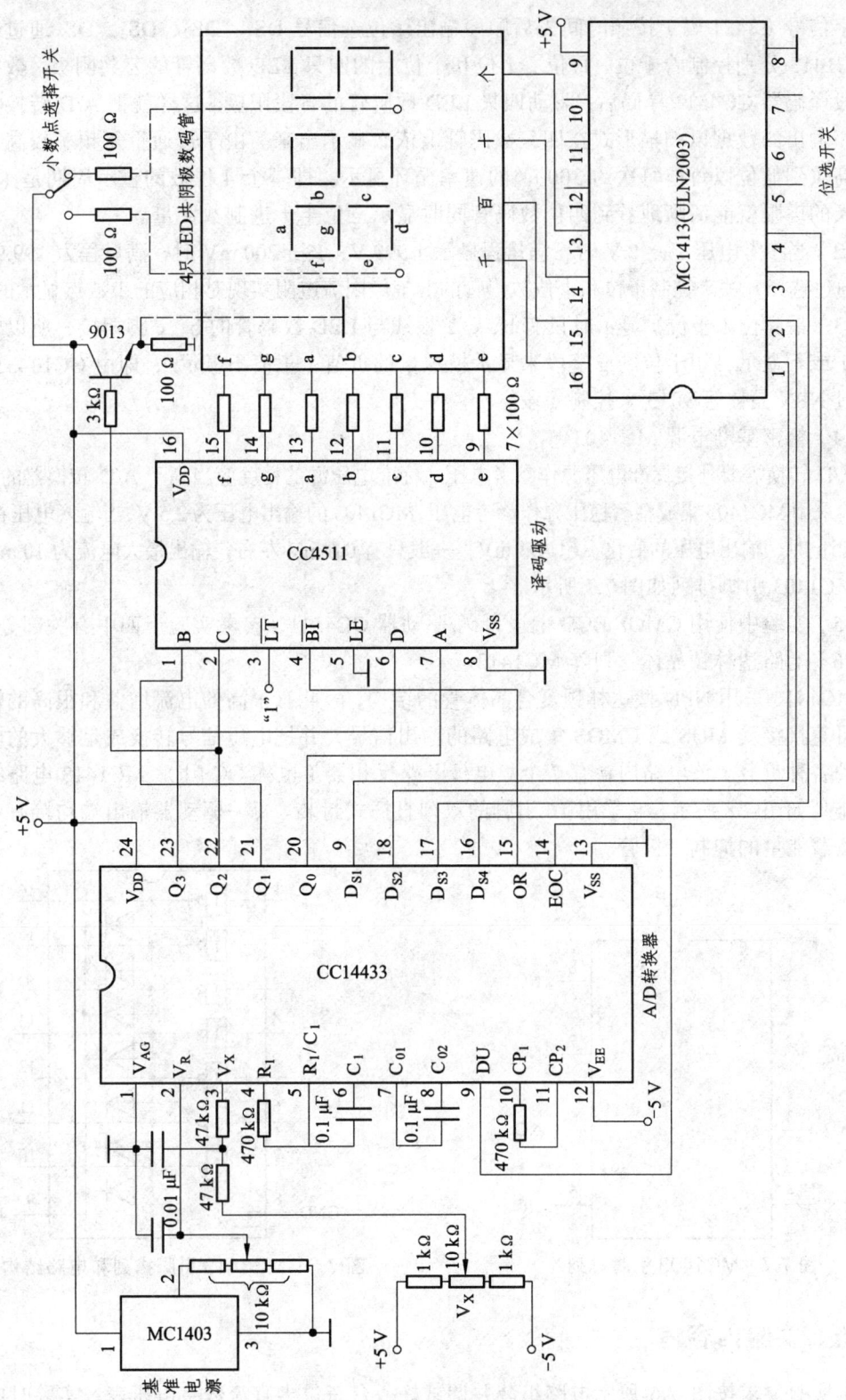

图 7.6 三位半数字万用表电路图

的数字信号（8421 码）按照时间先后顺序输出。位选信号 DS_1、DS_2、DS_3、DS_4 通过位选开关 MC1413 分别控制着千位、百位、十位和个位上的四只 LED 数码管的公共阴极。数字信号经七段译码器 CC4511 译码后，驱动四只 LED 数码管的各段阳极。这样就把 A/D 转换器按时间顺序输出的数据以扫描形式在四只数码管上依次显示出来。由于选通重复频率较高，工作时从高位到低位以每位每次约 300 μs 的速率循环显示。即一个 4 位数的显示周期是 1.2ms，所以人的肉眼就能清晰地看到四位数码管同时显示三位半十进制数字量。

（2）当参考电压 $V_R = 2$ V 时，满量程显示 1.999 V；$V_R = 200$ mV 时，满量程为 199.9 mV。可以通过选择开关来控制千位和十位数码管的 h 笔经限流电阻实现对相应的小数点显示的控制。

（3）最高位（千位）显示时只有 b、c 二根线与 LED 数码管的 b、c 脚相接，所以千位只显示 1 或不显示，用千位的 g 笔段来显示模拟量的负值（正值不显示），即由 CC14433 的 Q_2 端通过 NPN 晶体管 9013 来控制 g 段。

（4）精密基准电源 MC1403。

A/D 转换需要外接标准电压源作参考电压。标准电压源的精度应当高于 A/D 转换器的精度。本实验采用 MC1403 集成精密稳压源作参考电压，MC1403 的输出电压为 2.5 V，当输入电压在 4.5 ～ 15 V 变化时，输出电压的变化不超过 3 mV，一般只有 0.6 mV 左右，输出最大电流为 10 mA。

MC1403 引脚排列如图 7.7 所示。

（5）实验中使用 CMOS BCD 七段译码/驱动器 CC4511，参考实验十四中有关部分。

（6）七路达林顿晶体管列阵 MC1413。

MC1413 采用 NPN 型达林顿复合晶体管的结构，因此有很高的电流增益和很高的输入阻抗，可直接接受 MOS 或 CMOS 集成电路的输出信号，并把电压信号转换成足够大的电流信号驱动各种负载。该电路内含有 7 个集电极开路反相器（也称 OC 门）。MC1413 电路结构和引脚排列如图 7.8 所示，它采用 16 引脚的双列直插式封装。每一驱动器输出端均接有一释放电感负载能量的抑制二极管。

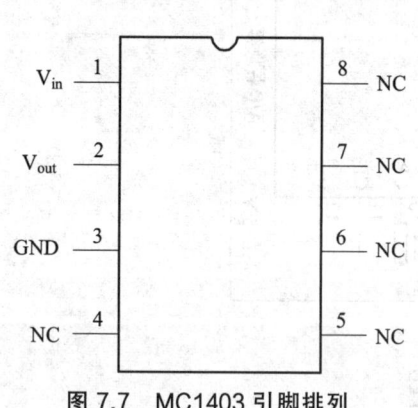

图 7.7 MC1403 引脚排列

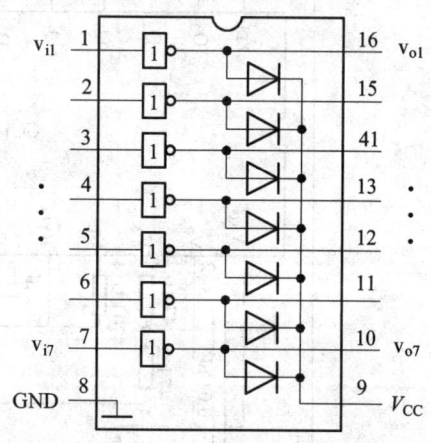

图 7.8 MC1413 引脚排列和电路结构图

五、实验内容

本实验要求按图 7.6 所示电路组装并调试好一台三位半直流数字电压表，实验时应一步步地进行。

1. 数码显示部分的组装与调试

（1）建议将 4 只数码管插入 40P 集成电路插座上，将 4 个数码管同名笔画段与显示译码的相应输出端连在一起，其中最高位只要将 b、c、g 三笔画段接入电路，按图 7.6 中电路接好连线，但暂不插所有的芯片，备用。

（2）插好芯片 CC4511 与 MC1413，并将 CC4511 的输入端 A、B、C、D 接至拨码开关对应的 A、B、C、D 四个插口处；将 MC1413 的 1、2、3、4 脚接至逻辑开关输出插口上。

（3）将 MC1413 的 2 脚置 "1"，1、3、4 脚置 "0"，接通电源，拨动码盘（按 "+" 或 "−" 键）自 0~9 变化，检查数码管是否按码盘的指示值变化。

（4）按实验原理说明的要求，检查译码显示是否正常。

（5）分别将 MC1413 的 3、4、1 脚单独置 "1"，重复进行检查。

如果所有 4 位数码管显示正常，则去掉数字译码显示部分的电源，备用。

2. 标准电压源的连接和调整

插上 MC1403 基准电源，用标准数字电压表检查输出是否为 2.5 V，然后调整 10 kΩ 电位器，使其输出电压为 2.00 V，调整结束后去掉电源线，供总装时备用。

3. 总装总调

（1）插好芯片 MC14433，接图 7.6 中电路接好全部线路。

（2）将输入端接地，接通 + 5 V、− 5 V 电源（先接好地线），此时显示器将显示 "000" 值，如果不是，应检测电源正负电压。用示波器测量、观察 $D_{S1} \sim D_{S4}$，$Q_0 \sim Q_3$ 波形，判别故障所在。

（3）用电阻、电位器构成一个简单的输入电压 V_X 调节电路，调节电位器则 4 位数码将相应变化，然后进入下一步精调。

（4）用标准数字电压表（或用数字万用表代）测量输入电压，调节电位器，使 V_X = 1.000 V，这时被调电路的电压指示值不一定显示 "1.000"，应调整基准电压源，使指示值与标准电压表误差个位数在 5 之内。

（5）改变输入电压 V_X 极性，使 V_i = − 1.000 V，检查 "−" 是否显示，并按前述方法校准显示值。

（6）在 − 1.999 V ~ 0 ~ + 1.999 V 量程内再一次仔细调整（调基准电源电压）使全部量程内的误差均不超过个位数在 5 之内。

至此一个测量范围在 ±1.999 的三位半数字直流电压表调试成功。

4. 实际测量

（1）记录输入电压为 ±1.999、±1.500、±1.000、±0.500、0.000（标准数字电压表的读数）时被调数字电压表的显示值，列表并记录。

（2）用自制数字电压表测量正、负电源电压。如何测量，试设计扩程测量电路。

（3）若积分电容 C_1、C_{02}（0.1 μF）换用普通金属化纸介电容时，观察测量精度的变化。

六、实验报告

（1）绘出三位半直流数字电压表的电路接线图。
（2）阐明组装、调试步骤。
（3）说明调试过程中遇到的问题和解决的方法。
（4）总结组装、调试数字电压表的心得体会。

综合实验七　交通灯控制逻辑电路

一、实验目的

（1）学习移位寄存器、计数器、译码电路、脉冲电路等的综合运用。
（2）熟悉交通灯控制逻辑电路的工作原理。
（3）了解简单数字系统实验、调试及故障排除方法。
（4）学习 Multisim（或其他仿真软件）中与本实验相关器件、虚拟仪器的使用方法。
（5）学会用个人实验设备（口袋实验室）独立完成实验内容。

二、实验设备

直流稳压电源。
交通信号灯及汽车模拟装置。
集成电路：74LS74、74LS164、74LS168、74LS248 及门电路。
显示：LC5011-11、发光二极管。
电阻、开关。
装有 Multisim（或其他仿真软件）电脑。
口袋实验室、个人电脑、平板、手机。

三、预习要求

（1）复习脉冲电路、译码电路、计数器电路等内容。
（2）总结交通灯控制逻辑电路的调试过程，分析调试中发现的问题及故障排除方法。

四、实验原理

为了确保十字路口的车辆顺利、畅通地通过，往往都采用自动控制的交通信号灯来指挥。其中红灯（R）亮，表示该条道路禁止通行；黄灯（Y）亮表示停车；绿灯（G）亮表示允许通行。交通灯控制器的系统框图如图 7.9 所示。

设计一个十字路口交通信号灯控制器,其要求如下:

(1)满足如图 7.10 所示的顺序工作流程。

图 7.10 中设南北方向的红、黄、绿灯分别为 NSR、NSY、NSG 东西方向的红、黄、绿灯分别为 EWR、EWY、EWG。

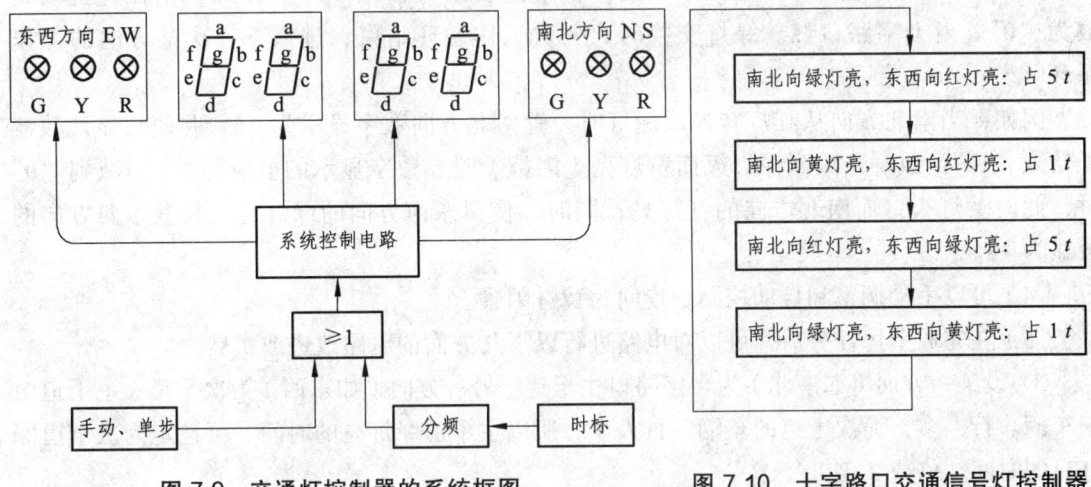

图 7.9 交通灯控制器的系统框图　　图 7.10 十字路口交通信号灯控制器的顺序工作流程

它们的工作方式,有些必须是并行进行的,即南北方向绿灯亮,东西方向红灯亮;南北方向黄灯亮、东西方向红灯亮;南北方向红灯亮,东西方向绿灯亮;南北方向红灯亮,东西方向黄灯亮。

(2)应满足两个方向的工作时序:即东西方向亮红灯时间应等于南北方向亮黄、绿灯时间之和。南北方向亮红灯时间应等于东西方向亮黄、绿灯时间之和。时序工作流程图如图 7.11 所示。

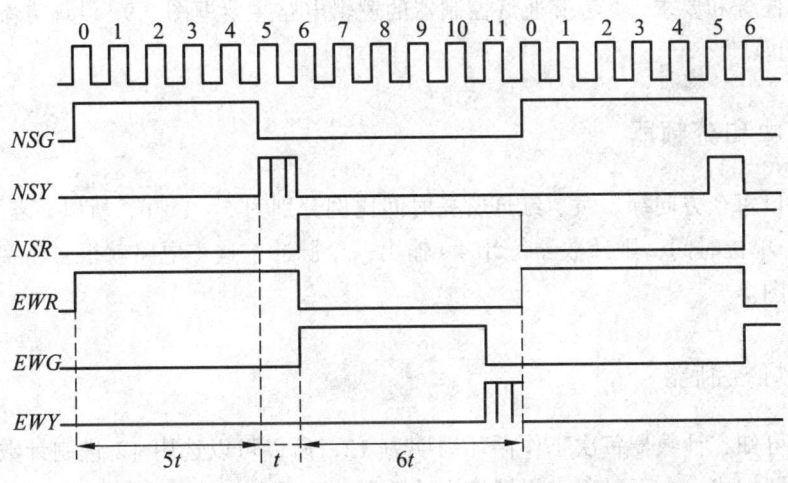

图 7.11 十字路口交通信号灯控制器的时序工作流程

在图 7.11 中，假设每个单位时间为 3 s，则南北、东西方向绿、黄、红灯亮时间分别 15 s、3 s、18 s，一次循环为 36 s。其中红灯亮的时间为绿灯、黄灯亮的时间之和，黄灯是间歇闪耀。

（3）十字路口要有数字显示以作为时间提示，从而便于人们更直观的把握时间。具体为：当某方向绿灯亮时，置显示器为某值，然后以每秒减 1 计数方式工作，直至减到数为"0"。当十字路口红、绿灯交换时，一次工作循环结束，进入下一次某方向的工作循环。

例如，当南北方向从红灯转换成绿灯时，置南北方向数字显示为 18，并使数显计数器开始减"1"计数、当减到绿灯灭而黄灯亮（闪耀）时、数字显示的值应为 3。当减到"0"时，此时黄灯灭，而南北方向的红灯亮；同时，使得东西方向的绿灯亮，并置东西方向的数显为 18。

（4）可以手动调整和自动控制，夜间为黄灯闪耀。

（5）在完成上述任务后，可以对电路进行以下几方面的电路改进或扩展。

① 设某一方向（如南北）为十字路口主干道、另一方向（如东西）为次干道；主干道由于车辆、行人多，而次干道的车辆、行人少，所以主干道绿灯亮的时间、可选定为次干道绿灯亮的时间 2 倍或 3 倍。

② 用 LED 发光二极管模拟汽车行驶电路。当某一方向绿灯亮时、这一方向的发光二极管接通、并一个一个向前移动．表示汽车在行驶；当遇到黄灯亮时、移位发光二极管就停止，而过了十字路口的移位发光二极管继续向前移动；红灯亮时，则另一方向转为绿灯亮，那么，这一方向的 LED 发光二极管就开始移位（表示这一方向的车辆行驶）。

五、实验内容

根据设计任务和要求，参考交通灯控制器的逻辑电路主要框图 7.9，设计方案可以从以下几部分进行考虑。

1. 秒脉冲和分频器

因十字路口每个方向绿、黄、红灯所亮时间比例分别为 5：1：6，所以，若选 4 s（也可以是 3 s）为一单位时间，则计数器每计 4 s 输出一个脉冲，这一电路就很容易实现。逻辑电路参考总电路图。

2. 交通灯控制器

由波形图可知，计数器每次工作循环周期为 12，所以可以选用 12 进制计数器。计数器可以用单触发器组成，也可以用中规模集成计数器。这里我们选用中规模 74LS164 八位移位寄存器组成扭环形 12 进制计数器。扭环形计数器的状态表见表 7.2。

表 7.2 扭环形计数器的状态表

t	计数器输出						南北方向			东西方向		
	Q_0	Q_1	Q_2	Q_3	Q_4	Q_5	NSG	NSY	NSR	EWG	EWY	EWR
0	0	0	0	0	0	0	1	0	0	0	0	1
1	1	0	0	0	0	0	1	0	0	0	0	1
2	1	1	0	0	0	0	1	0	0	0	0	1
3	1	1	1	0	0	0	1	0	0	0	0	1
4	1	1	1	1	0	0	1	0	0	0	0	1
5	1	1	1	1	1	0	0	↑	0	0	0	1
6	1	1	1	1	1	1	0	0	1	1	0	0
7	0	1	1	1	1	1	0	0	1	1	0	0
8	0	0	1	1	1	1	0	0	1	1	0	0
9	0	0	0	1	1	1	0	0	1	1	0	0
10	0	0	0	0	1	1	0	0	1	1	0	0
11	0	0	0	0	0	1	0	0	1	0	↑	0

根据状态表，我们不难列出东西方向和南北方向绿、黄、红灯的逻辑表达式：

东西方向：

绿：$EWG = Q_4 \cdot Q_5$

黄：$EWY = \overline{Q_4} \cdot Q_5$ （$EWY' = EWY \cdot CP_1$）

红：$EWR = \overline{Q_5}$

南北方向：

绿：$NSG = \overline{Q_4} \cdot \overline{Q_5}$

黄：$NSY = Q_4 \cdot \overline{Q_5}$ （$NSY' = NSY \cdot CP_1$）

红：$NSR = Q_5$

由于黄灯要求闪耀几次，所以用时标 1 s 和 EWY 或 NSY 黄灯信号相"与"。

3. 显示控制部分

显示控制部分，实际是一个定时控制电路。当绿灯亮时，使减法计数器开始工作（用对方的红灯信号控制），每来一个秒脉冲，使计数器减 1，直到计数器为'0'而停止。译码显示可用 74LS248BCD 码七段译码器，显示器用 LC5011-11 共阴极 LED 显示器，计数器采用可预置加、减法计数器，如 74LS168、74LS193 等。

4. 手动/自动控制，夜间控制

这可用一选择开关进行。置开关在手动位置，输入单次脉冲，可使交通灯处在某一位置上，开关在自动位置时，则交通信号灯按自动循环工作方式运行。夜间时，将夜间开关接通，黄灯闪亮。

5. 汽车模拟运行控制

用移位寄存器组成汽车模拟控制系统，即当某一方向绿灯亮时，则绿灯亮"G"信号，使该路方向的移位通路打开，而当黄、红灯亮时，则使该方向的移位停止。如图 7.12 所示，为南北方向汽车模拟控制电路。

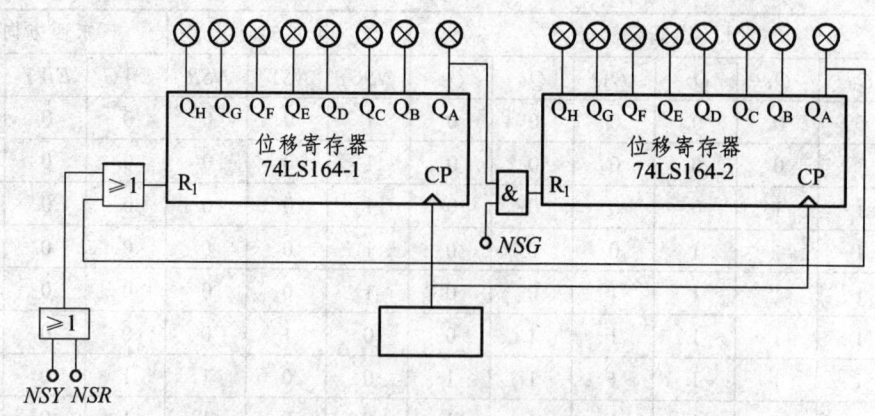

图 7.12 交通信号灯控制器参考电路

6. 参考电路

根据设计任务和要求，交通信号灯控制器参考电路，如图 7.13 所示。

1）单次手动及脉冲电路

单次脉冲是由二个与非门组成的 RS 触发器产生的，当按下 K_1 时再按下 K_2，有一个脉冲输出使 74LS164 移位计数，实现手动控制。K_3 在自动位置时，由秒脉冲电路经分频后（4 分频）输入给 74LS164，这样，74LS164 为每 4 s 向前移一位（计数 1 次）。秒脉冲电路可用晶振或 RC 振荡电路构成。

2）控制器部分

它由 74LS164 组成扭环形计数器，然后经译码后，输出十字路口南北、东西二个方向的控制信号。其中黄灯信号需满足闪耀要求，并在夜间时，使黄灯闪亮，而绿、红灯灭。

3）数字显示部分

当南北方向绿灯亮，而东西方向红灯亮时，使南北方向的 74LS168 以减法计数器方式工作，从数字"24"开始往下减，当减到"0"时，南北方向绿灯灭、红灯亮，而东西方向红灯灭，绿灯亮。由于东西方向红灯灭信号（$EWR=0$），使与门关断，减法计数器工作结束，而南北方向红灯亮，使另一方向——东西方向减法计数器开始工作。

在减法计数开始之前，由黄灯亮信号使减法计数器预置入数据。图中接入 $U/\overline{D}$ 和 $\overline{LD}$ 的信号就是由黄灯亮（为高电平）时，置入数据。黄灯灭（$Y=0$），而红灯亮（$R=1$）开始减计数。

4）汽车模拟控制电路

这一部分电路参考图 7.12。当黄灯（Y）或红灯（R）亮时，R_1 这端为高（H）电平，在 CP 移位脉冲作用下，而向前移位，高电平"H"从 QH 一直移到 QA（图中 74LS164-1）由于绿灯在红灯和黄灯为高电平时，它为低电平，所以 74LS164-1 QA 的信号就不能送到 74LS164-2 移位寄存器的 R_1 端。这样，就模拟了当黄、红灯亮时汽车停止的功能。而当绿灯亮，黄、红灯灭（$G=1$，$R=0$，$Y=0$）时，74LS164-1、74LS164-2 都能在 CP 移位脉冲作用下向前移位。这就意味着，绿灯亮时汽车向前运行这一功能。

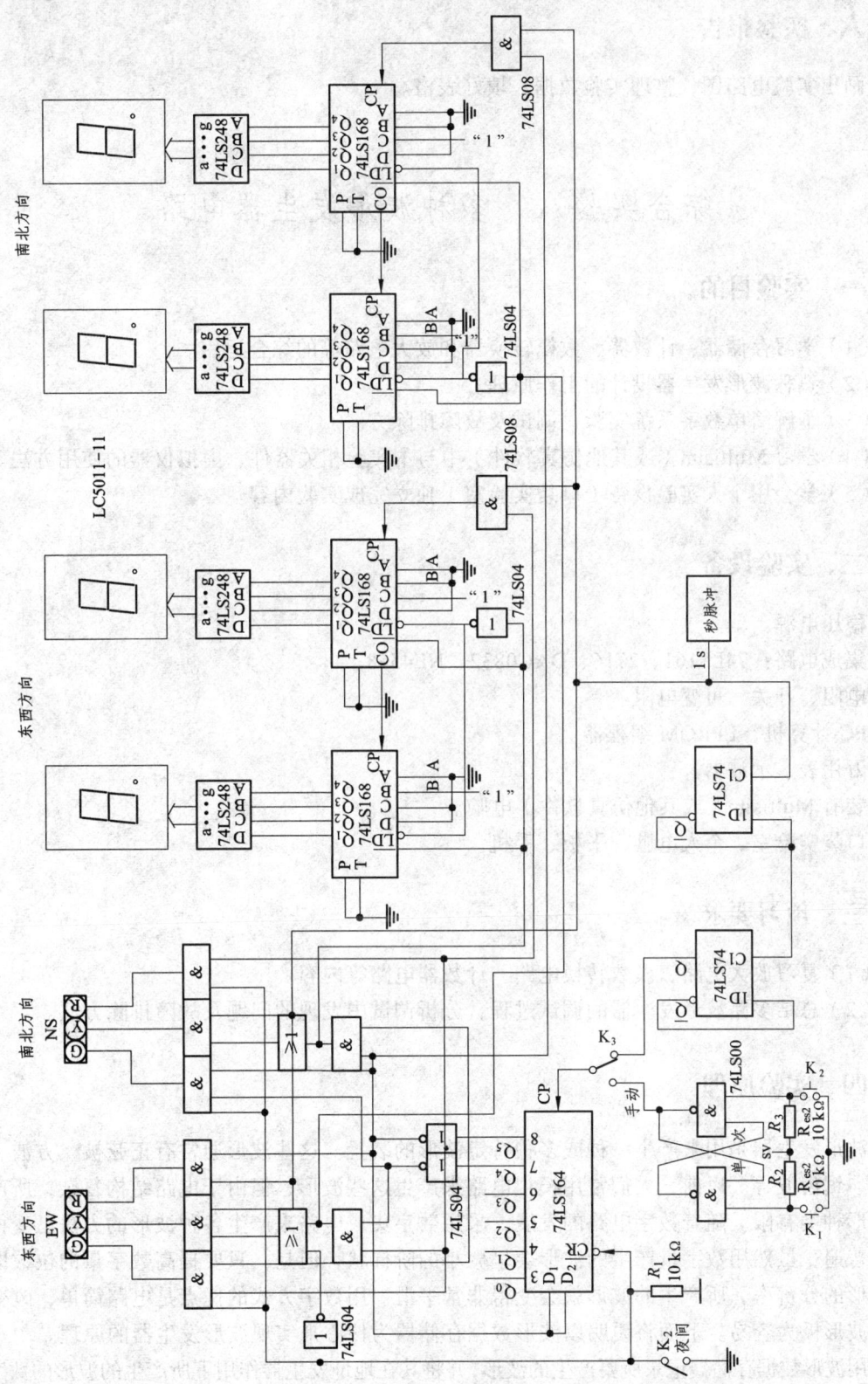

图 7.13 交通信号灯控制器参考电路图

六、实验报告

画出实验电路图,整理实验数据,填好表格。

综合实验八　多种波形发生器电路

一、实验目的

（1）学习存储器、计数器、数模转换器和放大电路等的综合运用。
（2）熟悉波形发生器设计的工作原理。
（3）了解简单数字系统实验、调试及故障排除方法。
（4）学习 Multisim（或其他仿真软件）中与本实验相关器件、虚拟仪器的使用方法。
（5）学会用个人实验设备（口袋实验室）独立完成实验内容。

二、实验设备

稳压电源。
集成电路：74LS161、2716、DAC0832、NE4558。
电阻、开关、可变电阻。
PC 计算机、EPROM 编程器。
万用表、示波器。
装有 Multisim（或其他仿真软件）电脑。
口袋实验室、个人电脑、平板、手机。

三、预习要求

（1）复习放大电路、模数转换电路、计数器电路等内容。
（2）总结多路波形发生器的调试过程,分析调试中发现的问题及故障排除方法。

四、实验原理

波形发生器是用来产生一种或多种特定波形的装置。这些波形通常有正弦波、方波、三角波、锯齿波等。以前,人们常用模拟电路来产生这些波形,但由于电路结构复杂,所产生的波形种类有限。随着数字电路的发展,采用数字集成电路来产生各种波形的方法已变得越来越普遍。虽然用数字量产生的波形会呈微小的阶梯状,但是,只要提高数字量的位数即提高波形的分辨率,所产生的波形就会变得非常平滑。用数字方式的优点是电路简单,改变输出的波形极为容易。下面将说明以波形数据存储器为核心来实现波形发生器的原理。

用波形数据存储器记录所要产生的波形,并将其在地址发生器作用下所产生的波形的数字量经过数-模转换装置转换成相应的模拟量,以达到波形输出的目的,其实现的原理如图 7.14 所示。

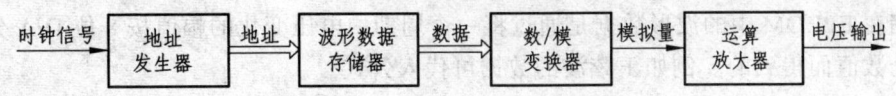

图 7.14 多种波形发生器框图

五、实验内容

设计一个多种波形发生器,其具体要求如下:

(1)实现多种波形的输出。这些波形包括正弦波、三角波、锯齿波、反锯齿波、梯形波、台型阶梯波、方波、阶梯波等。

(2)要求输出的波形具有 8 位数字量的分辨率。

(3)能调整输出波形的周期和幅值。

(4)能用开关方便的选择某一种波形的输出。

下面按地址发生器、波形数据存储器、数/模转换器三个部分分别说明:

1. 地址发生器的组成

地址发生器所输出的地址位数决定了每一种波形所能拥有的数据存储量。但在同一地址发生频率下,波形存储量越大输出的频率越低。考虑到我们要求输出波形具有 8 位数字量的分辨率,因而可将地址发生器设计成 8 位,以获得较好的输出效果。如果地址发生器高于 8 位,那么输出波形的分辨率将会受到影响。

选用 2 片 4 位二进制计数器 74LS161 组成的 8 位地址发生器,其最高工作频率可达到 32 MHz。

2. 波形数据存储器

8 位地址发生器决定了每种波形的数据存储量为 256 字节。因为总共要输出 8 种波形,故存储总量为 2K 字节。可选用 2716EPROM 作为波形数据存储器。8 种波形在存储器中的地址分配如图 7.15 所示。

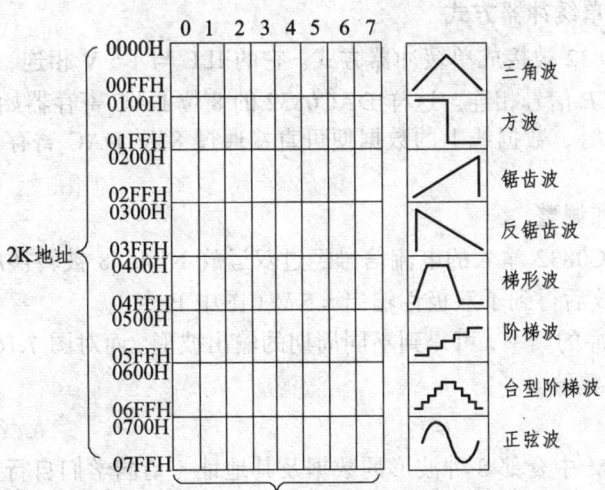

图 7.15　EPROM 的地址和数据所对应的波形

存储在 EPROM 中的波形数据是通过将一个周期内电压变化的幅值按 8 位 D/A 分辨率分成 256 个数值而得到的。例如正弦波的数据可代入公式

$$D = 128\left(1 + \sin\frac{360}{255}x\right), \quad x = 0 \sim 255$$

锯齿波的计算公式为

$$D = x, \quad x = 0 \sim 255 \pm x$$

3. 数据转换器

可采用具有 8 位分辨率的 D/A 转换集成芯片 DAC0832 作为多种波形发生器中的数模转换器。由于多种波形发生器只使用一路 D/A 转换，因而 DAC0832 可连接成单缓冲器方式。另外，因 DAC0832 是一种电流输出型 D/A 转换器，要获得模拟电压输出时，需外接运放来实现电流转换为电压。

由于在实际使用中输出波形不仅需要单极性的（$0 \sim +x$ V 或 $0 \sim x$ V），有时还需要双极性的（$\pm x$ V），因而可用两组运算放大器作为模拟电压输出电路，运放可选用 NE4558，其片内集成了两个运算放大器。

4. 参考电路

多种波形发生器的参考电路如图 7.16 所示。

1）2716 EPROM 的地址信号

两片 74LS161 级联成八位计数器，其两组 $Q_3 \sim Q_0$ 输出作为 2716 的低 8 位地址 $A_7 \sim A_0$，这样，读出一个周期的波形数据需 256 个 CP 脉冲，故输出波形的频率为 CP 时钟脉冲频率的 1/256。2716 的高三位地址（$A_{10} \sim A_8$）用作波形选择，它们与三个选择开关相连。利用开关的不同设置状态，可选择八种波形中的任意一种。

2）DAC0832 的单缓冲器方式

在电路中 DAC0832 被接成单缓冲器方式。它的 ILE 与 +5 V 相连，$\overline{CS}$、$\overline{XFER}$、$\overline{WR_2}$ 与 GND 相连，$\overline{WR_1}$ 与 CP 信号相连。这样 DAC0832 的 8 位 DAC 寄存器始终处于导通状态，因此当 CP 变为低电平时，数据线上的数据便可直接通过 8 位 DAC 寄存器、并由其 8 位 D/A 转换器进行转换。

3）波形的输出和调整

图 7.16 中，DAC0832 输入的电流信号经过双运放 NE4558 被转换成 $0 \sim -5$ V（图中 A 点），再经过一级运放后得到了双极性输出 ± 5 V（图中 B 点）。

通过改变 CP 脉冲的频率，可得到不同周期的输出波形。而对图 7.16 中可变电阻的调节，则可改变输出波形的幅值。

4）波形数据

对于 2716EPROM 中全部 8 种波形的数据及其地址（请同学们自行查找），可用 EPROM 编程器将这些数据写入 2716EPROM 中，其波形输出用示波器观察。

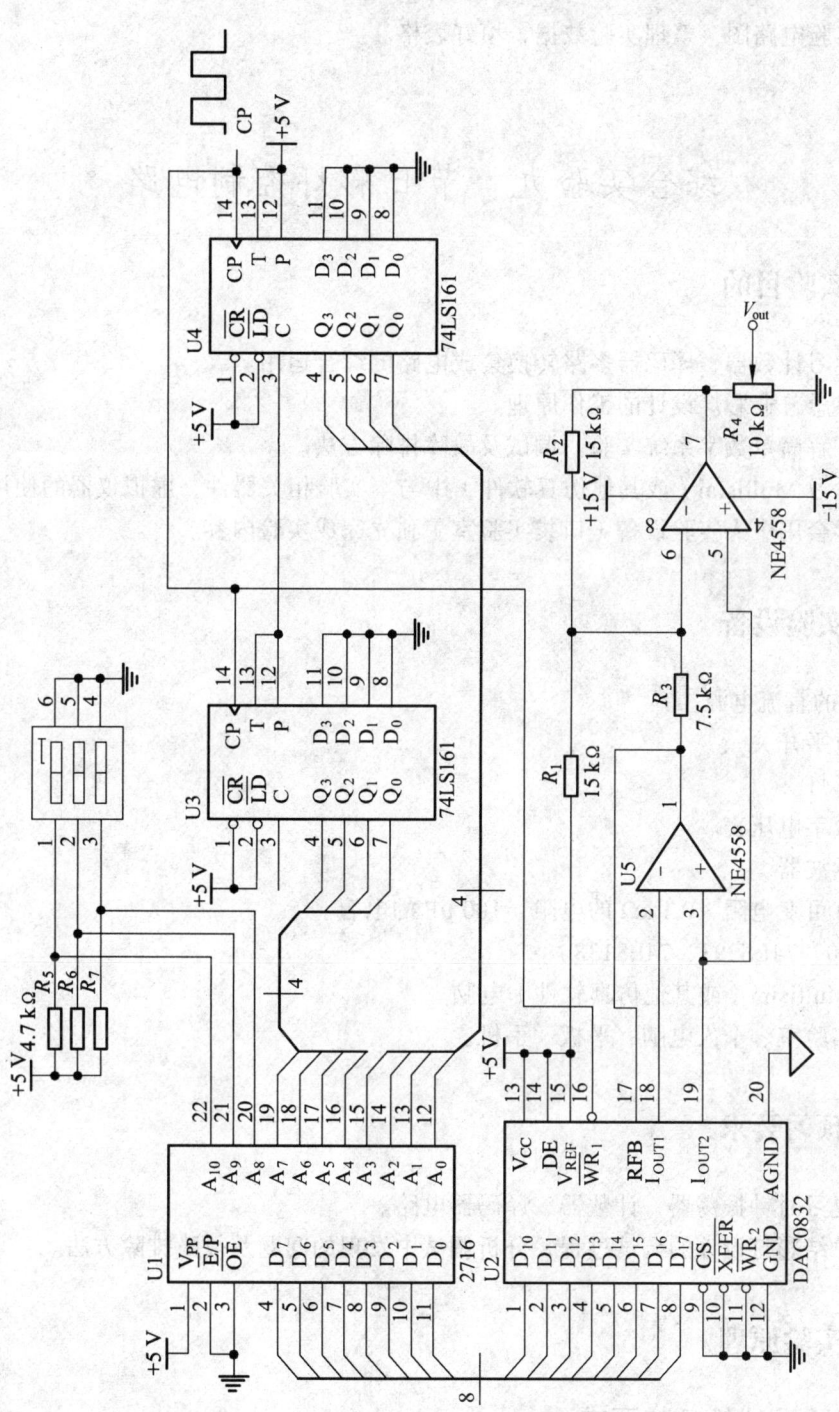

图 7.16 多种波形发生器的参考电路

六、实验报告

画出实验电路图,整理实验数据,填好表格。

综合实验九 节日彩灯控制电路

一、实验目的

(1)学习计数器、译码器多路转换集成电路的综合运用。
(2)熟悉普通彩灯设计的工作原理。
(3)了解简单数字系统实验、调试及故障排除方法。
(4)学习 Multisim(或其他仿真软件)中与本实验相关器件、虚拟仪器的使用方法。
(5)学会用个人实验设备(口袋实验室)独立完成实验内容。

二、实验设备

+5 V 的直流电源。
逻辑电平开关。
多色彩灯。
直流数字电压表。
双踪示波器。
4.7 kΩ 可变电阻,0.1 kΩ 的电阻,100 μF 的电容。
74LS00、74LS393、74LS138。
装有 Multisim(或其他仿真软件)电脑。
口袋实验室、个人电脑、平板、手机。

三、预习要求

(1)复习时钟振荡器、计数器、译码器电路。
(2)总结彩灯设计的调试过程,分析调试中发现的问题及故障排除方法。

四、实验原理

1. 实验设计任务与要求

本设计要求电路产生两种不同闪烁方式的一自动滚环彩灯,一种方式是双向滚动的效果,另一种是单向不断滚动的效果,且两种方式可以随意控制。

2. 电路工作原理与设计示例

图 7.17 所示为其工作原理接线图，主要由振荡器、计数器、3-8 线译码器和彩色灯组成。

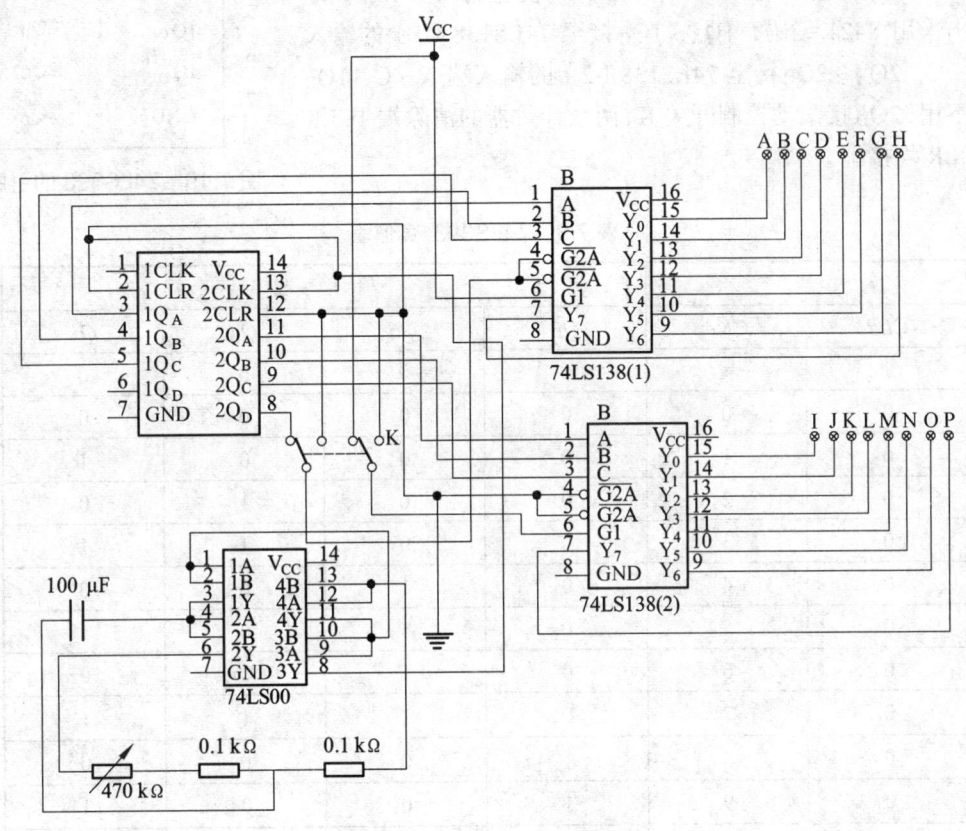

图 7.17　节日彩灯控制电路图

（1）自环行自激多谐振荡电路。二输入端四与非门集成电路 74LS00 组成带 RC 的环形自激多谐振荡电路，原理图接线如图 7.18 所示，振荡频率由 RC 时间常数来决定。按原理图中标出的数值，调整电位，在 74LS00 的 3Y 输出端（即第八引脚）可得到 0.5～25 Hz 范围内连续的方波脉冲。当然，也可考虑用 555 定时器做时钟发生器。

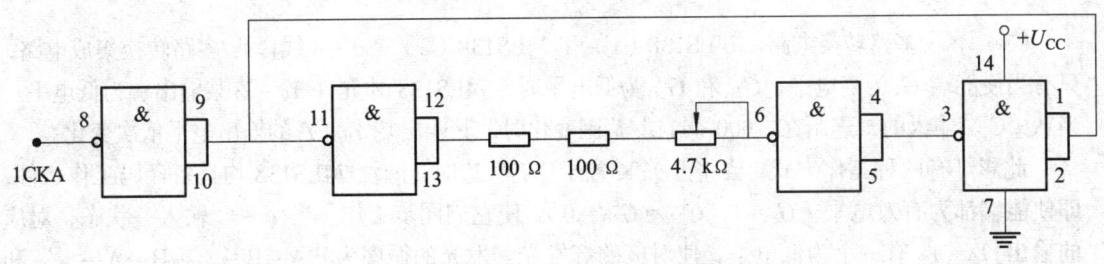

图 7.18　自环行自激多谐振荡电路

（2）二进制计数电路。首先，先介绍双4位二进制计数器74LS393的工作原理，图7.19是74LS393的引脚图。

它是在同一封装内两个结构完全相同且相互独立的计数器，其真值表见表7.3。振荡器输出的连续正脉冲，同时加在两个计数器脉冲输入端1CKA和2CKA，使它们同步工作，计数输出采用8421编码，$1Q_A \sim 1Q_C$ 接至74LS138（1）的输入端 $A \sim C$，$2Q_A \sim 2Q_C$ 接至74LS138（2）的输入端 $A \sim C$，$1Q_D$ 置空不用，$2Q_D$ 接滚动控制开关K，两个计数器的清除端1CLR和2CLR均接地。

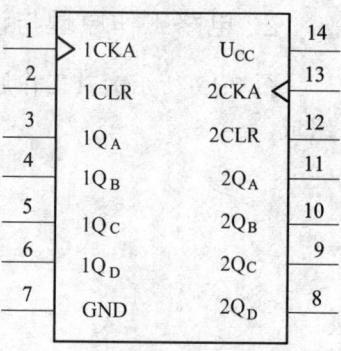

图7.19 74LS393的引脚图

表7.3 74LS393 真值表

输	入		输	出	
CLR	CKA	Q_D	Q_C	Q_B	Q_A
1	×	0	0	0	0
0	0	0	0	0	0
0	1	0	0	0	1
0	2	0	0	1	0
0	3	0	0	1	1
0	4	0	1	0	0
0	5	0	1	0	1
0	6	0	1	1	0
0	7	0	1	1	1
0	8	1	0	0	0
0	9	1	0	0	1
0	10	1	0	1	0
0	11	1	0	1	1
0	12	1	1	0	0
0	13	1	1	0	1
0	14	1	1	1	0
0	15	1	1	1	1

（3）译码/多路转换电路。74LS138（1）和74LS138（2）是3~8线译码/多路转换集成电路，只有当使能端 G_1 为高电平，G'_{2A} 和 G'_{2B} 为低电平时，74LS138才允许 $Y_0 \sim Y_7$ 某输出端为低电平。当 $A \sim C$ 端输入的二进制在"000~111"范围变化时，其输出端 $Y_0 \sim Y_7$ 的输出电平依次变化。

此彩灯有两种工作方式，当将开关K置于"右"边时，两块74LS138均具备译码工作条件，即使能端都为有效电平（$G_1 = 1$，$G'_{2A} = G'_{2B} = 0$），使它们同步工作。当 $A \sim C$ 输入一状态，对应的输出 $Y_0 \sim Y_7$ 有一个为低电平，使对应的灯发光。发光的循序为"A→B→…→H→A→…"和"I→J→…→P→I→…"，同时进行循环变亮，产生光环双向滚动的效果。

当把 K 置于"左"边时，74LS138（1）片的控制端 G'_{2A}、G'_{2B} 及 74LS138（2）片的 G_1 均接计数器的 $2Q_D$ 端，这时 74LS138（1）片和 74LS138（2）片的工作状态由 $2Q_D$ 输出电平的高低来决定。当振荡器输出前 8 个脉冲时，$2Q_D$ 为低电平，此时因 74LS138（1）片的 G'_{2A}、G'_{2B} 端为低电平而使 74LS138（1）片工作，使灯按"A→B→C→…→H"顺序发光，7415138（2）片的 G_1 端也为低电平而禁止 74LS138（2）片工作；当振荡器输出后 8 个脉冲时，$2Q_D$ 为高电平，正好相反，74LS138（1）片停止工作，7415138（2）片开始工作，接着使灯按"I→J→K→…→P"顺序发光。随着下十六个脉冲的到来，又开始另一轮循环。由于 74LS138（1）和 74LS138（2）片不断交替工作，从整体上看，灯是按"A→B→…→H→I→…→P→A→…"的顺序反复循环变亮，形成一个不断单向滚动的光环。

五、实验内容

实验电路中使用器件较多，实验前必须合理安排各器件在实验装置上的位置，使电路逻辑清楚、接线较短。

实验时，将各单元电路逐个进行接线和调试，即分别测试振荡器、计数器、译码转换电路等逻辑功能，待各单元电路工作正常后，在将有关电路逐级连接起来进行测试，直到测试整个电路成功。

这样的模块化测试方法有利于检查和排除故障，是调试电路的常用方法，可保证实验顺利进行。

（1）测试振荡器电路，调整 R、C 值用示波器观察其输出波形，调整到理想频率输出值。
（2）测试计数器、译码器电路，输入一定的信号观察并记录其输出信号，是否符合其逻辑关系。
（3）按图 7.17 所示电路接线，各芯片接上工作电源，让开关 K 处于右边位置，观察灯的变化情况，是否产生双向滚动的效果。
（4）让开关 K 处于左边的位置，观察灯的变化情况，是否产生单向顺序滚动的效果。

实验注意事项：
在调整振荡器电路中，一定要选择好 R、C 的参数。

六、实验报告

（1）整理实验数据，填好表格。
（2）如果时钟电路采用 555 芯片，说明其电路的参数 R、C 该如何选取，电路该如何修改。

第 8 章 电子制作实习

实习一 收音机的安装与调试

一、实训目的

通过制作此电路,让学生了解电子产品(收音机)的生产制作全过程,训练学生的动手能力,培养学生的工程实践观念。

二、实训要求

(1)认真分析电路图,说明每个元件的名称和作用。
(2)对元件进行认真检测,熟悉检测方法。
(3)绘制印刷电路板图,要求元件分布合理。
(4)按照安装工艺安装元件。
(5)调试电路使之达到设计指标。

三、实训预习内容

安装超外差式调幅收音机内容要求:
(1)技术要求:设计超外差式调幅收音机电路。要求频率范围:535~1 605 kHz;灵敏度<1 mV;选择性>20 dB;输出功率>100 mW。
(2)设计七管超外差式调幅收音机的整机电路并画出框图和总电路图。
(3)选择合适的仪器(口袋实验室或者公共实验室均可)设备进行组装、调试、测试七管超外差式调幅收音机。
(4)实习报告:写出设计、实验总结报告,内容包括各单元电路图、整机框图和总电路图,相应单元的实测波形、电路原理、检测调试分析、结论和体会。

1. 实习过程预安排（见表 8.1）

实习预安排表如表 8.1 所示。

表 8.1 实习预安排表

日期	星期	内　容	作业	备注
		讲解要求、领工具、练习焊（拆）接技术、检查验收，并当场评分	编写实习报告的第一部分	
		发放收音机套件、现场指导识别清点元器件、检测元器件并按要求做好记录，验收并评分	编写实习报告第二部分	
		装配：按先低后高，色环从左到右元件的标记正对焊接者。并按要求做好记录，验收并评分	编写实习报告第三部分	
		① 不带电检测焊接好的线路板； ② 通电检测焊接好的线路板； ③ 并按要求做好记录，验收并评分	编写实习报告第四部分	
		动态调试：并按要求做好记录，验收并评分	编写实习报告第五部分	
		维修处理：并按要求做好记录，验收并评分	编写实习报告第六部分	
		整机统调：并按要求做好记录，验收并评分	编写实习报告第七部分	
		完成整体实习报告编写并验收报告（电子文档）		
		退还工具，交打印报告		

2. 实习注意事项

（1）注意用电安全，防止触电。听从指导教师安排。

（2）遵守安全操作规程，未经指导教师许可，不得擅自动用设备，操作要细心认真。

（3）未经同意不准动用、扳动、启动非自用设备及其电闸、电门开关和消防器材。

（4）违反上述规定的，指导教师必须给予批评教育，不听从教育或多次违反的，令其检查或暂停实习；情节严重或态度恶劣的，实习成绩不予及格，并报校系给予必要的纪律处分。表 8.2 为成绩考核表。

表 8.2 成绩考核表

编号	学号	姓名	性别	焊接	元测	装配	静测	动调	整机	维修	报告	合计

实习二　可调开关直流稳压电源的安装与调试

一、实训目的

通过制作此电路，让学生了解电子产品的生产制作全过程，训练学生的动手能力，培养学生的工程实践观念。

二、实训要求

（1）认真分析电路图，说明每个元件的名称和作用。
（2）对元件进行认真检测，熟悉检测方法。
（3）绘制印刷电路板图，要求元件分布合理。
（4）按照安装工艺安装元件。
（5）选择合适的仪器（口袋实验室或者公共实验室均可）设备进行调试电路使之达到设计指标。

三、实训预习内容

充电器和稳压电源两用电路可将 220 V 市电电压转换成 3~6 V 的直流稳压电源，既可作为收音机、手机、LED 节能灯等小型电器的外接电源。这个电路的元件和外壳可以采用产品套件，也可以自己设计和制作。

（1）输入电压：AC90~270 V。
输出电压（直流电压）：3~12 V，误差为 10%。
（2）输出直流电流：额定值 200 mA，最大值 1 000 mA。
（3）具有过载、短路保护，故障消除后自动恢复正常工作。
（4）充电恒定电流：250 mA（10%），可对 1~5 节 5 号镍铬或镍氢电池进行充电，充电时间 10~12 小时。

实习三　可调直流稳压电源及充电器的安装与调试

一、实训目的

通过制作此电路，让学生了解电子产品的生产制作全过程，训练学生的动手能力，培养学生的工程实践观念。

二、实训要求

（1）认真分析电路图，说明每个元件的名称和作用。
（2）对元件进行认真检测，熟悉检测方法。
（3）绘制印刷电路板图，要求元件分布合理。
（4）按照安装工艺安装元件。
（5）调试电路使之达到设计指标。

三、实训预习内容

充电器和稳压电源两用电路可将 220 V 市电电压转换成 3~6 V 的直流稳压电源,既可作为收音机等小型电器的外接电源,又可对 1~5 节镍铬或镍氢电池进行恒流充电,性能优于市售的一般充电器,具有较高的性价比,是一种用途广泛的实用电器。这个电路的元件和外壳可以采用产品套件,也可以自己设计和制作。

1. 主要性能指标

(1) 输入电压:AC220 V。
输出电压(直流电压):分三挡,即 3 V、4.5 V、6 V,各挡误差为 10%。
(2) 输出直流电流:额定值 150 mA,最大值 300 mA。
(3) 具有过载、短路保护,故障消除后自动恢复正常工作。
(4) 充电恒定电流:60 mA (10%),可对 1~5 节 5 号镍铬或镍氢电池进行充电,充电时间 10~12 小时。

2. 电路工作原理

充电器和稳压电源两用电路的电路原理图如图 8.1 所示。变压器 T 及二极管 V_1~V_2、电容 C_1 构成典型的桥式整流、电容滤波电路,在稳压电路中若去掉 R_1 及 LED_1,则是典型的串联稳压电路。其中 LED_2 兼作电源指示及基准稳压管,当流经该发光二极管的电流变化不大时,其正向压降较为稳定,约为 1.7 V,但此值会因发光二极管的规格不同而有所不同,对同一种 LED 则变化不大,因此发光二极管可作为低电压稳压管来使用。

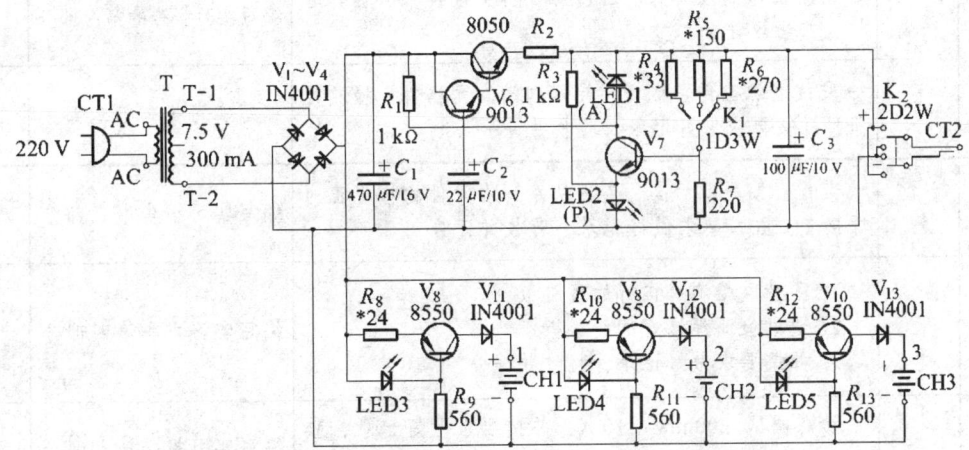

图 8.1 充电器和稳压电源两用电路的电路原理图

R_2 和 LED_1 组成简单的过载和短路保护电路,LED_1 还兼作电流过载指示。当输出过载(输出电流增大)时,R_2 上的压降增大,当增大到一定数值后会使 LED_1 导通,使调整管 V_5、V_6 的基极电流不再增大,限制了输出电流的增加,起到了限流保护作用。

K_1 为输出电压选择开关,K_2 为输出电压极性变换开关。

V_8、V_7、V_{10} 及其相应元器件组成三路完全相同的恒流源电路，以 V_8 单元为例，LED_3 在该处兼作稳压和充电指示用，V11 可防止将充电电池的极性接错，通过电阻 R_8 的电流（即输出电流）可近似地表示为：

$$I_o = \frac{U_z - U_{be}}{R_8}$$

其中：I_o —— 输出电流；

U_{be} —— V_4 的基极和发射极间的压降（约 0.7 V）；

U_z —— LED_3 上的正向压降，取 1.7 V。

由此可见，输出电流 I_o 的值主要取决于 U_z 的稳定性，而与负载的大小无关，实现了充电电路的恒流特性。

由上式可知，改变电路中 R_8 的大小即可调节输出电流的大小，因此该电路也可改为大电流快速充电方式工作，但大电流充电会影响充电电池的寿命。若减小该电路的充电电流即可对 7 号电池进行充电。当增大输出电流时可在 V_8 的 C-E 极之间并联一个电阻（电阻值约数十欧）以减小 V_8 的功耗。

3. 实习过程预安排

实习预安排表如表 8.3 所示。

表 8.3 实习预安排表

日期	星期	内　容	作　业	备注
		讲解要求、领工具、练习焊（拆）接技术、检查验收，并当场评分	编写实习报告的第一部分	
		发放电源套件、现场指导识别清点元器件、检测元器件并按要求做好记录，验收并评分	编写实习报告第二部分	
		装配：按先低后高，色环从左到右元件的标记正对焊接者。并按要求做好记录，验收并评分	编写实习报告第三部分	
		1. 不带电检测焊接好的线路板； 2. 通电检测焊接好的线路板； 3. 并按要求做好记录，验收并评分	编写实习报告第四部分	
		动态调试 200 mV、10 A：并按要求做好记录，验收并评分	编写实习报告第五部分	
		维修处理：并按要求做好记录，验收并评分	编写实习报告第六部分	
		整机统调：并按要求做好记录，验收并评分	编写实习报告第七部分	
		完成整体实习报告编写并验收报告（电子文档）		
		退还工具，交打印报告		

4. 实习注意事项

（1）注意用电安全，防止触电。听从指导教师安排。

（2）遵守安全操作规程，未经指导教师许可，不得擅自动用设备，操作要细心认真。

（3）未经同意不准动用、扳动、启动非自用设备及其电闸、电门开关和消防器材。

（4）违反上述规定的，指导教师必须给予批评教育，不听从教育或多次违反的，令其检查或暂停实习；情节严重或态度恶劣的，实习成绩不予及格，并报校系给予必要的纪律处分。成绩登记表如表 8.4 所示。

表 8.4 成绩登记表

编号	学号	姓名	性别	焊接	元测	装配	静测	动调	整机	维修	报告	合计

实习四 数字万用表的安装与调试

一、实训目的

通过制作此电路，让学生了解电子产品的生产制作全过程，训练学生的动手能力，培养学生的工程实践观念。

二、实训要求

安装与调试数字万用表内容要求：

（1）技术要求：安装与调试数字万用表电路。要求三位半数字式电压表头的准确度为 ±0.5%，四位半的表头可达 ±0.03%，而指针式万用表中使用的磁电系表头的准确度通常仅为 ±2.5%。

（2）画出数字万用表的整机电路并画出框图和总电路图，分析其工作原理。

（3）选择合适的仪器（口袋实验室或者公共实验室均可）设备进行组装、调试数字万用表。

（4）实习报告需写出设计、实验总结报告，内容包括：各单元电路图、整机框图和总电路图，相应单元的实测波形，电路原理，检测调试分析，结论和体会。

1. 实习过程预安排

实习预安排表如表 8.5 所示。

表 8.5 实习预安排表

日期	星期	内容	作业	备注
		讲解要求、领工具、练习焊（拆）接技术、检查验收，并当场评分	编写实习报告的第一部分	
		发放数字万用表套件、现场指导识别清点元器件、检测元器件并按要求做好记录，验收并评分	编写实习报告第二部分	
		装配：按先低后高，色环从左到右元件的标记正对焊接者。并按要求做好记录，验收并评分	编写实习报告第三部分	
		1.不带电检测焊接好的线路板； 2.通电检测焊接好的线路板； 3.并按要求做好记录，验收并评分	编写实习报告第四部分	
		动态调试 200 mV、10 A：并按要求做好记录，验收并评分	编写实习报告第五部分	
		维修处理：并按要求做好记录，验收并评分	编写实习报告第六部分	
		整机统调：并按要求做好记录，验收并评分	编写实习报告第七部分	
		完成整体实习报告编写并验收报告（电子文档）		
		退还工具，交打印报告		

2. 实习注意事项

（1）注意用电安全，防止触电。听从指导教师安排。
（2）遵守安全操作规程，未经指导教师许可，不得擅自动用设备，操作要细心认真。
（3）未经同意不准动用、扳动、启动非自用设备及其电闸、电门开关和消防器材。
（4）违反上述规定的，指导教师必须给予批评教育，不听从教育或多次违反的，令其检查或暂停实习；情节严重或态度恶劣的，实习成绩不予及格，并报校系给予必要的纪律处分。成绩登记表如表 8.6 所示。

表 8.6 成绩登记表

编号	学号	姓名	性别	焊接	元测	装配	静测	动调	整机	维修	报告	合计

第三篇 电子设计思维实训

第9章 电子设计基础

电子设计是对低频电路、高频电路、数字逻辑电路、最小系统（单片机、嵌入式……）、编程软件等多门课程的综合性应用。本章介绍了电子设计中两种实用的设计方法，电子系统中较容易产生寄生振荡的几种电路形式，抑制寄生振荡的一般方法，几种实用的抗干扰技术以及电子线路中常见技术指标的概念与实验测试方法。

9.1 设计性实验基本方法

9.1.1 电子设计一般方法

电子设计是指在提出一个设计任务或题目后，按规定的技术指标和功能要求设计一个电子系统电路的过程。电子设计一般按照图 9.1 所示的流程进行。

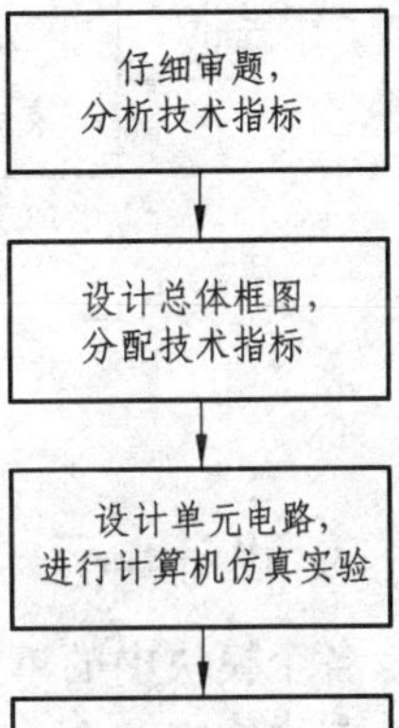

1. 仔细审题，分析技术指标

接到设计课题任务后，一定要仔细研究题目的要求、各项技术指标的含义，了解出题者的意图。这是完成综合设计和实验的前提。例如，1995 年全国电子设计大赛中有一道赛题为"实用信号源的设计和制作"，其中有一项技术指标是：要求产生正弦波和脉冲波，信号频率为 20 Hz ~ 20 kHz，步进调整后，步长为 5 Hz。如果仅考虑输出的波形和频率范围，则直接选用集成电路芯片 8038 就可以实现。但是，要实现步长为 5 Hz 的步进调整，如果从 0 开始调整到 20 kHz 所得要的步长数共计为 20 kHz/5 Hz = 4 000，则芯片 8038 的频率控制精度就不能满足要求了。

图 9.1 电子设计流程

2. 设计总体框图，分配技术指标

分析理解题意后，就可进行方案论证了。这时，可以通过图书馆、资料室或网络检索相

关参考资料，参考一些与设计课题相同或相近的电路方案，查阅能够满足技术指标要求的器件。对于同一个题目，实现的方案可以有多个，应该将不同的方案加以对比，从中选择一种"相对合理、思路比较巧妙、成本又较低"的方案来作为设计方案。

设计总体框图是指将制定的方案按照功能划分成若干个互相联系的模块，也可以称为"自顶向下"的设计流程；然后将技术指标和功能分配给各个模块。

例如，要求设计一个具有数字混响延时、卡拉 OK 功能的音响放大器电路。可先分析题意：该系统的主要功能是放大和混响延时，这是一个数模混合的电子系统。参考相关资料，可以设计出该系统的总体框图，如图 9.2 所示。

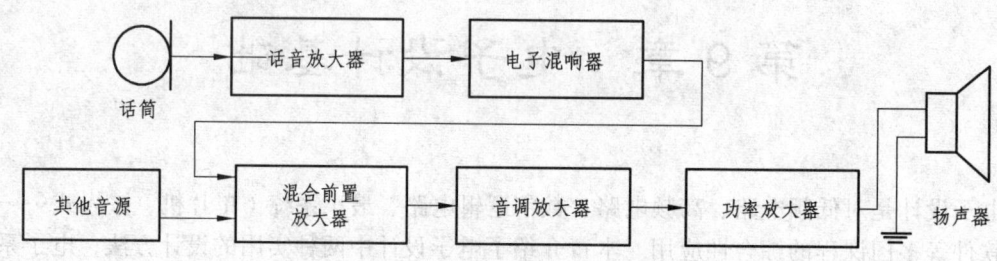

图 9.2 音响放大器的总体框图

然后将每个模块实现的功能及主要技术指标进行分配。其中，混响延时电路不放大信号，一般不需要分配电压增益，可以选用相关专用数字混响集成电路芯片，如 M65831A。该系统的电压增益主要分配给放大器。图 9.3 所示的是分配给各个模块的电压增益。

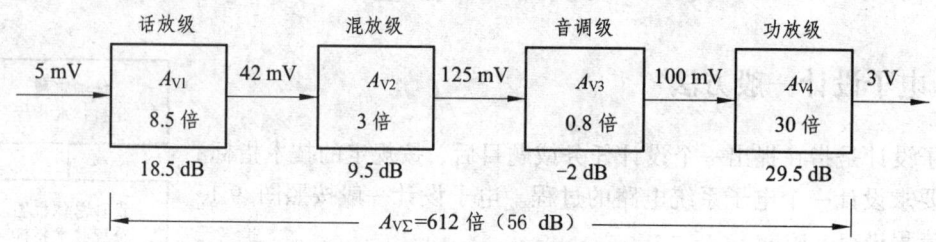

图 9.3 各个模块的电压增益分配

3. 设计单元电路，进行计算机仿真实验

各个模块中的单元电路设计，可以参考一些典型的实用电路，或者将某几个电路巧妙地组合起来实现某个功能。这时要与选择的元器件进行配合，如果元件选择合适，则电路实现起来就比较简单。

单元电路的实验可以用计算机来进行仿真实验。比如，滤波器、放大器等的电路参数调整比较繁琐，需要进行多次调整才能达到技术指标的要求。这时，如果在计算机上进行仿真实验，修改电路参数，观测电路的性能指标，就比在实验板上搭接电路方便得多，而且实验效率也高。

4. 整机联调，测试技术指标

整机联调是电子线路设计中一次非常重要的工作。有时，单元电路工作正常，整机电路反而工作不正常。主要原因是没有进行逐级连接与调试。整机联调通常是按照电路信号的流向，先将两级电路进行级联、调试,使这两级的技术指标达到设计要求;再将下一级与前两级进行级联、调试,使这3级的技术指标达到设计要求;如此类推,直到整机电路调试完成。这样,在进行级联调试与测试的过程中,可以及时发现、排除电路故障或修改电路参数,以满足技术指标的要求。

9.1.2 电子设计 EDA 方法

电子设计自动化(Electronic Design Automation,EDA)的出现,使电子线路的设计方法有了突破性的进展。随着计算机技术和微电子技术的发展,EDA 技术已成为电子学领域的一门新兴的学科,并已形成一个新型的产业。

电子设计中常用的 EDA 工具有 3 类。

(1)模拟(仿真)分析软件(如 PSpice、Multisim),主要用于单元电路或子系统的设计,在信号输入端加入模拟输入信号,在信号输出端就可以观测电路的输出的模拟结果。这些内容已经在《电子线路设计·实验·测试》(第三版)的第 3 章中进行了比较详细的介绍。

(2)计算机绘图排版软件(如 Protel)等,主要用于绘制电路原理图和设计印刷电路板的版图。

(3)在系统可编程器件的开发软件,如模拟可编程器件开发软件 PAC—Designer 和数字可编程器件开发软件 MaxplusⅡ、synario 等。采用 PAC—Designer 软件进行编程的主要器件有 LATTICE 公司生产的 ispPAC 系列,如 ispPAC10、ispPAC20、ispPAC30 以及 ispPAC80、ispPAC81 等。这些器件中集成有若干可编程放大器和若干可编程滤波器,可以通过编程改变放大器的增益、带宽以及级联的情况,也可以通过编程改变滤波器的类型和截止频率,使用非常方便。采用 MaxplusⅡ、synario 软件进行编程的主要器件是一些可编程的逻辑器件,如 CPLD、FPGA,可以电路原理图或文本(VHDL,ABEL)方式输入,对电路功能进行模拟和芯片下载。

1."自顶向下"的设计方法

基于 EDA 技术的设计方法一般都采用"自顶向下"的设计方法,其过程如图 9.4 所示。先从顶层——系统级设计入手,在顶层进行结构设计和子系统的功能划分(有些软件可以先对系统级进行仿真,验证结构设计和功能划分的正确性);再进入中间层——子系统级的结构设计和模块(或部件)划分;然后逐级进行底层模块的设计、功能仿真和测试;最后是设计实现,即将设计好的文档下载到可编程的 CPLD 或 FPGA 芯片中。由此可见,"自顶向下"的设计方法是一种抽象的设计思想实现的过程。

该方法要求在整个设计过程中尽量运用概念(抽象地)去描述和分析设计对象,而不要过早地考虑实现该设计的具体电路、元器件和工艺。

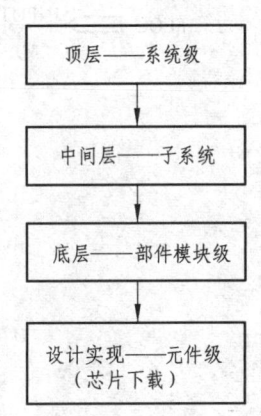

图 9.4 自顶向下的设计过程

2."自顶向下"的设计方法举例

下面以一个简易数字频率计的设计为例,说明"自预向下"的设计方法。已知频率计的测量范围为 1 000~9 999 Hz,测量精度为 1 Hz,输入信号为方波,其幅度为 TTL 电平,按照图 9.4 所示的流程,其设计过程描述如下。

1）创建顶层设计文件

首先在顶层级设计数字频率计的电路结构，并将其划分为分频、计数、锁存 3 个子系统，如图 9.5 所示。其中，分频子系统 second2 将 1 Hz 的方波变成 0.5 Hz 的方波，以提供 1 s 的高电平作为闸门 NAND2 的控制信号，计数据子系统由 4 个十进制计数器 count_09 级联构成，其清"0"脉冲由闸门控制信号的上升沿提供，锁存器于系统由 4 个独立的寄存器 reg_4 构成，其数据锁存脉冲由闸门控制信号的下降沿提供。寄存器 REG_4 的输出直接与译码显示电路连接。

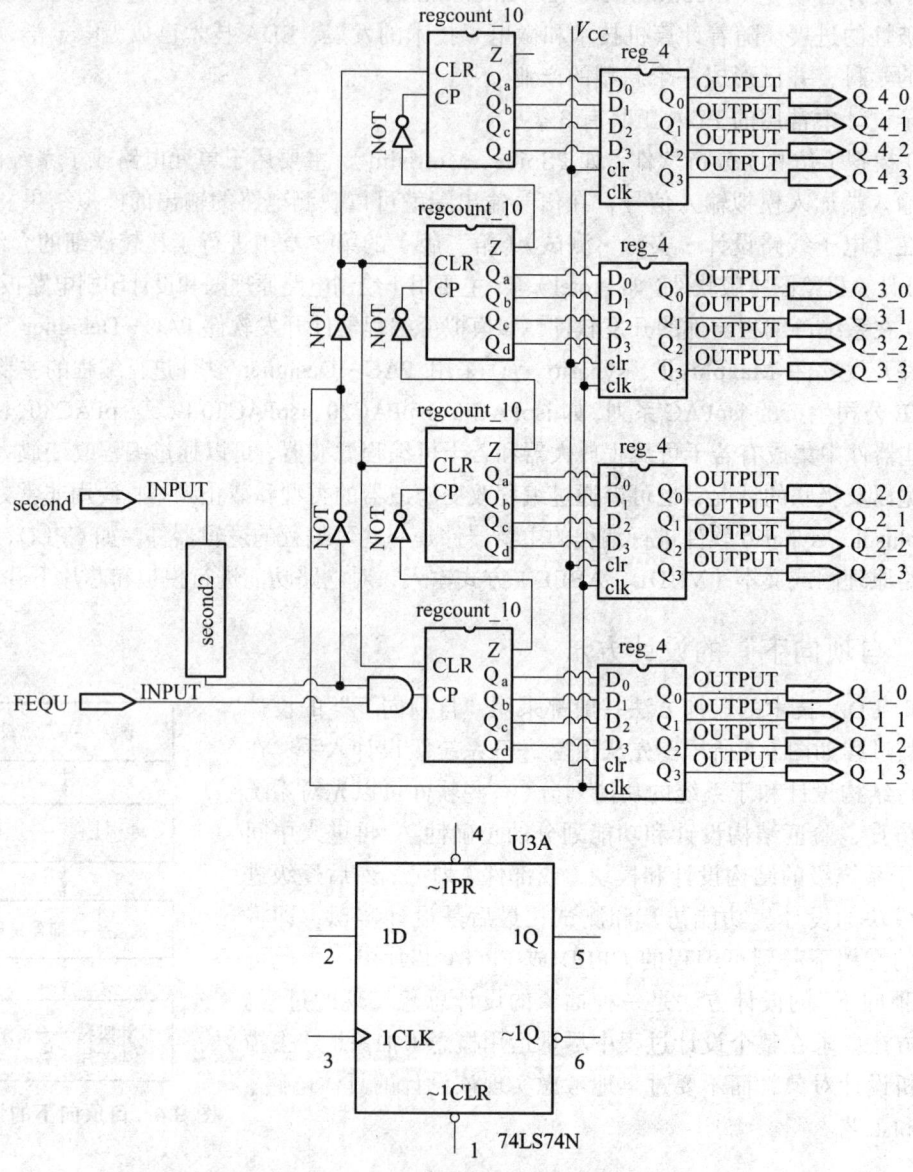

图 9.5 频率计的顶层级组成框图

由上可见，顶层级的设计，只是从系统的功能和工作时序的关系上分析了分频、计数、锁存这 3 个子系统所必须满足的要求，并没有考虑这 3 个子系统所采用的元器件的型号和工艺。图 9.5 中的 second2、count_10、reg_4 仅仅是符号而已，与器件的型号没有任何关系。

将图 9.5 作为数字频率计的顶层设计文件，在 MaxplusⅡ的平台上，将其命名并存盘。

2）在子系统级生成 second2、count_10、reg_4 符号模块

在子系统级生成 second2、count_10、reg_4 符号模块供顶层级文件调用。顶层级的 second2、count_10、reg_4 符号在子系统级应该是具体的电路图，电路的工作原理和工作时序必须满足顶层级对符号模块的要求。例如，生成分频符号模块 second2 的过程是：在 MaxplusⅡ 的平台上，首先输入图 9.6 所示的电路图，用 second2.gdf 文件名存盘；然后将 second2.gdf 文件设置成当前工程项目并对该项目进行编译和波形仿真。

图 9.6 描述的是一个由 D 触发器构成的二级分频电路，其中，D 触发器和非门从元器件库中调用。按照上述过程，生成 count_10、reg_4 符号模块，分别如图 9.7 和图 9.8 所示。

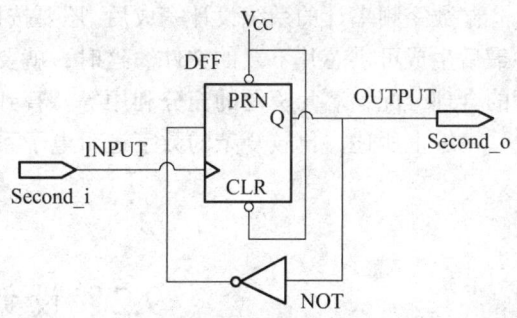

图 9.6 分频器符号模块 second2 的电路

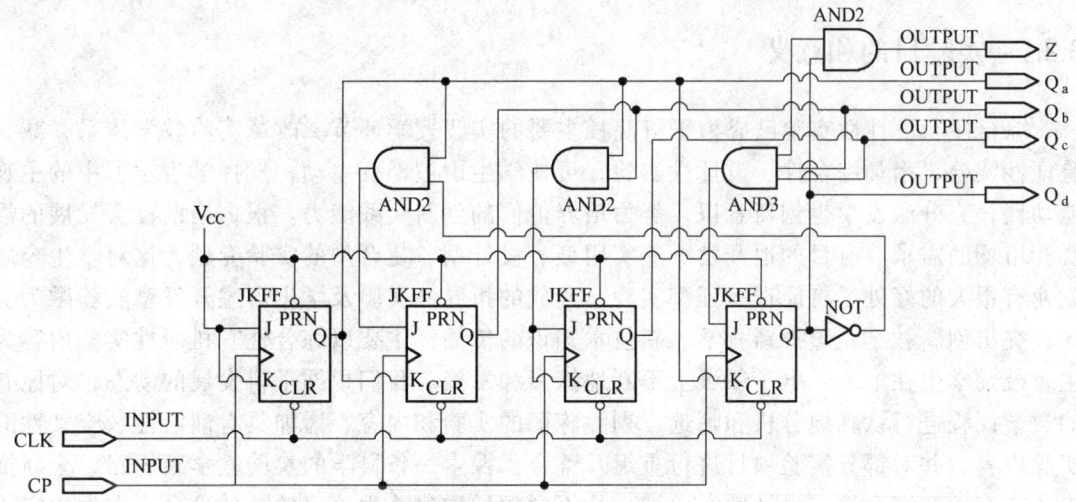

图 9.7 计数器符号模块 count_10 的电路

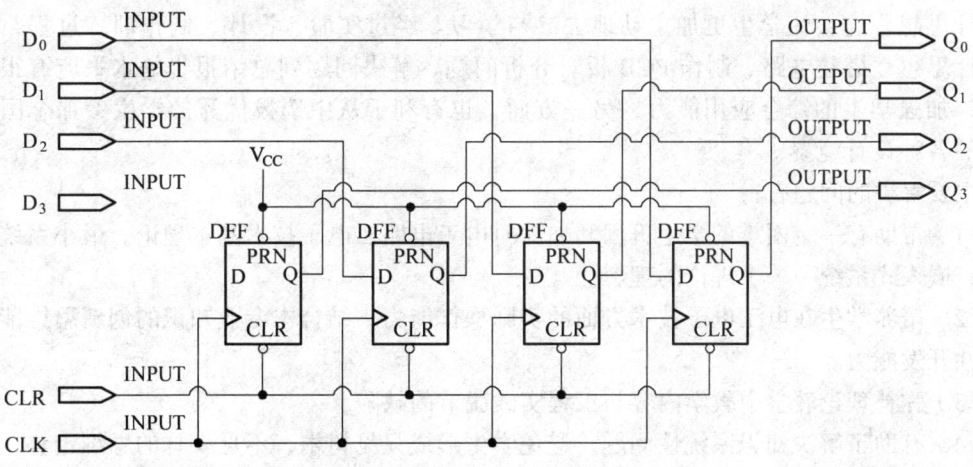

图 9.8 锁存器符号模块 reg_4 的电路

需要说明的是，上述子系统的输入文件是以图形方式输入的，也可以用文本方式输入，如用 VHDL 语言描述 second2、count_10 和 reg_4 符号模块。所以，在子系统级的设计中，同样不用考虑子系统的实现所采用的元器件的型号和工艺。

3）芯片下载与设计实现

数字频率计的系统设计完成后，还要按照前面的过程对系统的功能和工作时序进行仿真，最后生成可供芯片下载的文件。这时，就要考虑芯片的型号和工艺结构，以及芯片各个引脚的合理分配，芯片资源的充分利用等。直到这一步才与现实的器件有关。

综上所述，比较复杂的数字逻辑电子系统，都应采用 EDA "自顶向下"的设计方法。

9.2 设计性实验要求

9.2.1 实验目的和意义

综合性、设计性实验已成为工科院校主要的实践教学环节。改革实验教学体系，减少验证性实验，增加综合性、设计性实验，可使学生由被动变主动，发挥学生学习中的主观能动性，充分激发学生创新意识，努力培养他们的创新实践能力。根据当前社会发展的需要和市场的需求，有目的地开发一些实用型、设计型、复合型的实验专题，这对学生今后就业有很大的好处。将原理验证型实验、开放的指导性实验及学生自主开发型实验融为一体，突出创新教学，重视新科学、新技术知识的传播，主要以综合性、科研性实验内容为主，鼓励学生在电工、电子领域上不断地探索和发展。我们根据学科发展的动态，对原有的教学课程进行认真地分析和筛选，剔除陈旧的实验和内容，增加具有前沿性、交叉性的实验内容，并对部分实验项目进行重组及整合，探索一条科学的实验教学新思路，全新推出非常有效的综合性、设计性实验课，从不同领域构建能力培养的整体平台。在学生完成实验之后，可以在学校院系的统一组织下展示出其设计的产品，并且向其他学生阐述自己的设计思想，这会让学生更加主动地去参与学习。经过实验、设计、制作训练过程，学生从设计思想、搭建电路、制作 PCB 板、分析问题、解决问题到总结报告的水平应有很大的提高，加强学生的综合应用能力，另一方面，也有利于从中选拔优秀的学生参加全国性、省级的各种设计竞赛。

主要解决的问题有：

（1）帮助有一定困难的学生巩固和加深对电工电路、电子技术基本理论、最小系统（单片机、嵌入式系统……）理论的理解。

（2）培养学生在电工电子技术方面的实际操作能力、结合本专业知识的创新思维能力和创造性开发能力。

（3）弥补理论教学中教学内容与工程实践脱节的缺陷。

（4）有助于解决知识系统性问题，避免学生形成只见树木、不见森林的思维定势，培养学生系统设计能力。

9.2.2 实验实施方案

该综合实验课在整合现有教学资源基础上，突破传统单个专业实验的局限性，实现了多门课程的内容综合。综合实验对学生来说是比较陌生的，在综合实验的设计过程中，学生必须坚持循序渐进的原则，提高分析问题和解决问题的能力。要善于学会去分析问题与归纳问题。要具有探索能力，敢攀高峰，不怕犯错误，消除种种顾虑，坚定对客观真理的认识。通过电工电子综合实验的学生能获得相应学分，对于学习积极优秀的学生能参加学校组织的各类竞赛，进一步调动学生的积极性和自觉性。

1. 设计步骤

学生在完成综合实验课的过程中，必须独立完成从最初的运用知识、筛选知识、合理利用所学知识，到设计、搭建电路，制作PCB板，并最终制作完成所设计的作品。电工电子实验中心提供宽裕的制作环境，实现预约开放，并配备指导老师帮助学生完成综合实验。设计步骤参考如下：

（1）从社会实际、书本和网络上搜集相关设计资料。

（2）根据设计所需画原理图框图，设计实现每一个功能框图的元器件参数（这是设计的难点），并画出电路原理图。

（3）根据电路原理图，进行必要的电路仿真，然后制作PCB板。

（4）焊接和调试硬件单元电路。

（5）编写相关的程序（设计的重点）。

（6）联机进行系统统调。

（7）完善系统功能。

2. 设计报告

认真独立完成综合实验报告。实验报告必须在理解综合实验设计原理、思路、过程的基础上，与所设计实验内容紧密相符；综合实验报告格式可参考本科毕业设计（论文）格式。

（1）按设计要求查阅资料，构思框图，设计方案。

（2）按框图设计各单元电路。

（3）说明所用器件和电路原理。

（4）写出调试报告，内容有：

① 实验用仪器和器件清单。

② 测试表格。

③ 测试内容项目及分析。

④ 实验结论及改进建议。

3. 综合实验时间、地点

电工电子综合、设计实验课是在学生学习电路原理、模拟电子电路、数字电子电路的基础理论及基础实验的基础上进行的。按照教学大纲及教学计划的要求，具体实验开设时间设在大学本科三年级的第一或二学期。在计算机房进行查找资料，实验原理分析、实验设计，电路原理图及 PCB 电路板设计；在电子实习实验室进行电路板的制作，安装调试，直至制作出整个实验作品，最终完成综合实验。

4. 评分方法

在评价学生的综合、设计实验成绩时，必须综合评价学生分析问题和解决问题的能力。为了消除教师评分时的片面性，考虑到综合实验的特殊性，并要求展示出其设计的作品，阐述自己的设计思想。采用集体综合评分的办法。

可参考详细评分标准为：平时表现及考勤 20% + 设计制作 40% + 综合实验报告 30% + 10%作品及阐述。

第10章 电子设计课题

10.1 电源类的设计性实验

课题1 光伏并网发电模拟装置

一、任 务

设计并制作一个光伏并网发电模拟装置,其结构框图如图 10.1 所示。用直流稳压电源 U_S 和电阻 R_S 模拟光伏电池,$U_S=60V$,$R_S=30\ \Omega \sim 36\ \Omega$;$u_{REF}$ 为模拟电网电压的正弦参考信号,其峰峰值为 2 V,频率 f_{REF} 为 45 Hz ~ 55 Hz;T 为工频隔离变压器,变比为 $n_2:n_1=2:1$、$n_3:n_1=1:10$,将 u_F 作为输出电流的反馈信号;负载电阻 $R_L=30\ \Omega \sim 36\ \Omega$。

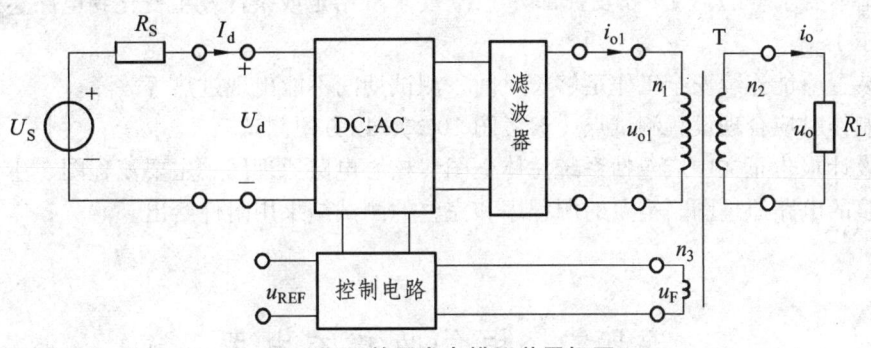

图 10.1 并网发电模拟装置框图

二、要 求

1. 基本要求

(1) 具有最大功率点跟踪(MPPT)功能:R_S 和 R_L 在给定范围内变化时,使 $U_d=U_S/2$,相对偏差的绝对值不大于1%。

(2) 具有频率跟踪功能:当 f_{REF} 在给定范围内变化时,使 u_F 的频率 $f_F=f_{REF}$,相对偏差绝对值不大于1%。

（3）当 $R_S=R_L=30\ \Omega$ 时，DC-AC 变换器的效率 $\eta \geqslant 60\%$。
（4）当 $R_S=R_L=30\ \Omega$ 时，输出电压 u_o 的失真度 $THD \leqslant 5\%$。
（5）具有输入欠压保护功能，动作电压 $U_{d(th)}=(25 \pm 0.5)$ V。
（6）具有输出过流保护功能，动作电流 $I_{o(th)}=(1.5 \pm 0.2)$ A。

2. 发挥部分

（1）提高 DC-AC 变换器的效率，使 $\eta \geqslant 80\%$（$R_S=R_L=30\ \Omega$ 时）。
（2）降低输出电压失真度，使 $THD \leqslant 1\%$（$R_S=R_L=30\ \Omega$ 时）。
（3）实现相位跟踪功能：当 f_{REF} 在给定范围内变化以及加非阻性负载时，均能保证 u_F 与 u_{REF} 同相，相位偏差的绝对值 $\leqslant 5°$。
（4）过流、欠压故障排除后，装置能自动恢复为正常状态。

三、说　明

（1）本题中所有交流量除特别说明外均为有效值。
（2）US 采用实验室可调直流稳压电源，不需自制。
（3）控制电路允许另加辅助电源，但应尽量减少路数和损耗。
（4）DC-AC 变换器效率 $\eta = \dfrac{P_o}{P_d}$，其中 $P_o = U_{o1} \cdot I_{o1}$，$P_d = U_d \cdot I_d$。
（5）基本要求（1）、（2）和发挥部分（3）要求从给定或条件发生变化到电路达到稳态的时间不大于 1s。
（6）装置应能连续安全工作足够长时间，测试期间不能出现过热等故障。
（7）制作时应合理设置测试点（参考图 10.2），以方便测试。
（8）设计报告正文中应包括系统总体框图、核心电路原理图、主要流程图、主要的测试结果。完整的电路原理图、重要的源程序和完整的测试结果用附件给出。

课题 2　电能收集充电器

一、任　务

设计并制作一个电能收集充电器，充电器及测试原理示意图如图 10.2。该充电器的核心为直流电源变换器，它从一直流电源中吸收电能，以尽可能大的电流充入一个可充电池。直流电源的输出功率有限，其电动势 E_s 在一定范围内缓慢变化，当 E_s 为不同值时，直流电源变换器的电路结构，参数可以不同。监测和控制电路由直流电源变换器供电。由于 E_s 的变化极慢，监测和控制电路应该采用间歇工作方式，以降低其能耗。可充电池的电动势 $E_c=3.6$ V，内阻 $R_c=0.1\ \Omega$。

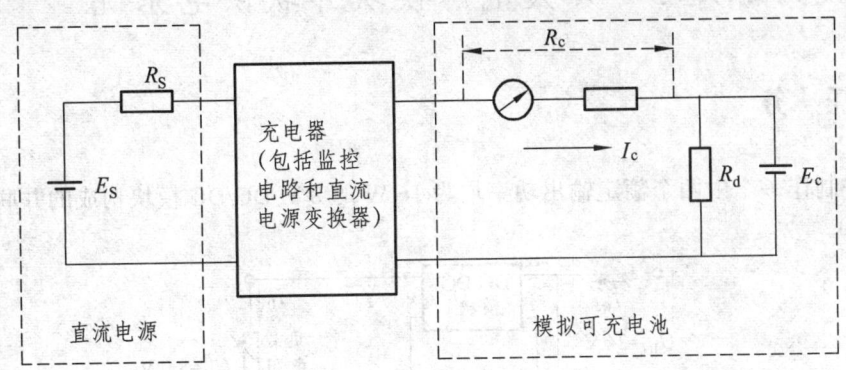

图 10.2 测试原理示意图

二、要 求

1. 基本要求

（1）在 $R_s=100\ \Omega$，$E_s=10\ \text{V}\sim 20\ \text{V}$ 时，充电电流 I_c 大于 $(E_s-E_c)/(R_s+R_c)$。
（2）在 $R_s=100\ \Omega$ 时，能向电池充电的 E_s 尽可能低。
（3）E_s 从 0 逐渐升高时，能自动启动充电功能的 E_s 尽可能低。
（4）E_s 降低到不能向电池充电，最低至 0 时，尽量降低电池放电电流。
（5）监测和控制电路工作间歇设定范围为 0.1 s～5 s。

2. 发挥部分

（1）在 $R_s=1\ \Omega$，$E_s=1.2\ \text{V}\sim 3.6\ \text{V}$ 时，以尽可能大的电流向电池充电。
（2）能向电池充电的 E_s 尽可能低。当 $E_s\geqslant 1.1\ \text{V}$ 时，取 $R_s=1\ \Omega$；当 $E_s<1.1\ \text{V}$ 时，取 $R_s=0.1\ \Omega$。
（3）电池完全放电，E_s 从 0 逐渐升高时，能自动启动充电功能（充电输出端开路电压>3.6 V，短路电流>0）的 E_s 尽可能低。当 $E_s\geqslant 1.1\ \text{V}$ 时，取 $R_s=1\ \Omega$；当 $E_s<1.1\ \text{V}$ 时，取 $R_s=0.1\ \Omega$。
（4）降低成本。

三、说 明

（1）测试最低可充电 E_s 的方法：逐渐降低 E_s，直到充电电流 I_c 略大于 0。当 E_s 高于 3.6 V 时，R_s 为 100 Ω；E_s 低于 3.6 V 时，更换 R_s 为 1 Ω；E_s 降低到 1.1 V 以下时，更换 R_s 为 0.1 Ω。然后继续降低 E_s，直到满足要求。

（2）测试自动启动充电功能的方法：从 0 开始逐渐升高 E_s，R_s 为 0.1 Ω；当 E_s 升高到高于 1.1 V 时，更换 R_s 为 1 Ω。然后继续升高 E_s，直到满足要求。

课题3 开关电源模块并联供电系统

一、任　务

设计并制作一个由两个额定输出功率均为 16 W 的 8 V DC/DC 模块构成的并联供电系统（见图 10.3）。

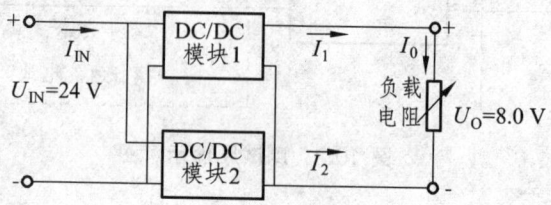

图 10.3 两个 DC/DC 模块并联供电系统主电路示意图

二、要　求

1. 基本要求

（1）调整负载电阻至额定输出功率工作状态，供电系统的直流输出电压 U_O=（8.0±0.4）V。
（2）额定输出功率工作状态下，供电系统的效率不低于 60%。
（3）调整负载电阻，保持输出电压 U_O=（8.0±0.4）V，使两个模块输出电流之和 I_O=1.0 A 且按 $I_1:I_2$=1:1 模式自动分配电流，每个模块的输出电流的相对误差绝对值不大于 5%。
（4）调整负载电阻，保持输出电压 U_O=（8.0±0.4）V，使两个模块输出电流之和 I_O=1.5 A 且按 $I_1:I_2$=1:2 模式自动分配电流，每个模块输出电流的相对误差绝对值不大于 5%。

2. 发挥部分

（1）调整负载电阻，保持输出电压 U_O=（8.0±0.4）V，使负载电流 I_O 在（1.5~3.5）A 之间变化时，两个模块的输出电流可在（0.5~2.0）A 内按指定的比例自动分配，每个模块的输出电流相对误差的绝对值不大于 2%。
（2）调整负载电阻，保持输出电压 U_O=（8.0±0.4）V，使两个模块输出电流之和 I_O=4.0 A 且按 $I_1:I_2$=1:1 模式自动分配电流，每个模块的输出电流的相对误差的绝对值不大于 2%。
（3）额定输出功率工作状态下，进一步提高供电系统效率。
（4）具有负载短路保护及自动恢复功能，保护阈值电流为 4.5 A（调试时允许有 ±0.2 A 的偏差）。

三、说　明

（1）不允许使用线性电源及成品的 DC/DC 模块。

（2）供电系统含测控电路并由 U_{IN} 供电，其能耗纳入系统效率计算。

（3）除负载电阻为手动调整以及发挥部分（1）由手动设定电流比例外，其他功能的测试过程均不允许手动干预。

（4）供电系统应留出 U_{IN}、U_O、I_{IN}、I_O、I_1、I_2 参数的测试端子，供测试时使用。

（5）每项测量须在 5 s 内给出稳定读数。

（6）设计制作时，应充分考虑系统散热问题，保证测试过程中系统能连续安全工作。

课题 4　单向 AC-DC 变换电路

一、任　务

设计并制作如图 10.4 所示的单向 AC-DC 变换电路。输出直流电压稳定在 36 V，输出电流额定值为 2 A。

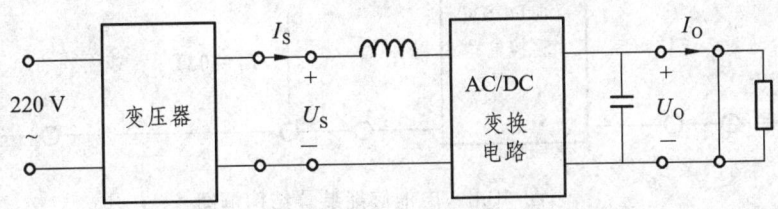

图 10.4　单向 AC-DC 变换电路原理框图

二、要　求

1. 基本要求

在输入交流电压 U_S=24 V、输出直流电流 I_O=2 A 条件下，使输出直流电压 U_o=(36±0.1) V。

当 U_S=24 V，I_o 在 0.2～2.0 A 范围内变化时，负载调整率 S_I<0.5%。

当 I_o=2 A，U_S 在 20～30 V 范围内变化时，电压调整率 S_u<0.5%。

设计并制作功率因数测量电路，实现 AC-DC 变换电路输入侧功率因数的测量，测量误差绝对值不大于 0.03。

具有输出过流保护功能，动作电流为 (2.5±0.2) A。

2. 发挥部分

实现功率因数校正，在 U_S=24 V，I_o=2 A，U_o=36 V 条件下，使 AC-DC 变换电路交流输入侧功率因数不低于 0.98。

在 U_S=24 V，I_o=2 A，U_o=36 V 条件下，使 AC-DC 变换电路效率不低于 95%。

能够根据设定自动调整功率因数，功率因数调整范围不小于 0.80～1.00，稳态误差绝对值不大于 0.03。

课题 5 双向 DC-DC 变换器

一、任 务

设计并制作用于电池储能装置的双向 DC-DC 变换器，实现电池的充放电功能，功能可由按键设定，亦可自动转换。系统结构如图 10.5 所示，图中除直流稳压电源外，其他器件均需自备。电池组由 5 节 18650 型、容量 2 000～3 000 mA·h 的锂离子电池串联组成。所用电阻阻值误差的绝对值不大于 5%。

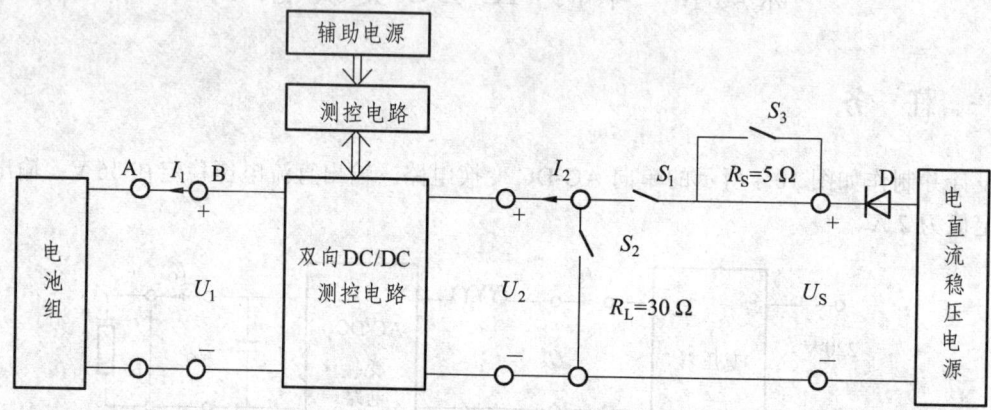

图 10.5 电池储能装置结构框图

二、要 求

1. 基本要求

接通 S_1、S_3，断开 S_2，将装置设定为充电模式。

（1）U_2=30 V 条件下，实现对电池恒流充电。充电电流 I_1 在 1～2 A 范围内步进可调，步进值不大于 0.1 A，电流控制精度不低于 5%。

（2）设定 I_1=2 A，调整直流稳压电源输出电压，使 U_2 在 24～36 V 范围内变化时，要求充电电流 I_1 的变化率不大于 1%。

（3）设定 I_1=2 A，在 U_2=30 V 条件下，变换器的效率 1>90%。

（4）测量并显示充电电流 I_1，在 I_1=1～2 A 范围内测量精度不低于 2%。

（5）具有过充保护功能：设定 I_1=2 A，当 U_1 超过阈值 U_{1th}=（24±0.5）V 时，停止充电。

2. 发挥部分

（1）断开 S_1、接通 S_2，将装置设定为放电模式，保持 U_2=（30±0.5）V，此时变换器效率>95%。

（2）接通 S_1、S_2，断开 S_3，调整直流稳压电源输出电压，使 U_S 在 32～38 V 内变化时，双向 DC-DC 电路能够自动转换工作模式并保持 $U_2=(30±0.5)$ V。

（3）在满足要求的前提下简化结构、减轻重量，使双向 DC-DC 变换器、测控电路与辅助电源三部分的总质量不大于 500 g。

课题 6　微电网模拟系统

一、任　务

设计并制作由两个三相逆变器等组成的微电网模拟系统，其系统框图如图 10.6 所示，负载为三相对称 Y 连接电阻负载。

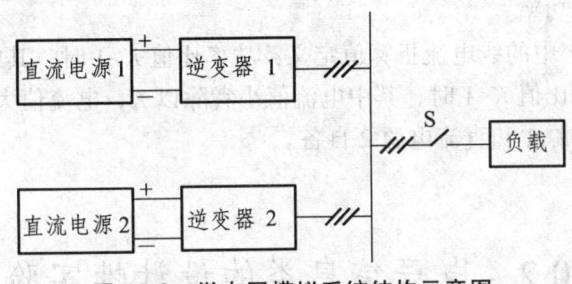

图 10.6　微电网模拟系统结构示意图

二、要　求

1. 基本要求

（1）闭合开关 S，仅用逆变器 1 向负载提供三相对称交流电。负载线电流有效值 I_o 为 2 A 时，线电压有效值 U_0 为 $(24±0.2)$ V，频率 f_0 为 $(50±0.2)$ Hz。

（2）在基本要求（1）的工作条件下，交流母线电压总谐波畸变率（THD）不大于 3%。

（3）在基本要求（1）的工作条件下，逆变器 1 的效率 η 不低于 87%。

（4）逆变器 1 给负载供电，负载线电流有效值 I_o 在 0～2 A 变化时，负载调整率 $S_{I1}<0.3\%$。

2. 发挥部分

（1）逆变器 1 和逆变器 2 能共同向负载输出功率，使负载线电流有效值 I_o 达到 3 A，频率 f_0 为 $(50±0.2)$ Hz。

（2）负载线电流有效值 I_o 在 1～3 A 变化时，逆变器 1 和逆变器 2 输出功率保持为 1∶1 分配，两个逆变器输出线电流的差值绝对值不大于 0.1 A。负载调整率 $S_{I2}<0.3\%$。

（3）负载线电流有效值 I_o 在 1～3 A 变化时，逆变器 1 和逆变器 2 输出功率可按设定在指定范围（比值 K 为 1∶2～2∶1)内自动分配，两个逆变器输出线电流折算值的差值绝对值不大于 0.1 A。

（4）其他。

三、说　明

（1）本题涉及的微电网系统未考虑并网功能，负荷为电阻性负载，微电网中风力发电、太阳能发电、储能等由直流电源等效。

（2）题目中提及的电流、电压值均为三相线电流、线电压有效值。

（3）制作时须考虑测试方便，合理设置测试点，测试过程中不需重新接线。

（4）为方便测试，可使用功率分析仪等测试逆变器的效率、THD 等。

（5）进行基本要求测试时，微电网模拟系统仅由直流电源 1 供电；进行发挥部分测试时，微电网模拟系统仅由直流电源 1 和直流电源 2 供电。

（6）本题定义：① 负载调整率 $S_{I1}=|(U_{o2}-U_{o1}/U_{o1}|$，其中 U_{o1} 为 $I_o=0$ A 时的输出端线电压，U_{o2} 为 $I_o=2$ A 时的输出端线电压；② 负载调整率 $S_{I2}=|(U_{o2}-U_{o1})/U_{o1}|$，其中 U_{o1} 为 $I_o=1$ A 时的输出端线电压，U_{o2} 为 $I_o=3$ A 时的输出端线电压；③ 逆变器 1 的效率 η 为逆变器 1 输出功率除以直流电源 1 的输出功率。

（7）发挥部分（3）中的线电流折算值定义：功率比值 $K>1$ 时，其中电流值小者乘以 K，电流值大者不变；功率比值 $K<1$ 时，其中电流值小者除以 K，电流值大者不变。

（8）本题的直流电源 1 和直流电源 2 自备。

10.2　电子信息类的设计性实验

课题 1　增益可控射频放大器

一、任　务

设计并制作一个增益可控射频放大器。

二、要　求

1. 基本要求

（1）放大器的电压增益 $A_V \geqslant 40$ dB，输入电压有效值 $V_i \leqslant 20$ mV，其输入阻抗、输出阻抗均为 50 Ω，负载电阻 50 Ω，且输出电压有效值 $V_o \geqslant 2$ V，波形无明显失真。

（2）在 75～108 MHz 频率范围内增益波动不大于 2 dB。

（3）-3 dB 的通频带不窄于 60～130 MHz，即 $f_L \leqslant 60$ MHz、$f_H \geqslant 130$ MHz。

（4）实现 A_V 增益步进控制，增益控制范围为 12～40 dB，增益控制步长为 4 dB，增益绝对误差不大于 2 dB，并能显示设定的增益值。

2. 发挥部分

（1）放大器的电压增益 $A_V \geq 52$ dB，增益控制扩展至 52 dB，增益控制步长不变，输入电压有效值 $V_i \leq 5$ mV，其输入阻抗、输出阻抗均为 50 Ω，负载电阻 50 Ω，且输出电压有效值 $V_o \geq 2$ V，波形无明显失真。

（2）在 50～160 MHz 频率范围内增益波动不大于 2 dB。

（3）-3 dB 的通频带不窄于 40～200 MHz，即 $f_L \leq 40$ MHz 和 $f_H \geq 200$ MHz。

（4）电压增益 $A_V \geq 52$ dB，当输入信号频率 $f \leq 20$ MHz 或输入信号频率 $f \geq 270$ MHz 时，实测电压增益 A_V 均不大于 20 dB。

三、说　明

（1）基本要求（2）和发挥部分（2）用点频法测量电压增益，计算增益波动，测量频率点测评时公布。

（2）基本要求（3）和发挥部分（3）用点频法测量电压增益，分析是否满足通频带要求，测量频率点测评时公布。

（3）放大器采用 +12 V 单电源供电，所需其他电源电压自行转换。

课题 2　测量放大器

一、任　务

设计并制作一个测量放大器及所用的直流稳压电源，如图 10.7 所示。输入信号 V_I 取自桥式测量电路的输出。当 $R_1 = R_2 = R_3 = R_4$ 时，$V_I = 0$。R_2 改变时，产生 V_I 的电压信号。测量电路与放大器之间有 1 m 长的连接线。

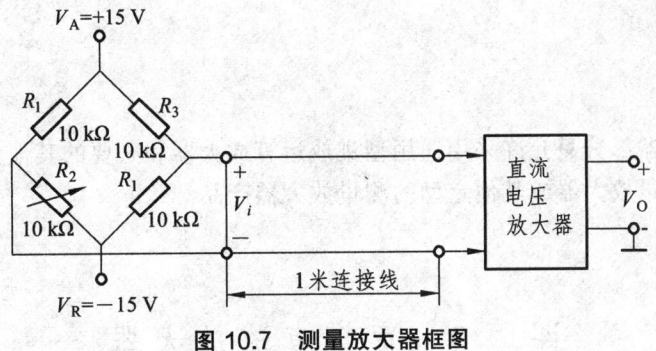

图 10.7　测量放大器框图

二、要　求

1. 基本要求

（1）测量放大器。

① 差模电压放大倍数 $A_{vd}=1\sim 500$，可手动调节。
② 最大输出电压为±10 V，非线性误差<0.5%。
③ 在输入共模电压 +7.5～ -7.5 V 范围内，共模抑制比 $K_{CMR}>105$。
④ 在 $A_{vd}=500$ 时，输出端噪声电压的峰 - 峰值小于 1 V。
⑤ 通频带 0～10 Hz。
⑥ 直流电压放大器的差模输入电阻≥2 MΩ（可不测试，由电路设计予以保证）。

（2）电源：设计并制作上述放大器所用的直流稳压电源。由单相 220 V 交流电压供电。交流电压变化范围为 -15%～+10%。

（3）设计并制作一个信号变换放大器，如图 10.8 所示。将函数发生器单端输出的正弦电压信号不失真地转换为双端输出信号，用作测量直流电压放大器频率特性的输入信号。

图 10.8 信号变换放大器

2. 发挥部分

（1）提高差模电压放大倍数至 $A_{vd}=1\,000$，同时减小输出端噪声电压。
（2）在满足基本要求（1）中对输出端噪声电压和共模抑制比要求的条件下，将通频带展宽为 0～100 Hz。
（3）提高电路的共模抑制比。
（4）差模电压放大倍数 A_{vd} 可预置并显示，预置范围 1～1 000，步距为 1，同时应满足基本要求（1）中对共模抑制比和噪声电压的要求。
（5）其他（例如改善放大器性能的其他措施等）。

三、说 明

直流电压放大器部分只允许采用通用型集成运算放大器和必要的其他元器件组成，不能使用单片集成的测量放大器或其他定型的测量放大器产品。

课题 3　宽带直流放大器

一、任 务

设计并制作一个宽带直流放大器及所用的直流稳压电源。

二、要　求

1. 基本要求

（1）电压增益 $A_V \geqslant 40$ dB，输入电压有效值 $V_i \leqslant 20$ mV。A_V 可在 0～40 dB 内手动连续调节。
（2）最大输出电压正弦波有效值 $V_o \geqslant 2$ V，输出信号波形无明显失真。
（3）3 dB 通频带 0～5 MHz；在 0～4 MHz 通频带内增益起伏 $\leqslant 1$ dB。
（4）放大器的输入电阻 $\geqslant 50$ Ω，负载电阻（50±2）Ω。
（5）设计并制作满足放大器要求所用的直流稳压电源。

2. 发挥部分

（1）最大电压增益 $A_V \geqslant 60$ dB，输入电压有效值 $V_i \leqslant 10$ mV。
（2）在 $A_V = 60$ dB 时，输出端噪声电压的峰–峰值 $V_{ONPP} \leqslant 0.3$ V。
（3）3dB 通频带 0～10 MHz；在 0～9 MHz 通频带内增益起伏 $\leqslant 1$ dB。
（4）最大输出电压正弦波有效值 $V_o \geqslant 10$ V，输出信号波形无明显失真。
（5）进一步降低输入电压提高放大器的电压增益。
（6）电压增益 A_V 可预置并显示，预置范围为 0～60 dB，步距为 5 dB（也可以连续调节）；放大器的带宽可预置并显示（至少 5 MHz、10 MHz 两点）。
（7）降低放大器的制作成本，提高电源效率。
（8）其他（例如改善放大器性能的其他措施等）。

三、说　明

（1）宽带直流放大器幅频特性示意图如图 10.9 所示。

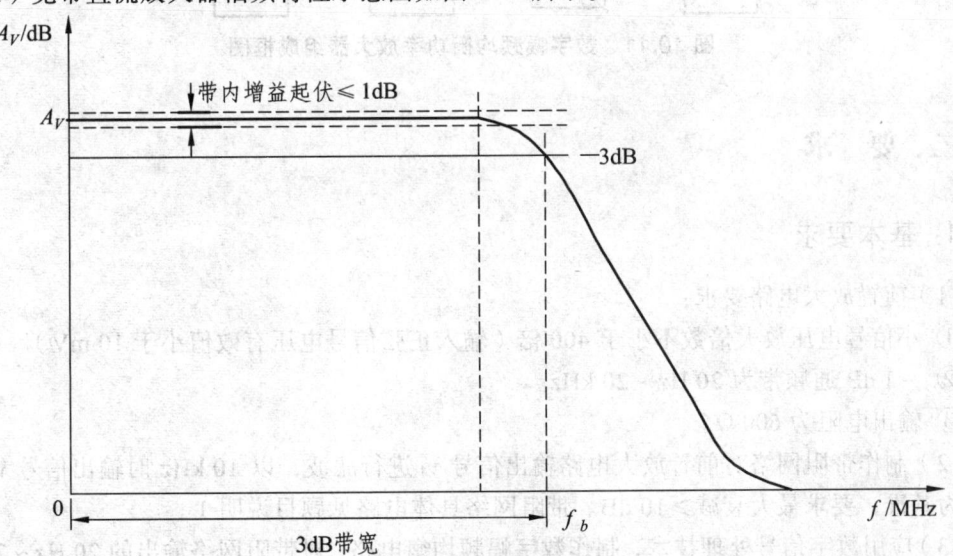

图 10.9　幅频特性示意图

（2）负载电阻应预留测试用检测口和明显标志，如不符合（50±2）Ω的电阻值要求，则酌情扣除最大输出电压有效值项的所得分数。

（3）放大器要留有必要的测试点。建议的测试框图如图10.10所示，可采用信号发生器与示波器/交、直流电压表组合的静态法或扫频仪进行幅频特性测量。

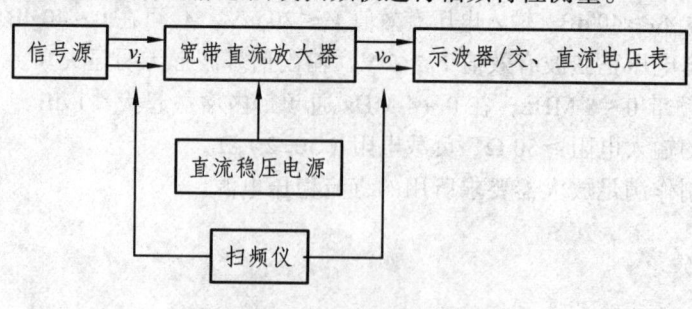

图 10.10　幅频特性测试框图

课题4　数字幅频均衡功率放大器

一、任　务

设计并制作一个数字幅频均衡功率放大器。该放大器包括前置放大、带阻网络、数字幅频均衡和低频功率放大电路，其组成框图如图10.11所示。

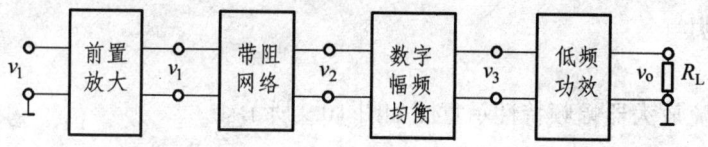

图 10.11　数字幅频均衡功率放大器组成框图

二、要　求

1. 基本要求

（1）前置放大电路要求：

① 小信号电压放大倍数不小于400倍（输入正弦信号电压有效值小于10 mV）。

② -1 dB通频带为20 Hz～20 kHz。

③ 输出电阻为600 Ω。

（2）制作带阻网络对前置放大电路输出信号 v_1 进行滤波，以10 kHz时输出信号 v_2 电压幅度为基准，要求最大衰减≥10 dB。带阻网络具体电路见题目说明1。

（3）应用数字信号处理技术，制作数字幅频均衡电路，对带阻网络输出的20 Hz～20 kHz信号进行幅频均衡。要求：

① 输入电阻为 600 Ω。
② 经过数字幅频均衡处理后,以 10 kHz 时输出信号 v_3 电压幅度为基准,通频带 20 Hz~20 kHz 内的电压幅度波动在 1.5 dB 以内。

2. 发挥部分

制作功率放大电路,对数字均衡后的输出信号 v_3 进行功率放大,要求末级功放管采用分立的大功率 MOS 晶体管。
(1) 当输入正弦信号 v_i 电压有效值为 5 mV、功率放大器接 8 Ω 电阻负载(一端接地)时,要求输出功率 ≥ 10 W,输出电压波形无明显失真。
(2) 功率放大电路的 − 3 dB 通频带为 20 Hz~20 kHz。
(3) 功率放大电路的效率 ≥ 60%。
(4) 其他。

三、说　明

(1) 题目基本要求中的带阻网络如图 10.12 所示。图中元件值是标称值,不是实际值,对精度不作要求,电容必须采用铝电解电容。

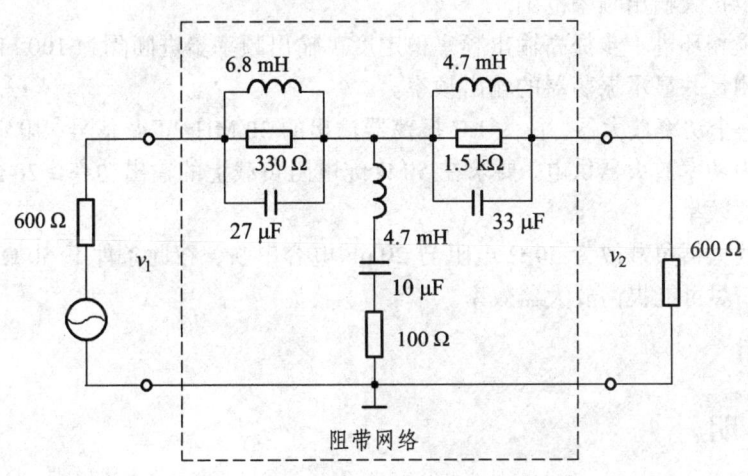

图 10.12　带阻网络

(2) 本题中前置放大电路电压放大倍数是在输入信号 v_i 电压有效值为 5mV 的条件下测试。
(3) 题目发挥部分中的功率放大电路不得使用 MOS 集成功率模块。
(4) 本题中功率放大电路的效率定义为:功率放大电路输出功率与其直流电源供给功率之比,电路中应预留测试端子,以便测试直流电源供给功率。
(5) 设计报告正文中应包括系统总体框图、核心电路原理图、主要流程图、主要的测试结果。完整的电路原理图、重要的源程序用附件给出。

课题 5　电压控制 LC 振荡器

一、任　务

设计并制作一个电压控制 LC 振荡器。

二、要　求

1. 基本要求

（1）振荡器输出为正弦波，波形无明显失真。
（2）输出频率范围：15～35 MHz。
（3）输出频率稳定度：优于 10^{-3}。
（4）输出电压峰-峰值：V_{p-p} =（1±0.1）V。
（5）实时测量并显示振荡器输出电压峰-峰值，精度优于 10%。
（6）可实现输出频率步进，步进间隔为 1 MHz±100 kHz。

2. 发挥部分

（1）进一步扩大输出频率范围。
（2）采用锁相环进一步提高输出频率稳定度，输出频率步进间隔为 100 kHz。
（3）实时测量并显示振荡器的输出频率。
（4）制作一个功率放大器，放大 LC 振荡器输出的 30 MHz 正弦信号，限定使用 E = 12 V 的单直流电源为功率放大器供电，要求在 50 Ω 纯电阻负载上的输出功率≥20 mW，尽可能提高功率放大器的效率。
（5）功率放大器负载改为 50 Ω 电阻与 20 pF 电容串联，在此条件下 50 Ω 电阻上的输出功率≥20 mW，尽可能提高放大器效率。
（6）其他。

三、说　明

需留出末级功率放大器电源电流 I_{CO}（或 I_{DO}）的测量端，用于测试功率放大器的效率。

课题 6　宽带放大器

一、任　务

设计并制作一个宽带放大器。

二、要　求

1. 基本要求

（1）输入阻抗≥1 kΩ；单端输入，单端输出；放大器负载电阻 600 Ω。
（2）3 dB 通频带 10 kHz～6 MHz，在 20 kHz～5 MHz 频带内增益起伏≤1 dB。
（3）最大增益≥40 dB，增益调节范围 10～40 dB（增益值 6 级可调，步进间隔 6 dB，增益预置值与实测值误差的绝对值≤2 dB），需显示预置增益值。
（4）最大输出电压有效值≥3 V，数字显示输出正弦电压有效值。
（5）自制放大器所需的稳压电源。

2. 发挥部分

（1）最大输出电压有效值≥6 V。
（2）最大增益≥58dB（3 dB 通频带 10 kHz～6 MHz，在 20 kHz～5 MHz 频带内增益起伏≤1 dB），增益调节范围 10～58 dB（增益值 9 级可调，步进间隔 6 dB，增益预置值与实测值误差的绝对值≤2 dB），需显示预置增益值。
（3）增加自动增益控制（AGC）功能，AGC 范围≥20 dB，在 AGC 稳定范围内输出电压有效值应稳定在 4.5 V≤V_o≤5.5 V 内，详见说明第（4）项。
（4）输出噪声电压峰-峰值 V_{ON}≤0.5 V。
（5）进一步扩展通频带、提高增益、提高输出电压幅度、扩大 AGC 范围、减小增益调节步进间隔。
（6）其他。

三、说　明

（1）基本要求部分第（3）项和发挥部分第（2）项的增益步进级数对照表见表 10.1。

表 10.1　增益步进级数对照表

增益步进级数	1	2	3	4	5	6	7	8	9
预置增益值/dB	10	16	22	28	34	40	46	52	58

（2）发挥部分第（4）项的测试条件为：输入交流短路，增益为 58 dB。
（3）宽带放大器幅频特性测试框图如图 10.13 所示。

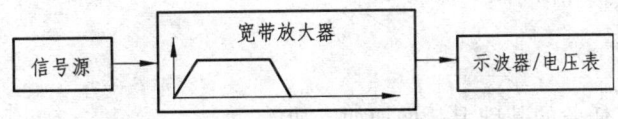

图 10.13　宽带放大器幅频特性测试框图

（4）AGC 电路常用在接收机的中频或视频放大器中，其作用是当输入信号较强时，使放大器增益自动降低;当信号较弱时,又使其增益自动增高,从而保证在 AGC 作用范围内输出电压的均匀性,故 AGC 电路实质是一个负反馈电路。

发挥部分第(4)项中涉及到的 AGC 功能的放大器的折线化传输特性示意图如图 10.14 所示;本题定义:

$$\text{AGC 范围} = 20\log\frac{V_{s2}}{V_{s1}} - 20\log\frac{V_{oH}}{V_{oL}} \text{(dB)}$$

要求输出电压有效值稳定在 4.5 V≤V_o≤5.5 V 内,即 V_{oL}≥4.5 V、V_{oH}≤5.5 V。

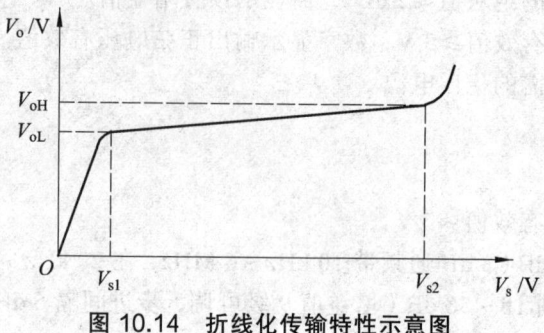

图 10.14 折线化传输特性示意图

课题 7 正弦信号发生器

一、任 务

设计制作一个正弦信号发生器。

二、要 求

1. 基本要求

(1)正弦波输出频率范围:1 kHz~10 MHz。
(2)具有频率设置功能,频率步进:100 Hz。
(3)输出信号频率稳定度:优于 10^{-4}。
(4)输出电压幅度:在 50 Ω 负载电阻上的电压峰-峰值 V_{opp}≥1 V。
(5)失真度:用示波器观察时无明显失真。

2. 发挥部分

在完成基本要求任务的基础上,增加如下功能:
(1)增加输出电压幅度:在频率范围内 50 Ω 负载电阻上正弦信号输出电压的峰-峰值 V_{opp} = 6 V±1 V。

(2)产生模拟幅度调制(AM)信号:在 1~10 MHz 内调制度 mA 可在 10%~100%程控调节,步进量 10%,正弦调制信号频率为 1 kHz,调制信号自行产生。

(3)产生模拟频率调制(FM)信号:在 100 kHz~10 MHz 频率内产生 10 kHz 最大频偏,且最大频偏可分为 5 kHz/10 kHz 二级程控调节,正弦调制信号频率为 1 kHz,调制信号自行产生。

(4)产生二进制 PSK、ASK 信号:在 100 kHz 固定频率载波进行二进制键控,二进制基带序列码速率固定为 10 kbit/s,二进制基带序列信号自行产生。

(5)其他。

课题 8　自适应滤波器

一、任　务

设计并制作一个自适应滤波器,用来滤除特定的干扰信号。自适应滤波器工作频率为 10kHz~100kHz。其电路应用如图 10.15 所示。

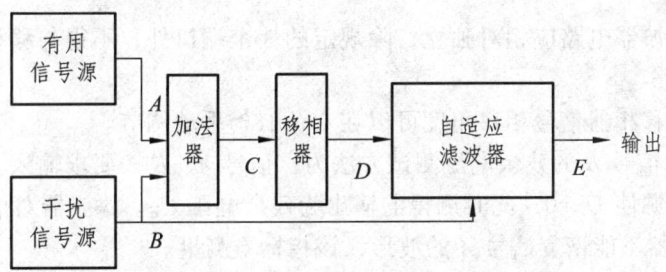

图 10.15　自适应滤波器电路应用示意图

图 10.15 中,有用信号源和干扰信号源为两个独立信号源,输出信号分别为信号 A 和信号 B,且频率不相等。自适应滤波器根据干扰信号 B 的特征,采用干扰抵消等方法,滤除混合信号 D 中的干扰信号 B,以恢复有用信号 A 的波形,其输出为信号 E。

二、要　求

1. 基本要求

(1)设计一个加法器实现 $C=A+B$,其中有用信号 A 和干扰信号 B 峰峰值均为 1~2 V,频率范围为 10~100 kHz。预留便于测量的输入输出端口。

(2)设计一个移相器,在频率范围为 10~100 kHz 的各点频上,实现点频 0°~180°手动连续可变相移。移相器幅度放大倍数控制在 1±0.1,移相器的相频特性不做要求。预留便于测量的输入输出端口。

(3)单独设计制作自适应滤波器,有两个输入端口,用于输入信号 B 和 D。有一个输出端口，用于输出信号 E。当信号 A、B 为正弦信号，且频率差≥100 Hz 时，输出信号 E 能够恢复信号 A 的波形，信号 E 与 A 的频率和幅度误差均小于 10%。滤波器对信号 B 的幅度衰减小于 1%。预留便于测量的输入输出端口。

2. 发挥部分

（1）当信号 A、B 为正弦信号，且频率差≥10 Hz 时，自适应滤波器的输出信号 E 能恢复信号 A 的波形，信号 E 与 A 的频率和幅度误差均小于 10%。滤波器对信号 B 的幅度衰减小于 1%。

（2）当 B 信号分别为三角波和方波信号，且与 A 信号的频率差大于等于 10 Hz 时，自适应滤波器的输出信号 E 能恢复信号 A 的波形，信号 E 与 A 的频率和幅度误差均小于 10%。滤波器对信号 B 的幅度衰减小于 1%。

（3）尽量减小自适应滤波器电路的响应时间，提高滤除干扰信号的速度，响应时间不大于 1 s。

（4）其他。

三、说　明

（1）自适应滤波器电路应相对独立，除规定的 3 个端口外，不得与移相器等存在其他通信方式。

（2）测试时，移相器信号相移角度可以在 0°~180°手动调节。

（3）信号 E 中信号 B 的残余电压测试方法为：信号 A、B 按要求输入，滤波器正常工作后，关闭有用信号源使 $U_A=0$，此时测得的输出为残余电压 U_E。滤波器对信号 B 的幅度衰减为 U_E/U_B。若滤波器不能恢复信号 A 的波形，该指标不测量。

（4）滤波器电路的响应时间测试方法为：在滤波器能够正常滤除信号 B 的情况下，关闭两个信号源。重新加入信号 B，用示波器观测 E 信号的电压，同时降低示波器水平扫描速度，使示波器能够观测 1~2 s E 信号包络幅度的变化。测量其从加入信号 B 开始，至幅度衰减 1% 的时间即为响应时间。若滤波器不能恢复信号 A 的波形，该指标不测量。

10.3　仪器类的设计性实验

课题 1　简易电阻、电容和电感测试仪

一、任　务

设计并制作一台数字显示的电阻、电容和电感参数测试仪，示意框图如图 10.16 所示。

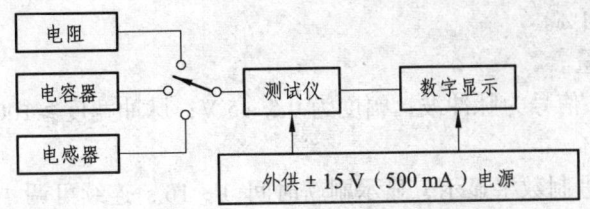

图 10.16 数字显示电阻、电感和电容参数测试仪框图

二、要 求

1. 基本要求

（1）测量范围：电阻 100 Ω ~ 1 MΩ；电容 100 ~ 10 000 pF；电感 100 μH ~ 10 mH。
（2）测量精度：±5%。
（3）制作 4 位数码管显示器，显示测量数值，并用发光二极管分别指示所测元件的类型和单位。

2. 发挥部分

（1）扩大测量范围。
（2）提高测量精度。
（3）测量量程自动转换。

课题 2　简易数字频率计

一、任 务

设计并制作一台数字显示的简易频率计。

二、要 求

1. 基本要求

（1）频率测量。
① 测量范围——信号为方波、正弦波；幅度为 0.5 ~ 5 V；频率为 1 Hz ~ 1 MHz。
② 测量误差≤0.1%。
（2）周期测量。
① 测量范围——信号为方波、正弦波；幅度为 0.5 ~ 5 V；频率为 1 Hz ~ 1 MHz。

② 测量误差≤0.1%。

（3）脉冲宽度测量。

① 测量范围——信号为脉冲波；幅度为 0.5~5 V；脉冲宽度≥100 μs。

② 测量误差≤1%。

（4）显示器：十进制数字显示，显示刷新时间 1~10 s 连续可调，对上述三种测量功能分别用不同颜色的发光二极管指示。

（5）具有自校功能，时标信号频率为 1 MHz。

（6）自行设计并制作满足本设计任务要求的稳压电源。

2. 发挥部分

（1）扩展频率测量范围为 0.1 Hz~10 MHz（信号幅度 0.5~5 V），测量误差降低为 0.01%（最大闸门时间≤10 s）。

（2）测量并显示周期脉冲信号（幅度 0.5~5 V、频率 1 Hz~1 kHz）的占空比，占空比变化范围为 10%~90%，测量误差≤1%。

（3）在 1 Hz~1 MHz 范围内及测量误差≤1%的条件下，进行小信号的频率测量，提出并实现抗干扰的措施。

课题 3　数字式工频有效值多用表

一、任　务

设计并制作一个能同时对一路工频交流电（频率波动范围为 50 Hz±1 Hz、有失真的正弦波）的电压有效值、电流有效值、有功功率、无功功率、功率因数进行测量的数字式多用表，如图 10.17 所示。

二、要　求

1. 基本要求

（1）测量功能及量程范围：

① 交流电压 0~500 V。

② 有功功率 0~25 kW。

③ 无功功率 0~25 kVar。

④ 功率因数（有功功率/视在功率）0~1。

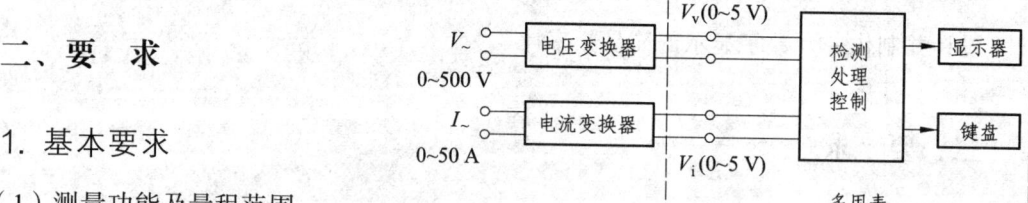

图 10.17　数字式多用表

为便于本试题的设计与制作，设定待测 0~500 V 的交流电压、0~50 A 的交流电流均已经相应的变换器转换为 0~5 V 的交流电压。

（2）准确度：

① 显示为 4 位（0.000～4.999），有过量程指示。

② 交流电压和交流电流±（0.8%读数 + 5 个字），如当被测电压为 300 V 时，读数误差应小于±（0.8%×300 V + 0.5 V）= ±2.9 V。

③ 有功功率和无功功率±（1.5%读数 + 8 个字）。

④ 功率因数±0.01。

（3）功能选择：用按键选择交流电压、交流电流、有功功率、无功功率和功率因数的测量与显示。

2. 发挥部分

（1）用按键选择电压基波及总谐波的有效值测量与显示。

（2）具有量程自动转换功能，当变换器输出的电压值小于 0.5 V 时，能自动提高分辨力达 0.01 V。

（3）用按键控制实现交流电压、交流电流、有功功率、无功功率在测试过程中的最大值、最小值测量。

（4）其他（例如扩展功能，提高性能）。

三、说　明

（1）调试时可用函数发生器输出的正弦信号电压作为一路交流电压信号；再经移相输出代表同一路的电流信号。

（2）检查交流电压、交流电流有效值测量功能时，可采用函数发生器输出的对称方波信号。电压基波、谐波的测试可用函数发生器输出的对称方波作为标准信号，测试结果应与理论值进行比较分析。

课题 4　简易频率特性测试仪

一、任　务

根据零中频正交解调原理，设计并制作一个双端口网络频率特性测试仪，包括幅频特性和相频特性，其示意图如图 10.18 所示。

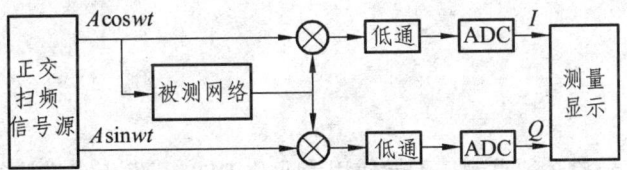

图 10.18　频率特性测试仪示意图

二、要 求

1. 基本要求

制作一个正交扫频信号源。

（1）频率范围为 1~40 MHz，频率稳定度 $\leq 10^{-4}$；频率可设置，最小设置单位 100 kHz。

（2）正交信号相位差误差的绝对值 $\leq 5°$，幅度平衡误差的绝对值 $\leq 5\%$。

（3）信号电压的峰峰值 ≥ 1 V，幅度平坦度 $\leq 5\%$。

（4）可扫频输出，扫频范围及频率步进值可设置，最小步进 100 kHz；要求连续扫频输出，一次扫频时间 ≤ 2 s。

2. 发挥部分

（1）使用基本要求中完成的正交扫频信号源，制作频率特性测试仪。

① 输入阻抗为 50 Ω，输出阻抗为 50 Ω。

② 可进行点频测量；幅频测量误差的绝对值 ≤ 0.5 dB，相频测量误差的绝对值 $\leq 5°$；数据显示的分辨率：电压增益 0.1 dB，相移 0.1°。

（2）制作一个 RLC 串联谐振电路作为被测网络，如图 10.19 所示，其中 R_i 和 R_o 分别为频率特性测试仪的输入阻抗和输出阻抗；制作的频率特性测试仪可对其进行线性扫频测量。

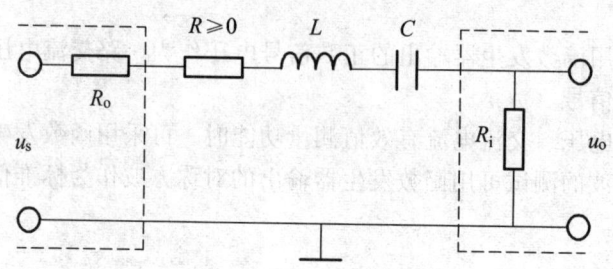

图 10.19　RLC 串联谐振电路

① 要求被测网络通带中心频率为 20 MHz，误差的绝对值 $\leq 5\%$；有载品质因数为 4，误差的绝对值 $\leq 5\%$；有载最大电压增益 ≥ -1 dB。

② 扫频测量制作的被测网络，显示其中心频率和 -3 dB 带宽，频率数据显示的分辨率为 100 kHz。

③ 扫频测量并显示幅频特性曲线和相频特性曲线，要求具有电压增益、相移和频率坐标刻度。

（3）其他。

三、说 明

（1）正交扫频信号源必须自制，不能使用商业化 DDS 开发板或模块等成品，自制电路板上需有明显的覆铜"2013"字样。

（2）要求制作的仪器留有正交信号输出测试端口，以及被测网络的输入、输出接入端口。

（3）本题中，幅度平衡误差指正交两路信号幅度在同频点上的相对误差，定义为：$\dfrac{U_2 - U_1}{U_1} \times 100\%$，其中 $U_2 \geqslant U_1$。

（4）本题中，幅度平坦度指信号幅度在工作频段内的相对变化量，定义为：$\dfrac{U_{max} - U_{min}}{U_{min}} \times 100\%$。

（5）参考图10.17，本题被测网络电压增益取：

$$A_V = 20\lg \dfrac{u_o}{\frac{1}{2}u_s}$$

（6）幅频特性曲线的纵坐标为电压增益（dB）；相频特性曲线的纵坐标为相移（°）；特性曲线的横坐标均为线性频率（Hz）。

（7）发挥部分中，一次线性扫频测量完成时间≤30 s。

课题5　低频数字式相位测量仪

一、任　务

设计并制作一个低频相位测量系统，包括相位测量仪、数字式移相信号发生器和移相网络三部分，示意图如图10.20所示。

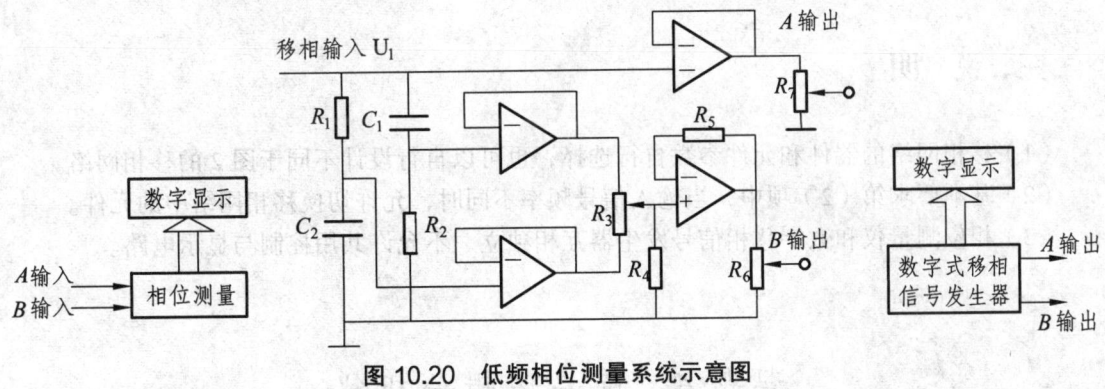

图 10.20　低频相位测量系统示意图

二、要　求

1. 基本要求

（1）设计并制作一个相位测量仪。

① 频率范围：20 Hz～20 kHz。
② 相位测量仪的输入阻抗≥100 kΩ。
③ 允许两路输入正弦信号峰-峰值可分别在 1～5 V 内变化。
④ 相位测量绝对误差≤2°。
⑤ 具有频率测量及数字显示功能。
⑥ 相位差数字显示：相位读数为 0°～359.9°，分辨力为 0.1°。
（2）制作一个移相网络。
① 输入信号频率：100Hz、1kHz、10kHz。
② 连续相移范围：－45°～＋45°。
③ A′、B′输出的正弦信号峰-峰值可分别在 0.3～5 V 内变化。

2．发挥部分

（1）设计并制作一个数字式移相信号发生器，用以产生相位测量仪所需的输入正弦信号，要求：
① 频率范围：20 Hz～20 kHz，频率步进为 20 Hz，输出频率可预置。
② A、B 输出的正弦信号峰-峰值可分别在 0.3～5 V 内变化。
③ 相位差范围为 0～359°，相位差步进为 1°，相位差值可预置。
④ 数字显示预置的频率、相位差值。
（2）在保持相位测量仪测量误差和频率范围不变的条件下，扩展相位测量仪输入正弦电压峰-峰值至 0.3～5 V。
（3）用数字移相信号发生器校验相位测量仪，自选几个频点、相位差值和不同幅度进行校验。
（4）其他。

三、说　明

（1）移相网络的器件和元件参数自行选择，也可以自行设计不同于图 2 的移相网络。
（2）基本要求第（2）项中，当输入信号频率不同时，允许切换移相网络中的元件。
（3）相位测量仪和数字移相信号发生器互相独立，不允许共用控制与显示电路。

课题 6　简易逻辑分析仪

一、任　务

设计并制作一个 8 路数字信号发生器与简易逻辑分析仪，其结构框图如图 10.21 所示。

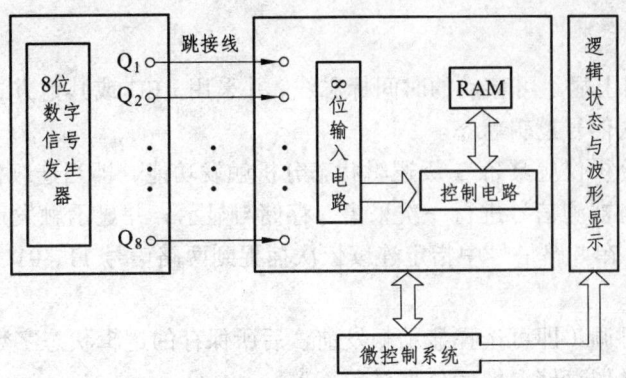

图 10.21　系统结构框图

二、要　求

1. 基本要求

（1）制作数字信号发生器。

能产生 8 路可预置的循环移位逻辑信号序列，输出信号为 TTL 电平，序列时钟频率为 100 Hz，并能够重复输出。逻辑信号序列示例如图 10.22 所示。

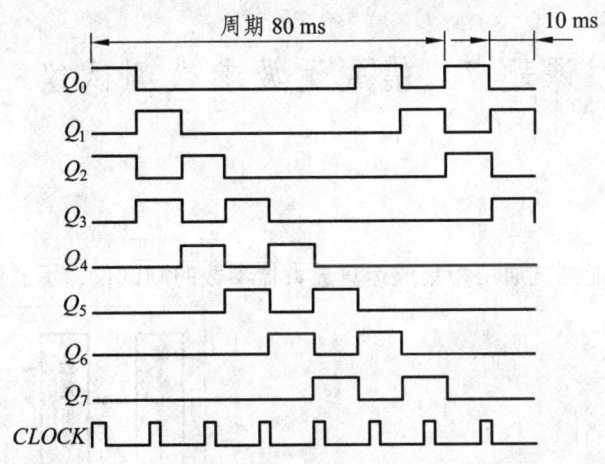

图 10.22　重复输出循环移位逻辑序列 00000101

（2）制作简易逻辑分析仪。

① 具有采集 8 路逻辑信号的功能，并可设置单级触发字。信号采集的触发条件为各路被测信号电平与触发字所设定的逻辑状态相同。在满足触发条件时，能对被测信号进行一次采集、存储。

② 能利用模拟示波器清晰稳定地显示所采集到的 8 路信号波形，并显示触发点位置。

③ 8 位输入电路的输入阻抗大于 50 kΩ，其逻辑信号门限电压可在 0.25～4 V 内按 16 级变化，以适应各种输入信号的逻辑电平。

④ 每通道的存储深度为 20 bit。

2. 发挥部分

（1）能在示波器上显示可移动的时间标志线，并采用 LED 或其他方式显示时间标志线所对应时刻的 8 路输入信号逻辑状态。

（2）简易逻辑分析仪应具备 3 级逻辑状态分析触发功能，即当连续依次捕捉到设定的 3 个触发字时，开始对被测信号进行一次采集、存储与显示，并显示触发点位置。3 级触发字可任意设定（例如：在 8 路信号中指定连续依次捕捉到两路信号 11、01、00 作为三级触发状态字）。

（3）触发位置可调（即可选择显示触发前、后所保存的逻辑状态字数）。

（4）其他（如增加存储深度后分页显示等）。

三、说 明

（1）系统结构框图中的跳接线必须采取可灵活改变的接插方式。

（2）数字信号的采集时钟可采用来自数字信号发生器的时钟脉冲 CLOCK。

（3）题中涉及的"字"均为多位逻辑状态。如图 10.22 中纵向第一个字为一个 8 位逻辑状态字（00000101），而发挥部分中的 3 级触发字为 2 位逻辑状态。

课题 7 集成运放参数测试仪

一、任 务

设计并制作一台能测试通用型集成运算放大器参数的测试仪，示意图如图 10.23 所示。

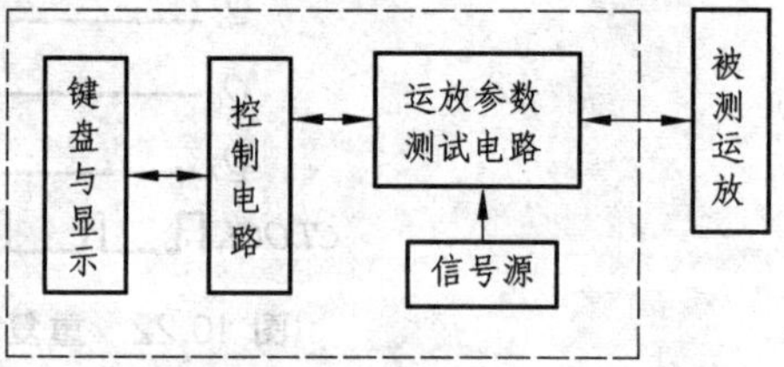

二、要 求

1. 基本要求

（1）能测试 V_{IO}（输入失调电压）、I_{IO}（输入失调电流）、A_{vd}（交流差模开环电压增益）和 K_{CMR}（交流共模抑制比）四项基本参数，显示器最大显示数为 3 999。

图 10.23 集成运放参数测试仪示意图

（2）各项被测参数的测量范围及精度如下（被测运放的工作电压为±15 V）：

V_{IO}：测量范围为 0~40 mV（量程为 4 mV 和 40 mV），误差绝对值小于 3%读数 + 1 个字。

I_{IO}：测量范围为 0~4 μA（量程为 0.4 μA 和 4 μA），误差绝对值小于 3%读数 + 1 个字。

A_{vd}：测量范围为 60~120 dB，测试误差绝对值小于 3 dB。

K_{CMR}：测量范围为 60~120 dB，测试误差绝对值小于 3 dB。

（3）测试仪中的信号源（自制）用于 A_{VD}、K_{CMR} 参数的测量，要求信号源能输出频率为 5Hz、输出电压有效值为 4 V 的正弦波信号，频率与电压值误差绝对值均小于 1%。

（4）按照本题附录提供的符合 GB 3442-82 的测试原理图，如图 10.24（a）~（c）], 再制作一组符合该标准的测试 V_{IO}、I_{IO}、A_{Vd} 和 K_{CMR} 参数的测试电路，以此测试电路的测试结果作为测试标准，对制作的运放参数测试仪进行标定。

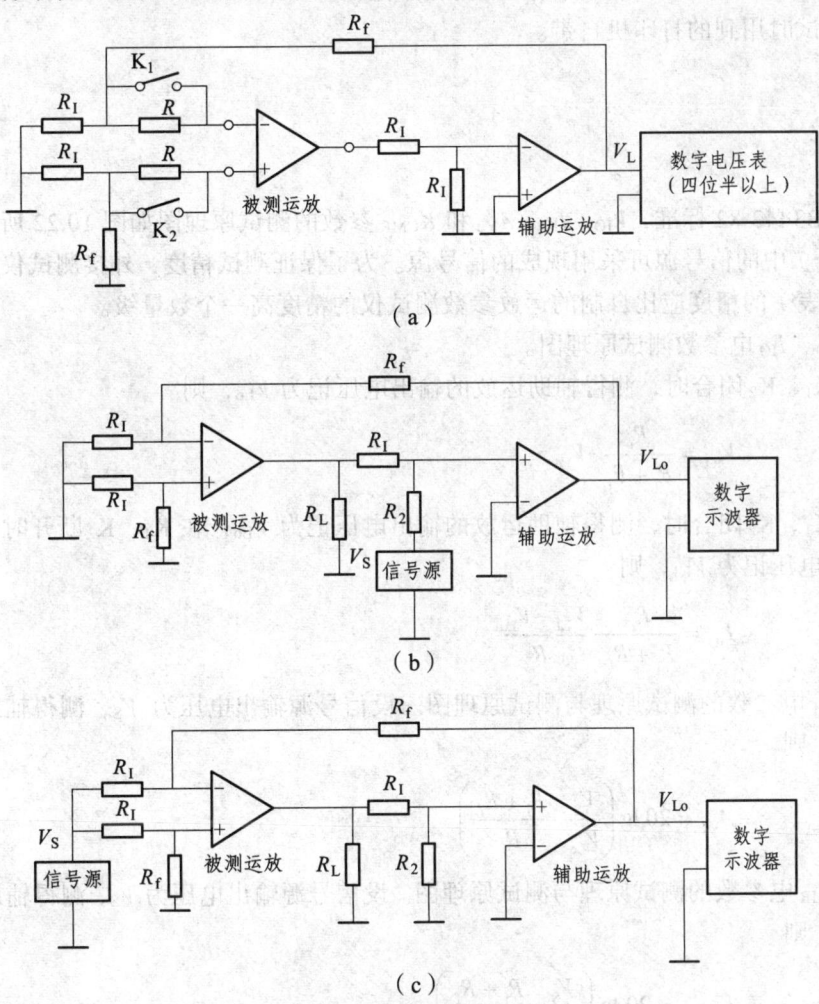

图 10.24 运放参数测试原理图

2. 发挥部分

（1）增加电压模运放 BWG（单位增益带宽）参数测量功能，要求测量频率范围为 100 kHz~3.5 MHz，测量时间≤10 s，频率分辨力为 1 kHz；为此设计并制作一个扫频信号源，要求输出频率范围为 40 kHz~4 MHz，频率误差绝对值小于 1%；输出电压的有效值为（2±0.2）V。

（2）增加自动测量（含自动量程转换）功能。该功能启动后，能自动按 V_{IO}、I_{IO}、A_{Vd}、K_{CMR} 和 BWG 的顺序测量、显示并打印以上 5 个参数测量结果。

（3）其他。

三、说　明

（1）为了制作方便，被测运放的型号选定为 8 引脚双列直插的电压模运放 F741（LM741、μA741、F007 等）通用型运算放大器。

（2）为了测试方便，自制的信号源应预留测量端子。

（3）测试时用到的打印机自带。

附　录

参照 GB3442-82 标准，V_{IO}、I_{IO}、A_{Vd} 和 K_{CMR} 参数的测试原理图如图 10.22 所示，其中图（b）和图（c）中的信号源可采用现成的信号源。为了保证测试精度，外接测试仪表（信号源和数字电压表）的精度应比自制的运放参数测试仪的精度高一个数量级。

（1）V_{IO}、I_{IO} 电参数测试原理图。

① 在 K_1、K_2 闭合时，测得辅助运放的输出电压记为 V_{Lo}，则

$$V_{IO} = \frac{R_i}{R_i + R_f} \cdot V_{Lo}$$

② 在 K_1、K_2 闭合时，测得辅助运放的输出电压记为 V_{Lo}；在 K_1、K_2 断开时，测得辅助运放的输出电压记为 V_{L1}，则

$$I_{IO} = \frac{R_i}{R_i + R_f} \cdot \frac{V_{L1} - V_{Lo}}{R}$$

（2）A_{Vd} 电参数的测试原理与测试原理图。设信号源输出电压为 V_S，测得辅助运放输出电压为 V_{Lo}，则

$$A_{Vd} = 20 \lg \left(\frac{V_S}{V_{Lo}} \cdot \frac{R_i + R_f}{R_i} \right)$$

（3）K_{CMR} 电参数的测试原理与测试原理图。设信号源输出电压为 V_S，测得辅助运放输出电压为 V_{Lo}，则

$$K_{CMR} = 20 \lg \left(\frac{V_S}{V_{Lo}} \cdot \frac{R_i + R_f}{R_i} \right)$$

附录说明

（1）测试采用了辅助放大器测试方法。要求辅助运放的开环增益大于 60 dB，输入失调电压和失调电流值小。

（2）为了保证测试精度，要求对 R、R_i、R_f 的阻值准确测量，R_1、R_2 的阻值尽可能一致；I_{IO} 与 R 的乘积远大于 V_{IO}；I_{IO} 与 $R_i // R_f$ 的乘积应远小于 V_{IO}。测试电路中的电阻值建议取：$R_i = 100\ \Omega$、$R_f = 20\ \Omega \sim 100\ k\Omega$、$R_1 = R_2 = 30\ k\Omega$、$R_L = 10\ k\Omega$、$R = 1\ M\Omega$。

（3）建议图 10.24（b）（c）中使用的信号源输出为正弦波信号，频率为 5 Hz、输出电压有效值为 4 V。

课题 8 简易频谱分析仪

一、任 务

采用外差原理设计并实现频谱分析仪,其参考原理框图如图 10.25 所示。

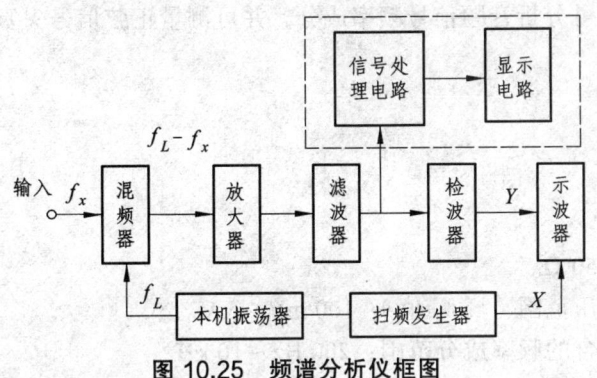

图 10.25 频谱分析仪框图

二、要 求

1. 基本要求

（1）频率测量范围为 10～30 MHz。
（2）频率分辨力为 10 kHz,输入信号电压有效值为（20±5）mV,输入阻抗为 50 Ω。
（3）可设置中心频率和扫频宽度。
（4）借助示波器显示被测信号的频谱图,并在示波器上标出间隔为 1MHz 的频标。

2. 发挥部分

（1）频率测量范围扩展至 1～30 MHz。
（2）具有识别调幅、调频和等幅波信号及测定其中心频率的功能,采用信号发生器输出的调幅、调频和等幅波信号作为外差式频谱分析仪的输入信号,载波可选择在频率测量范围内的任意频率值,调幅波调制度 $m_a = 30\%$,调制信号频率为 20 kHz;调频波频偏为 20 kHz,调制信号频率为 1 kHz;
（3）其他。

三、说 明

（1）原理框图中虚线框内的"信号处理电路"和"显示电路"两模块适用于发挥部分第（2）项,可以采用模拟或数字方式实现。
（2）制作与测试过程中,该频谱分析仪对电压值的标定采用对比法,即首先输入幅度为已知的正弦信号（如：电压有效值为 20 mV,频率为 10 MHz 的正弦信号）,以其在原理框图中示波器纵轴显示的高度确定该频谱分析仪的电压标尺。

课题 9　音频信号分析仪

一、任　务

设计、制作一个可分析音频信号频率成分，并可测量正弦信号失真度的仪器。

二、要　求

1. 基本要求

（1）输入阻抗：50 Ω。
（2）输入信号电压范围（峰-峰值）：100 mV ~ 5 V。
（3）输入信号包含的频率成分范围：200 Hz ~ 10 kHz。
（4）频率分辨力：100 Hz（可正确测量被测信号中，频差不小于 100 Hz 的频率分量的功率值）。
（5）检测输入信号的总功率和各频率分量的频率和功率，检测出的各频率分量的功率之和不小于总功率值的 95%；各频率分量功率测量的相对误差的绝对值小于 10%，总功率测量的相对误差的绝对值小于 5%。
（6）分析时间：5 s。应以 5 s 周期刷新分析数据，信号各频率分量应按功率大小依次存储并可回放显示，同时实时显示信号总功率和至少前两个频率分量的频率值和功率值，并设暂停键保持显示的数据。

2. 发挥部分

（1）扩大输入信号动态范围，提高灵敏度。
（2）输入信号包含的频率成分范围：20 Hz ~ 10 kHz。
（3）增加频率分辨力 20 Hz 挡。
（4）判断输入信号的周期性，并测量其周期。
（5）测量被测正弦信号的失真度。
（6）其他。

课题 10　数字示波器

一、任　务

设计并制作一台具有实时采样方式和等效采样方式的数字示波器，示意图如图 10.26 所示。

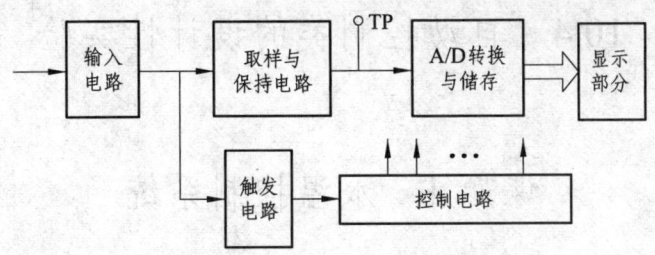

图 10.26 数字示波器示意图

二、要求

1. 基本要求

（1）被测周期信号的频率范围为 10 Hz ~ 10 MHz，仪器输入阻抗为 1 MΩ，显示屏的刻度为 8 div×10 div，垂直分辨率为 8 bits，水平显示分辨率≥20 点/div。

（2）垂直灵敏度要求含 1 V/div、0.1 V/div 两挡。电压测量误差≤5%。

（3）实时采样速率≤1MSa/s，等效采样速率≥200 MSa/s；扫描速度要求含 20 ms/div、2 μs/div、100 ns/div 三挡，波形周期测量误差≤5%。

（4）仪器的触发电路采用内触发方式，要求上升沿触发，触发电平可调。

（5）被测信号的显示波形应无明显失真。

2. 发挥部分

（1）提高仪器垂直灵敏度，要求增加 2 mV/div 挡，其电压测量误差≤5%，输入短路时的输出噪声峰-峰值小于 2 mV。

（2）增加存储/调出功能，即按动一次"存储"键，仪器即可存储当前波形，并能在需要时调出存储的波形予以显示。

（3）增加单次触发功能，即按动一次"单次触发"键，仪器能对满足触发条件的信号进行一次采集与存储（被测信号的频率范围限定为 10 Hz ~ 50 kHz）。

（4）能提供频率为 100 kHz 的方波校准信号，要求幅度值为 0.3 V±5%（负载电阻≥1 MΩ时），频率误差≤5%。

（5）其他。

三、说明

（1）A/D 转换器最高采样速率限定为 1 MSa/s，并要求设计独立的取样保持电路。为了方便检测，要求在 A/D 转换器和取样保持电路之间设置测试端子 TP。

（2）显示部分可采用通用示波器，也可采用液晶显示器。

（3）等效采样的概念可参考蒋焕文等编著的《电子测量》一书中取样示波器的内容，或陈尚松等编著的《电子测量与仪器》等相关资料。

10.4 自动控制类的设计性实验

课题1 水温控制系统

一、任 务

设计并制作一个水温自动控制系统，控制对象为 1 L 净水，容器为搪瓷器皿。水温可以在一定范围内由人工设定，并能在环境温度降低时实现自动控制，以保持设定的温度基本不变。

二、要 求

1. 基本要求

（1）温度设定范围为 40～90°C，最小区分度为 1°C，标定温度 ≤1°C。
（2）环境温度降低时（例如用电风扇降温）温度控制的静态误差 ≤1°C。
（3）用十进制数码管显示水的实际温度。

2. 发挥部分

（1）采用适当的控制方法，当设定温度突变（由 40°C 提高到 60°C）时，减小系统的调节时间和超调量。
（2）温度控制的静态误差 ≤0.2°C。
（3）在设定温度发生突变（由 40°C 提高到 60°C）时，自动打印水温随时间变化的曲线。

课题2 自动往返电动小汽车

一、任 务

设计并制作一个能自动往返于起跑线与终点线间的小汽车。允许用玩具汽车改装，但不能用人工遥控（包括有线和无线遥控）。跑道宽度 0.5 m，表面贴有白纸，两侧有挡板，挡板与地面垂直，其高度不低于 20 cm。在跑道的 B、C、D、E、F、G 各点处画有 2 cm 宽的黑线，各段的长度如图 10.27 所示。

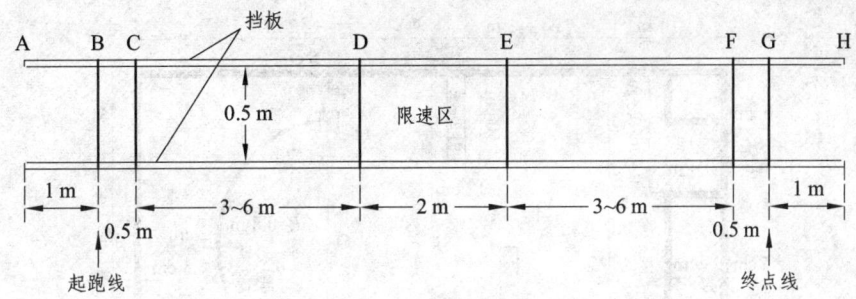

图 10.27 跑道顶视图

二、要　求

1. 基本要求

（1）车辆从起跑线出发（出发前，车体不得超出起跑线），到达终点线后停留 10 s，然后自动返回起跑线（允许倒车返回）。往返一次的时间应力求最短（从合上汽车电源开关开始计时）。

（2）到达终点线和返回起跑线时，停车位置离起跑线和终点线偏差应最小（以车辆中心点与终点线或起跑线中心线之间距离作为偏差的测量值）。

（3）D～E 间为限速区，车辆往返均要求以低速通过，通过时间不得少于 8 s，但不允许在限速区内停车。

2. 发挥部分

（1）自动记录、显示一次往返时间（记录显示装置要求安装在车上）。
（2）自动记录、显示行驶距离（记录显示装置要求安装在车上）。
（3）其他特色与创新。

三、说　明

（1）不允许在跑道内外区域另外设置任何标志或检测装置。
（2）车辆（含在车体上附加的任何装置）外围尺寸的限制：长度≤35 cm，宽度≤15 cm。
（3）必须在车身顶部明显标出车辆中心点位置，即横向与纵向两条中心线的交点。

课题 3　简易智能电动车

一、任　务

设计并制作一个简易智能电动车，其行驶路线示意图如图 10.28 所示。

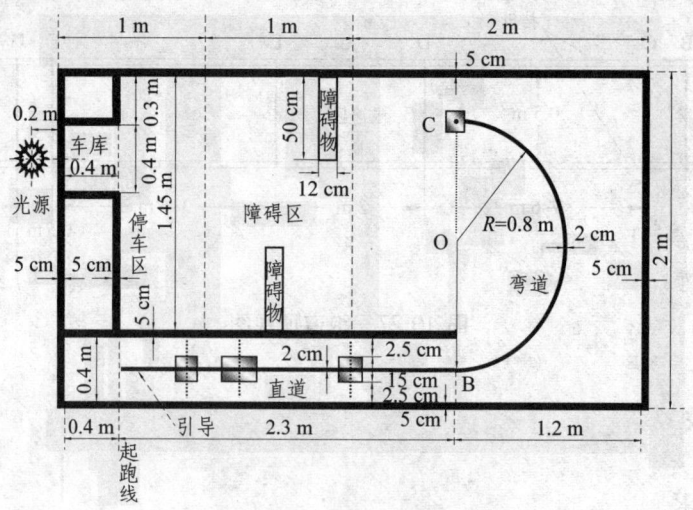

图 10.28 起始状态示意图

二、要求

1. 基本要求

（1）电动车从起跑线出发（车体不得超过起跑线），沿引导线到达 B 点。在"直道区"铺设的白纸下沿引导线埋有 1~3 块宽度为 15 cm、长度不等的薄铁片。电动车检测到薄铁片时需立即发出声光指示信息，并实时存储、显示在"直道区"检测到的薄铁片数目。

（2）电动车到达 B 点以后进入"弯道区"，沿圆弧引导线到达 C 点（也可脱离圆弧引导线到达 C 点）。C 点下埋有边长为 15 cm 的正方形薄铁片，要求电动车到达 C 点检测到薄铁片后在 C 点处停车 5 s，停车期间发出断续的声光信息。

（3）电动车在光源的引导下，通过障碍区进入停车区并到达车库。电动车必须在两个障碍物之间通过且不得与其接触。

（4）电动车完成上述任务后应立即停车，但全程行驶时间不能大于 90 s，行驶时间达到 90 s 时必须立即自动停车。

2. 发挥部分

（1）电动车在"直道区"行驶过程中，存储并显示每个薄铁片（中心线）至起跑线间的距离。

（2）电动车进入停车区域后，能进一步准确驶入车库中，要求电动车的车身完全进入车库。

（3）停车后，能准确显示电动车全程行驶时间。

（4）其他。

三、说明

（1）跑道上面铺设白纸，薄铁片置于纸下，铁片厚度为 0.5~1.0 mm。

（2）跑道边线宽度 5 cm，引导线宽度 2 cm，可以涂墨或粘黑色胶带。示意图中的虚线和尺寸标注线不要绘制在白纸上。

（3）障碍物 1、2 可由包有白纸的砖组成，其长、宽、高约为 50 cm×12 cm×6 cm，两个障碍物分别放置在障碍区两侧的任意位置。

（4）电动车允许用玩具车改装，但不能由人工遥控，其外围尺寸（含车体上附加装置）的限制为：长度≤35 cm，宽度≤15 cm。

（5）光源采用 200 W 白炽灯，白炽灯泡底部距地面 20 cm，其位置如图 10.26 所示。

（6）要求在电动车顶部明显标出电动车的中心点位置，即横向与纵向两条中心线的交点。

课题 4　液体点滴速度监控装置

一、任　务

设计并制作一个液体点滴速度监测与控制装置，示意图如图 10.29 所示。

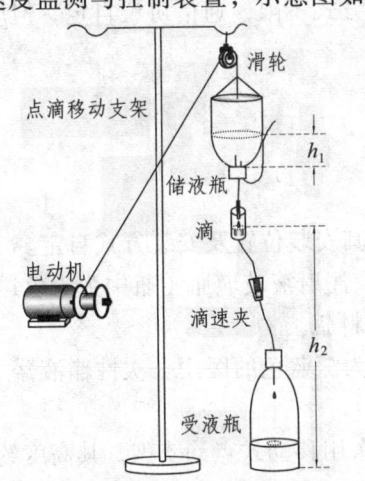

图 10.29　点滴速度监测与控制示意图

二、要　求

1. 基本要求

（1）在滴斗处检测点滴速度，并制作一个数显装置，能动态显示点滴速度（滴/min）。

（2）通过改变 h_2 控制点滴速度，如右图所示；也可以通过控制输液软管夹头的松紧等其他方式来控制点滴速度。点滴速度可用键盘设定并显示，设定范围为 20～150 滴/min，控制误差范围为设定值±10%±1 滴。

（3）调整时间≤3 min（从改变设定值起到点滴速度基本稳定，能人工读出数据为止）。

(4) 当 h_1 降到警戒值（2~3 cm）时，能发出报警信号。

2. 发挥部分

设计并制作一个由主站控制 16 个从站的有线监控系统。16 个从站中，只有一个从站是按基本要求制作的一套点滴速度监控装置，其他从站为模拟从站（仅要求制作一个模拟从站）。

(1) 主站功能：
① 具有定点和巡回检测两种方式。
② 可显示从站传输过来的从站号和点滴速度。
③ 在巡回检测时，主站能任意设定要查询的从站数量、从站号和各从站的点滴速度。
④ 收到从站发来的报警信号后，能声光报警并显示相应的从站号；可用手动方式解除报警状态。

(2) 从站功能：
① 能输出从站号、点滴速度和报警信号；从站号和点滴速度可以任意设定。
② 接收主站设定的点滴速度信息并显示。
③ 对异常情况进行报警。

(3) 主站和从站间的通信方式不限，通信协议自定，但应尽量减少信号传输线的数量。
(4) 其他。

三、说　明

(1) 控制电机类型不限，其安装位置及安装方式自定。
(2) 储液瓶用医用 250 mL 注射液玻璃瓶（瓶中为无色透明液体）。
(3) 受液瓶用 1.25 L 的饮料瓶。
(4) 点滴器采用针柄颜色为深蓝色的医用一次性输液器（滴管滴出 20 点蒸馏水相当于 1 mL±0.1 mL）。
(5) 赛区测试时，仅提供医用移动式点滴支架，其高度约 1.8 m，也可自带支架；测试所需其他设备自备。
(6) 滴速夹在测试开始后不允许调节。
(7) 发挥部分第（2）项第③小项中的"异常情况"自行确定。

课题 5　悬挂运动控制系统

一、任　务

设计一电机控制系统，控制物体在倾斜（仰角≤100°）的板上运动。

在一白色底板上固定两个滑轮,两只电机(固定在板上)通过穿过滑轮的吊绳控制一物体在板上运动,运动范围为 80 cm×100 cm。物体的形状不限,质量大于 100 g。物体上固定有浅色画笔,以便运动时能在板上画出运动轨迹。板上标有间距为 1 cm 的浅色坐标线(不同于画笔颜色),左下角为直角坐标原点,如图 10.30 所示。

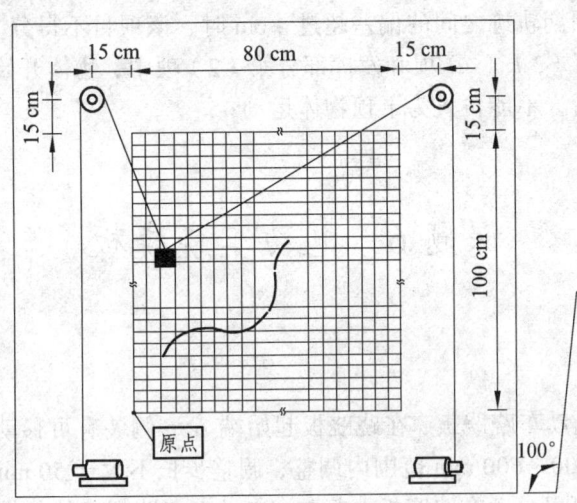

图 10.30 悬挂运动控制示意图

二、要 求

1. 基本要求

(1)控制系统能够通过键盘或其他方式任意设定坐标点参数。

(2)控制物体在 80 cm×100 cm 的范围内作自行设定的运动,运动轨迹长度不小于 100 cm,物体在运动时能够在板上画出运动轨迹,限 300 s 内完成。

(3)控制物体作圆心可任意设定、直径为 50 cm 的圆周运动,限 300 s 内完成。

(4)物体从左下角坐标原点出发,在 150 s 内到达设定的一个坐标点(两点间直线距离不小于 40 cm)。

2. 发挥部分

(1)能够显示物体中画笔所在位置的坐标。

(2)控制物体沿板上标出的任意曲线运动(见图 10.30),曲线在测试时现场标出,线宽 1.5~1.8 cm,总长度约 50 cm,颜色为黑色;曲线的前一部分是连续的,长约 30 cm;后一部分是两段总长约 20 cm 的间断线段,间断距离不大于 1 cm;沿连续曲线运动限定在 200 s 内完成,沿间断曲线运动限定在 300 s 内完成。

(3)其他。

三、说　明

（1）物体的运动轨迹以画笔画出的痕迹为准，应尽量使物体运动轨迹与预期轨迹吻合，同时尽量缩短运动时间。

（2）若在某项测试中运动超过限定的时间，该项目不得分。

（3）运动轨迹与预期轨迹之间的偏差超过 4 cm 时，该项目不得分。

（4）在基本要求第（3）、（4）项和发挥部分第（2）项中，物体开始运动前，允许手动将物体定位；开始运动后，不能再人为干预物体运动；

课题 6　电动车跷跷板

一、任　务

设计并制作一个电动车跷跷板，在跷跷板起始端 A 一侧装有可移动的配重。配重的位置可以在从始端开始的 200～600 mm 范围内调整，调整步长不大于 50 mm；配重可拆卸。电动车从起始端 A 出发，可以自动在跷跷板上行驶。电动车跷跷板起始状态和平衡状态示意图分别如图 10.31 和图 10.32 所示。

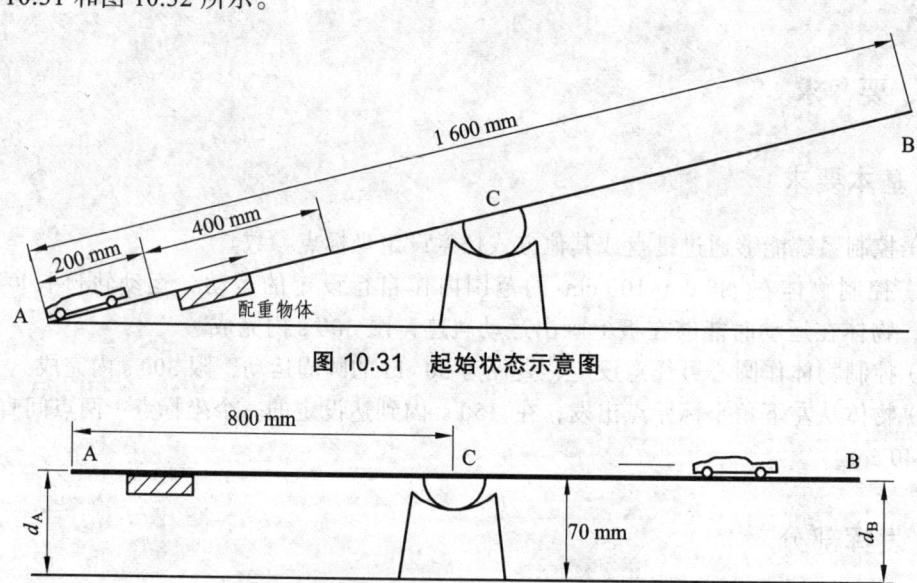

图 10.31　起始状态示意图

图 10.32　平衡状态示意图

二、要　求

1. 基本要求

在不加配重的情况下，电动车完成以下运动：

(1) 电动车从起始端 A 出发,在 30 s 内行驶到中心点 C 附近。

(2) 60 s 之内,电动车在中心点 C 附近使跷跷板处于平衡状态,保持平衡 5 s,并给出明显的平衡指示。

(3) 电动车从(2)中的平衡点出发,30 s 内行驶到跷跷板末端 B 处(车头距跷跷板末端 B 不大于 50 mm)。

(4) 电动车在 B 点停止 5 s 后,1 min 内倒退回起始端 A,完成整个行程。

(5) 在整个行驶过程中,电动车始终在跷跷板上,并分阶段实时显示电动车行驶所用的时间。

2. 发挥部分

将配重固定在可调整范围内任一指定位置,电动车完成以下运动:

(1) 将电动车放置在地面距离跷跷板起始端 A 点 300 mm 以外、90°扇形区域内某一指定位置(车头朝向跷跷板),电动车能够自动驶上跷跷板,如图 10.33 所示。

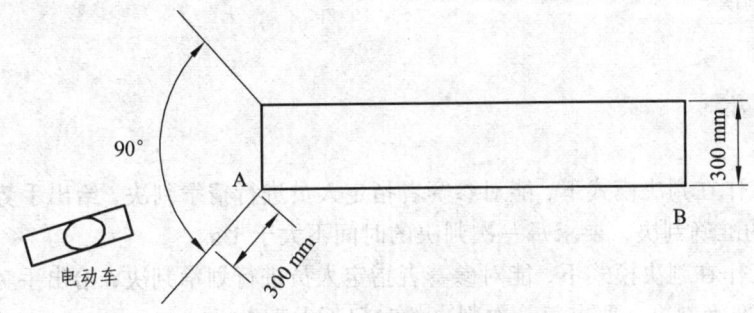

图 10.33 自动驶上跷跷板示意图

(2) 电动车在跷跷板上取得平衡,给出明显的平衡指示,保持平衡 5 s 以上。

(3) 将另一块质量为电动车质量 10%~20% 的块状配重放置在 A 至 C 间指定的位置,电动车能够重新取得平衡,给出明显的平衡指示,保持平衡 5 s 以上。

(4) 电动车在 3 min 之内完成(1)~(3)全过程。

(5) 其他。

三、说 明

(1) 跷跷板长 1 600 mm、宽 300 mm,为便于携带也可将跷跷板制成折叠形式。

(2) 跷跷板中心固定在直径不大于 50 mm 的半圆轴上,轴两端支撑在支架上,并保证与支架圆滑接触,能灵活转动。

(3) 测试中,使用参赛队自制的跷跷板装置。

(4) 允许在跷跷板和地面上采取引导措施,但不得影响跷跷板面和地面平整。

(5) 电动车(含加在车体上的其他装置)外形尺寸规定为:长≤300 mm,宽≤200 mm。

(6) 平衡的定义为 A、B 两端与地面的距离差 $d = |d_A - d_B|$ 不大于 40 mm。

(7) 整个行程约为 1 600 mm 减去车长。

(8) 测试过程中不允许人为控制电动车运动。

课题 7　手势识别装置

一、任　务

基于 TI 公司传感芯片 FDC2214(也可选其他芯片)设计制作一个手势识别装置，实现对猜拳游戏和划拳游戏的判决。该装置也可以直接使用 FDC2214 EVM 板，要求所使用的 FDC2214 芯片或者 EVM 板不得超过 2 块。

装置具有训练和判决两种工作模式。在判决模式下实验装置能对指定人员进行猜拳游戏和划拳游戏的判决。这里猜拳游戏的判决是指对手势比划"石头"、"剪刀"和"布"的判定，划拳游戏的判定是指手势比划"1"、"2"、"3"、"4"和"5"的判定。在训练模式下能对任意人员进行猜拳游戏和划拳游戏的手势训练，经过有限次训练后，能进行正确的猜拳游戏和划拳游戏的手势判决。

二、要　求

（1）装置工作在判决模式下，能对参赛者指定人员进行猜拳判决，给出手势"石头"、"剪刀"和"布"的准确判决，要求每一次判决的时间不大于 1 s。　　　　　（18 分）

（2）装置工作在判决模式下，能对参赛者指定人员进行划拳判决，给出手势"1""2""3""4"和"5"的准确判决，要求每一次判决的时间不大于 1 s。　　　　　（28 分）

（3）装置工作在训练模式下，对任意测试者进行猜拳的手势训练，每种动作训练次数不大于 3 次，总的训练时间不大于 1 min；然后切换工作模式到判决模式，对被训练的人员进行猜拳判决，要求每一次判决的时间不大于 1 s。　　　　　（21 分）

（4）装置工作在训练模式下，对任意测试者进行划拳的手势训练，每种动作训练次数不大于 3 次，总的训练时间不大于 2 min；然后切换工作模式到判决模式，对被训练的人员进行划拳判决，要求每一次判决的时间不大于 1 s。　　　　　（29 分）

（5）其他。　　　　　（4 分）

（6）设计报告（表 10.2）。　　　　　（20 分）

表 10.2　设计报告

项目	主要内容	分数
系统方案	比较与选择，方案系统描述，方案理论分析与计算	6
电路与程序设计	系统原理图和各个部分原理图；系统软件流程图	4
测试方案与测试结果	测试方案合理；测试结果完整；测试结果分析；基本测试仪器	6
设计报告结构及规范性	摘要；正文结果规范；图表的完整性与准确性	4
总　分		20

三、说　明

（1）题目中"指定人员"是参赛队学生自己指定的人员，"任意测试者"是由评审老师临时选择的人员。

（2）FDC2214 是基于 LC 谐振电路原理的一个电容检测传感器。其基本原理如图 10.34 所示，在芯片每个检测通道的输入端连接一个电感和电容，组成 LC 电路，被测电容传感端（图 10.32 中灰色标识部分即为被测电容）与 LC 电路相连接，将产生一个振荡频率，根据该频率值可计算出被测电容值。

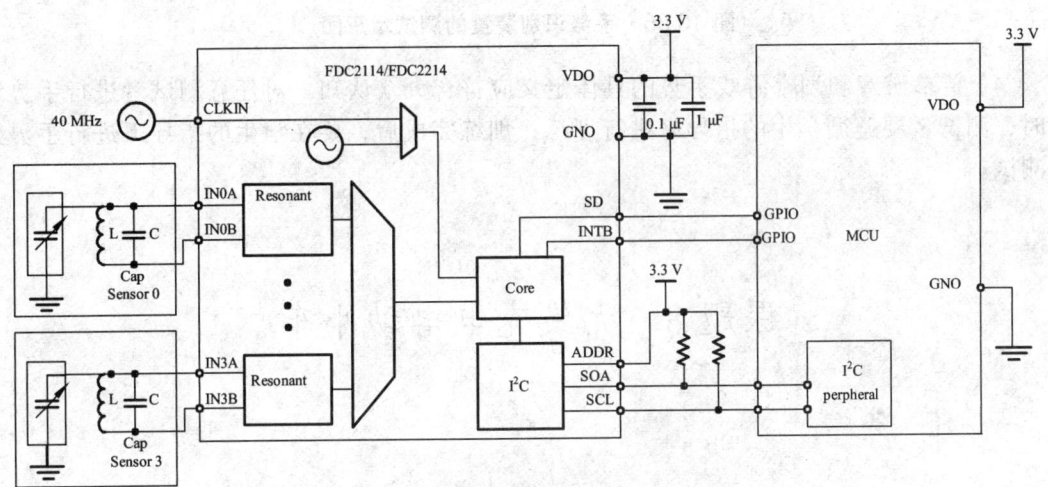

图 10.34　FDC2214 传感器基本原理

利用 FDC2214 的工作原理可实现手势接近和识别的功能，如图 10.35 所示，黄色部分称为"FDC2214 的传感平面"，该平面为导体材质，当人手接近该导体传感平面时，传感端的电容发生了变化，这就会导致 LC 电路振荡频率的变化，从而反映出手势接近，以及手势的判定。

（3）基于 FDC2214 实现手势接近和判决的实验中存在如下的特征：传感平面的面积越大、手势与传感平面的距离越小，感应的频率变化越大，系统会越灵敏，但同时也可能引入越多的噪声。所以在设计该传感平面时，要根据实际情况综合考虑。

为了便于进行训练和判决测试，建议学生作品可以对测试区进行指定，如图 10.36 所示。在测试或者训练时要求测试者的手势紧贴在测试板上，建议测试者手势与作品的 FDC2214 传感器距离不小于 1 cm。

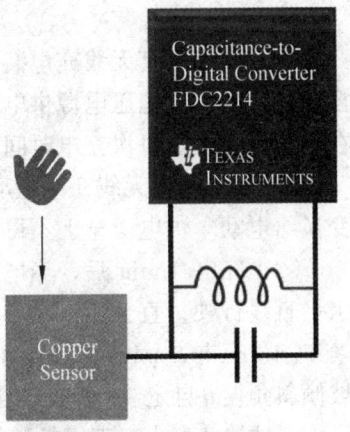

图 10.35　手势感应示意

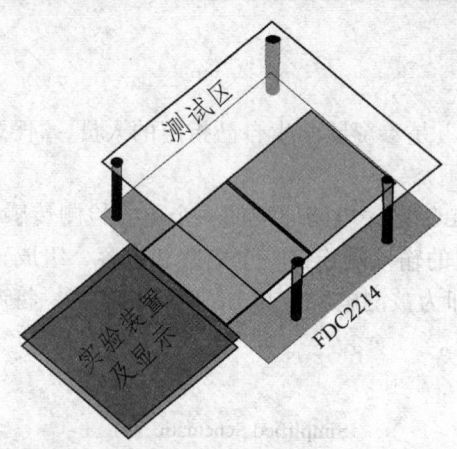

图 10.36 手势识别装置的测试示意图

（4）猜拳游戏和划拳游戏手势的具体定义应符合大众认知。对任意测试者进行手势训练时，测试者要遵循学生的指导来进行训练；训练完成后，要在学生的指导下进行手势判决测试。

课题 8　无线充电电动小车

一、任　务

设计并制作一个无线充电电动车，包括无线充电装置一套。电动小车机械部分可采用成品四轮玩具车改制。外形尺寸不大于 30 cm×26 cm，高度质量不限。

二、要　求

（1）制作一套无线充电装置，其发射器线圈放置在路面。发射器采用具有恒流恒压模式自动切换的直流稳压电源供电，供电电压为 5 V，供电电流不大于 1 A。无线充电接收器安装在小车底盘上。每次充电时间限定 1 min。　　　　　　　　　　　　　　　　　　　　（10 分）

（2）制作一个无线充电电动车。电动车使用适当容量超级电容（法拉电容）储能，经 DC-DC 变换给电动车供电。车上不得采用电池等其他储能供电器件。　　　　　　　　　　（10 分）

（3）充电 1 min 后，当电动车检测到无线充电发射器停止充电时，立即自行启动，向前水平直线行驶，直至能量耗尽，行驶距离不小于 1 m。　　　　　　　　　　　　　　（20 分）

（4）充电 1 min 后，电动车沿倾斜木工板路面直线爬坡行驶，路面长度不大于 1 m，斜坡倾斜角度 θ 自定。综合多方因素设计，使电动车在每次充电 1 min 后，电动车爬升高度 $h=l\sin\theta$ 最大。式中 l 为小车直线行驶的距离。　　　　　　　　　　　　　　　　　（50 分）

（5）其他。　　　　　　　　　　　　　　　　　　　　　　　　　　　　　　　　（10 分）

（6）设计报告（表 10.3）。　　　　　　　　　　　　　　　　　　　　　　　　　（20 分）

表 10.3 设计报告

项 目	主要内容	满分
方案论证	比较与选择，方案描述	3
理论分析与计算	系统相关参数设计	5
电路与程序设计	系统组成，原理框图与各部分的电路图，系统软件与流程图	5
测试方案与测试结果	测试结果完整性，测试结果分析	5
设计报告结构及规范性	摘要，正文结构规范，图表的完整与准确性	2
总分		20

三、说 明

（1）DC-DC 变换建议采用 TI 公司 TPS63020 芯片。

（2）超级电容的容量可根据充电器在 1 min 充入的电荷量及小车行驶所需电流、时间和重量等因素综合考虑。

（3）行驶距离以小车后轮触地点为定位点，倾斜坡度 θ 自定。

（4）测试时，要求小车先充电、放电运行数次。保证测试时，小车无预先额外储能。以保证测试公平性。正式测试允许运行两次，取最好成绩记录。违规车辆不予测试。

（5）无线充电电动车是一个比较复杂的工程问题，通过提高充、放电效率，减轻车重，优化电机驱动，适当选取超级电容（法拉电容）容量及路面倾斜角度 θ 等，提高电动车的爬升高度。

（6）通过设置直流稳压电源的输出电压为 5 V，最大输出电流为 1 A，确保发射器供电为 5 V，电流不大于 1 A。

（7）路面倾斜角度 θ 可以采用具有角度测量功能应用程序（如"指南针"）的手机，平放在斜坡上测量。

课题 9 灭火飞行器

一、任 务

基于四旋翼飞行器设计一个灭火飞行器（简称飞行器）。飞行器活动区域示意图如图 10.35 所示。在图 10.37 中，左下方的圆形区域是飞行器起飞及降落点；右侧正方形区域是灭火防区，防区中有 4 个用红色 LED 模拟的火源（火源用单只 0.5 W 红色发光二极管来实现，建议 LED 电流不超过 25 mA）。飞行器起飞后从 A 处进入防区，并以指定巡航高度在防区巡逻；发现防区有火源，用激光笔发射激光束的方式模拟灭火操作；所有火源全部熄灭后，飞行器从 B 处飞离防区返航，返航途中需穿越一个矩形框。从起飞到降落的整个操作过程不得超过 5 min，时间越短越好。

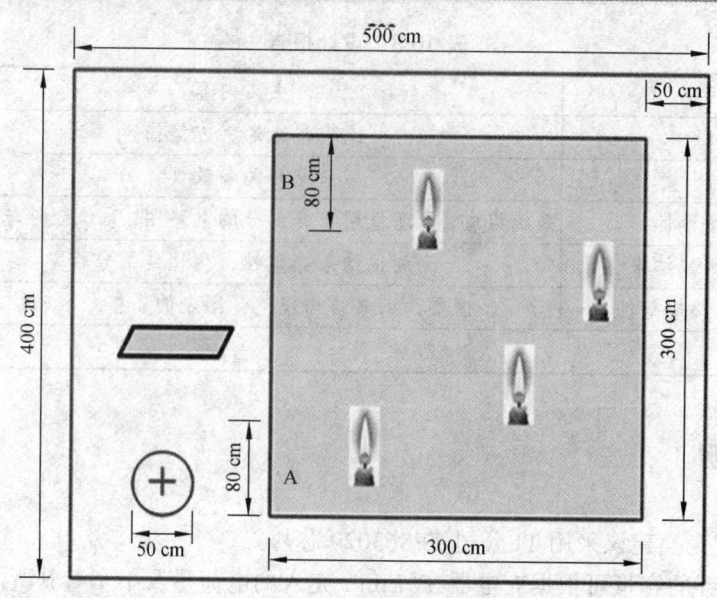

图 10.37 消防飞行器活动区域示意图

二、要 求

（1）飞行器从起飞地点垂直起飞升高到（150±10）cm 的巡航高度。（15分）
（2）在起飞点的巡航高度上悬停 15 s，然后以巡航高度从 A 处进入防区巡航飞行。（10分）
（3）飞行器发现防区内的火源后，飞往火源上方用上激光笔照射火源作为灭火；激光笔光斑在以火源为圆心、直径 20 cm 圆形区域保持 2 s 及以上即视为灭火成功。（30分）
（4）飞行器从 B 处飞离防区。（10分）
（5）返航途中飞行器需要穿过一个宽高为 100 cm×70 cm 的矩形框。（15分）
（6）回到降落点上空，垂直下降，准确平稳地降落在降落点。（10分）
（7）整个飞行过程计时得分。（10分）
（8）其他。（10分）
（9）设计报告（表 10.4）。（20分）

表 10.4 设计报告

项 目	主要内容	分数
系统方案	方案描述、比较与选择	3
设计与论证	控制方法描述及参数计算	5
电路及程序设计	系统组成，原理框图与各部分电路图 系统软件设计与流程图	7
测试方案与测试结果	测试方案及测试条件 测试结果完整性 测试结果分析	3
总分		20

三、说 明

（1）参赛队使用飞行器时应遵守中国民用航空局的相关管理规定。

（2）飞行器桨叶旋转速度高，有危险！请务必注意自己及他人的人身安全；操作者需佩戴防护镜及防护手套。

（3）飞行器可自制或外购，飞行器机身必须标注参赛队号；飞行器桨叶固定轴间最大轴间距不超过 50 cm；飞行器必须带防护圈，否则不予测试。

（4）以模拟火源的 LED 为圆心，画一个直径 20 cm 的圆（边缘线宽不超过 1 mm），以便观察灭火动作。

（5）防区边缘有 5 cm 宽黑色边框。

（6）测试现场无阳光直射。

（7）飞行器的旋翼的数量不少于两个。

（8）飞行器的姿态检测及飞行控制必须使用 TI 公司的处理器，例如 C2000、MSP432、TIVA M4、MSP430 等。所有的电路板应方便评测专家检查芯片使用情况。

（9）返航途中任意放置的矩形框宽 100 cm，高 70 cm；边框为黑色，边框宽度不大于 6cm，矩形框下边框距地面 110 cm；建议采用 KT 板、泡沫等轻质材料。

（10）起飞前，飞行器可手动放置到起飞点；起飞可手动控制，起飞后整个飞行过程中不得人为干预；若采用飞行器外的启动或急停装置，起飞后必须立刻将装置交给评审专家。

（11）每次测试全程中不得更换电池；允许测试 2 次，两次测试之间允许更换电池，更换电池时间小于 2 min。

（12）飞行器起飞及降落必须垂直进行，否则将酌情扣分；飞行器起飞后必须在指定高度巡航，否则将酌情扣分。

（13）飞行器必须从指定位置进出巡航区，巡航灭火期间飞行器外缘偏离巡航区一个机身以上将酌情扣分；飞行器必须从指定方向返回起飞点降落。

（14）飞行期间，飞行器触及地面后自行恢复飞行的，酌情扣分；触地后 5 s 内不能自行恢复飞行视为失败，失败前完成动作仍计分。

（15）平稳降落是指在降落过程中无明显的跌落、弹跳及着地后滑行等情况出现。

（16）为安全起见，可沿飞行区域四周架设安全网（长 500 cm，宽 400 cm，高 200 cm），顶部无须架设。

参考文献

[1] 赵章吉. 电工电子技术基础[M]. 郑州：大象出版社，2007.09.

[2] 刘志军. 模拟电路基础实验教程[M]. 北京：清华大学出版社，2005.05

[3] 刘修文. 图解电子制作技术要诀[M]. 北京：中国电力出版社，2006.01

[4] 任致程，凌红武. 电子制作工艺技巧[M]. 北京：人民邮电出版社，1999.12

[5] 赵保经. 中国集成电路大全[M]. 北京：国防工业出版社，1987.08.

[6] 康华光. 电子技术基础 数字部分[M]. 北京：高等教育出版社，2002.02.

[7] 朱力恒. 电子技术仿真实验教程. 北京：电子工业出版社，2003

[8] 高文焕，汪蕙. 模拟电路的计算机分析与设计 PSpice 程序应用[M]. 北京：清华大学出版社，1999.01

[9] 周常森. 电子电路计算机仿真技术[M]. 济南：山东科学技术出版社，2001.08

[10] 廖先芸. 电子技术实践与训练[M]. 北京：高等教育出版社，2000.08.

[11] National Instruments. Multisim MCU Module User Guide. January 2007. http://www.ni.com/pdf/man-uals/374486a.pdf

[12] 臧春华. 电子线路设计与应用[M]. 北京：高等教育出版社，2004.07

[13] 孙淑艳，樊冰，董宏伟，李旭彦. 电子技术实践教学指导书[M]. 北京：中国电力出版社，2005.10.

[14] 硬木课堂. EPI-m104 使用说明书-横版 v1.2. 口袋实验室与互联网+测试测量. http://www.emooc.cc/

[15] 全国大学生电子设计竞赛_百度百科. https://baike.baidu.com/item/全国大学生电子设计竞赛

[16] 全国大学生电子设计竞赛培训网. 资料列表. 电赛试题. https://www.nuedc-training.com.cn/index/download/download_list/type/1

[17] National Instruments. NI Multisim User Manual. January 2009. http://www.ni.com/pdf/manuals/374483d.pdf